로더 운전기능사

필기 문제집

다락원아카데미 편

다락원

머리말

최근 건설 및 토목 등의 분야에서 각종 건설기계가 다양하게 사용되고 있습니다. 건설 산업현장에서 건설기계는 효율성이 매우 높기 때문에 국가산업 발전뿐만 아니라, 각종 해외 공사에까지 중요한 역할을 수행하고 있습니다. 이에 따라 건설 산업현장에서는 건설기계 조종 인력이 많이 필요해졌고, 건설기계 조종 면허에 대한 가치도 높아졌습니다.

〈원큐패스 로더운전기능사 필기 문제집〉은 '로더운전기능사 필기시험'을 준비하는 수험생들이 단기간에 효율적인 학습을 통해 필기시험에 합격할 수 있도록 다음과 같은 특징으로 구성하였으니 참고하여 시험을 준비하시길 바랍니다.

1. 과목별 빈출 예상문제

- 기출문제 중 출제 빈도가 높은 문제만을 선별하여 과목별로 예상문제를 정리하였습니다.
- 각 문제에 상세한 해설을 추가하여, 이해하기 어려운 문제도 쉽게 학습할 수 있습니다.

2. 실전 모의고사 5회

- 실제 시험과 유사하게 구성하여 실전처럼 연습할 수 있는 실전 모의고사 5회를 제공합니다.
- 시험 직전 자신의 실력을 점검하고 시간 관리 능력을 키울 수 있습니다.

3. 모바일 모의고사 5회

- QR코드를 통해 제공되는 모바일 모의고사 5회로 언제 어디서든 연습할 수 있습니다.
- CBT 방식으로 시행되는 시험에 대비하며 실전 감각을 익힐 수 있습니다.

4. 핵심 이론 요약

- 시험 직전에 빠르게 확인할 수 있는, 꼭 알아야 하는 핵심 이론만 요약하여 제공합니다.
- 과목별 빈출 예상문제를 풀다가 모르는 내용은 요약된 이론을 참고해 효율적으로 학습할 수 있습니다.

수험생 여러분의 앞날에 합격의 기쁨과 발전이 있기를 기원하며, 이 책의 부족한 점은 여러분의 소중한 조언으로 계속 수정, 보완할 것을 약속드립니다.

이 책에 대한 문의사항은
원큐패스 카페(http://cafe.naver.com/1qpass)로 하시면 친절히 답변해 드립니다.

개요

로더는 굴착, 성토, 정지용 건설기계로 토목공사, 광산 등에서 주로 이용되며 토사나 자갈 등을 트럭에 적재하거나 이동시키는 데 쓰인다. 기계운전을 위해서는 특수한 기술을 필요로 하기 때문에 로더의 안전운행과 기계수명 연장 및 작업능률제고를 위해서는 산업현장에 필요한 숙련된 기능인력 양성이 요구된다.

수행직무

골재채취현장이나 토목현장에 덤프트럭이나 플랜트류 호퍼에 토사나 자갈 등의 재료를 적재하거나 이동시키기 위하여 로더를 운전하고, 장비를 정비하는 업무를 수행하는 직무이다.

진로 및 전망

주로 건설업체, 건설기계 대여업체 등으로 진출하며, 이외에도 광산, 항만, 시·도 건설사업소 등으로 진출할 수 있다. 로더 등의 굴착, 성토, 정지용 건설기계는 건설 및 광산 현장에서 주로 활용된다.

시험일정

구분	필기 원서 접수(인터넷)	필기시험	필기 합격(예정자) 발표
정기 1회	1월경	1월경	2월경
정기 2회	3월경	4월경	4월경
정기 3회	5월경	6월경	6월경
정기 4회	8월경	9월경	9월경

* 자세한 일정은 시행처인 한국산업인력공단(www.q-net.or.kr)에서 확인

필기

시험과목	로더조종, 점검 및 안전관리	
주요항목	**장비구조 및 점검**	1. 엔진구조 2. 전기장치 3. 동력전달(차체)장치 4. 유압장치 5. 로더 점검
	조종 및 작업	1. 로더 일반 2. 로더 조종 및 기능 3. 로더 작업방법
	로더안전·환경관리	1. 산업안전보건 2. 작업·장비 안전관리
	건설기계관리법규	1. 건설기계등록 및 검사 2. 면허·사업·벌칙
검정방법	전과목 혼합, 객관식 4지 택일형 60문항	
시험시간	1시간	
합격기준	100점을 만점으로 하여 60점 이상	

실기

시험과목	로더 조종 실무
주요항목	1. 로더 운전 전 점검 2. 로더 시운전 3. 로더 이동 4. 로더 상차 5. 로더 소운반 6. 로더 평탄작업 7. 로더 안전·환경관리 8. 로더 작업 후 점검
검정방법	작업형
시험시간	4분 정도
합격기준	100점을 만점으로 하여 60점 이상

과목별 빈출 예상문제

- 기출문제의 철저한 분석을 통하여 출제 빈도가 높은 유형의 문제를 수록하였다.
- 예상문제를 각 과목별로 수록하여 이해도를 한층 높일 수 있도록 구성하였다.

실전 모의고사 5회

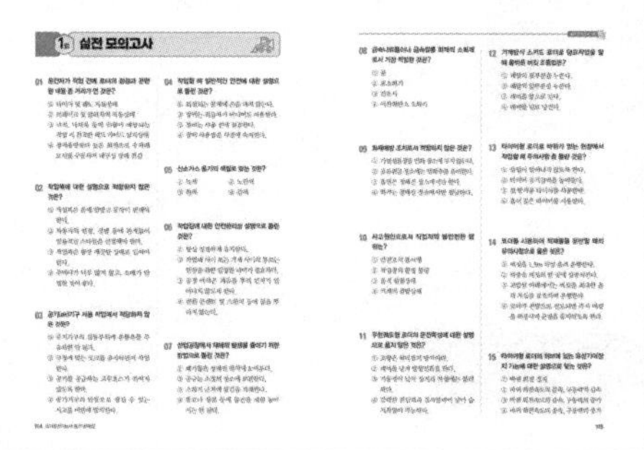

수험생들이 시험 직전에 풀어보며 실전 감각을 키우고 자신의 실력을 테스트해 볼 수 있도록 구성하였다.

핵심 이론 요약

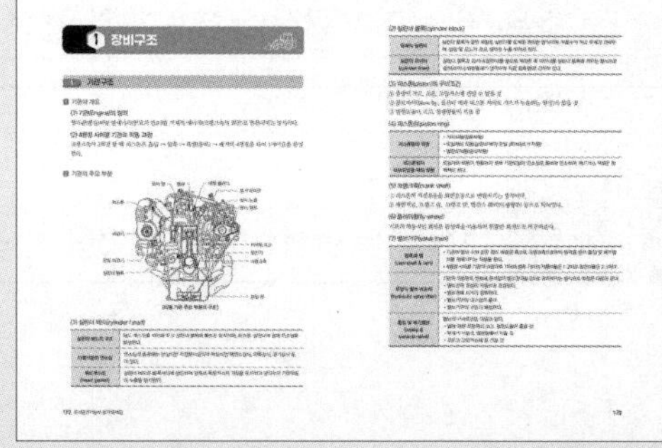

꼭 알아야 하는 핵심 이론을 과목별로 모아 효율적으로 학습할 수 있도록 구성하였다.

모바일 모의고사 5회

본책에 수록된 실전 모의고사 5회와 별도로 간편하게 모바일로 모의고사에 응시할 수 있도록 모바일 모의고사를 수록하였다.

책 활용법

STEP 1

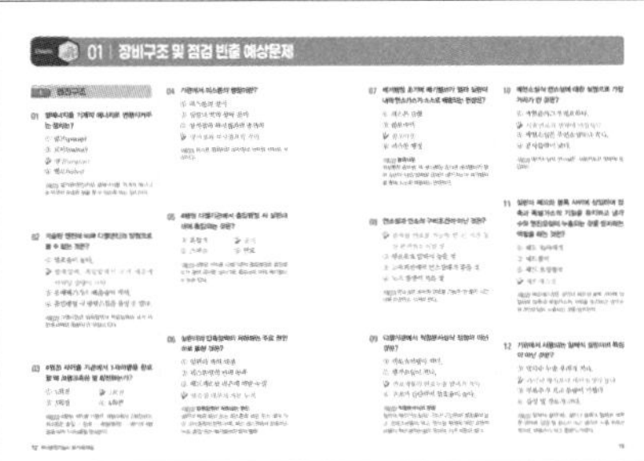

과목별 빈출 예상문제로 시험 유형 익히기

시험에 자주 출제되는 문제들로 시험 유형을 익히고, 상세한 해설을 통해 문제를 이해할 수 있다.

STEP 2

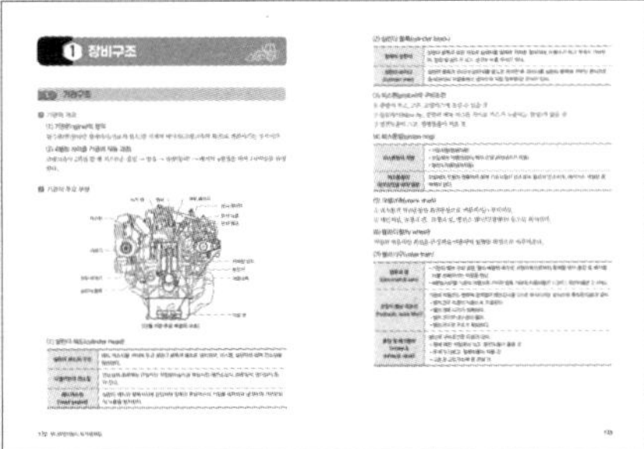

핵심 이론 요약으로 기본 개념 다지기

꼭 알아야 할 핵심 이론을 요약하여 제공하며, 과목별 빈출 예상문제를 풀다가 모르는 내용은 이를 참고해 효율적으로 학습할 수 있다.

STEP 3

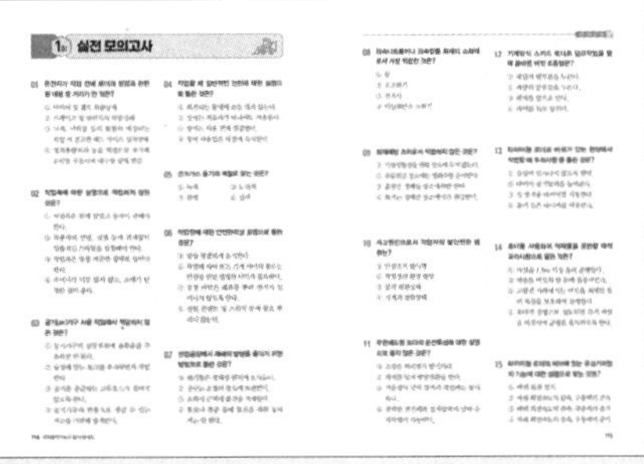

실전 모의고사 5회로 마무리하기

시험 직전 실전 모의고사를 풀어보며 실전처럼 연습할 수 있다.

STEP 4

모바일 모의고사 5회 제공

언제 어디서나 스마트폰만 있으면 쉽게 모바일로 모의고사 시험을 볼 수 있다.

CBT(Computer Based Test) 시험 안내

2017년부터 모든 기능사 필기시험은 시험장의 컴퓨터를 통해 이루어집니다. 화면에 나타난 문제를 풀고 마우스를 통해 정답을 표시하여 모든 문제를 다 풀었는지 한 번 더 확인한 후 답안을 제출하고, 제출된 답안은 감독자의 컴퓨터에 자동으로 저장되는 방식입니다. 처음 응시하는 학생들은 시험 환경이 낯설어 실수할 수 있으므로, 반드시 사전에 CBT 시험에 대한 충분한 연습이 필요합니다. Q-Net 홈페이지에서는 CBT 체험하기를 제공하고 있으니, 잘 활용하기를 바랍니다.

■ Q-Net 홈페이지의 CBT 체험하기

〈http://www.q-net.or.kr〉

■ CBT 시험을 위한 모바일 모의고사

① QR코드 스캔 → 도서 소개화면에서 '모바일 모의고사' 터치

② 로그인 후 '실전 모의고사' 회차 선택

③ 스마트폰 화면에 보이는 문제를 보고 정답란에 정답 체크

④ 문제를 다 풀고 '채점하기' 터치 → 내 점수, 정답, 오답, 해설 확인 가능

목차

Part
1

과목별 빈출 예상문제

Chapter 

01 | 장비구조 및 점검 빈출 예상문제

1 엔진구조

01 **열에너지를 기계적 에너지로 변환시켜주는 장치는?**

① 펌프(pump)
② 모터(motor)
③ 엔진(engine) ✔
④ 밸브(valve)

해설 열기관(엔진)이란 열에너지를 기계적 에너지로 바꾸어 유효한 일을 할 수 있도록 하는 장치이다.

02 **가솔린 엔진에 비해 디젤엔진의 장점으로 볼 수 없는 것은?**

① 열효율이 높다.
② 압축압력, 폭압압력이 크기 때문에 마력당 중량이 크다. ✔
③ 유해배기가스 배출량이 적다.
④ 흡입행정 시 펌핑손실을 줄일 수 있다.

해설 디젤기관은 압축압력과 폭압압력이 크기 때문에 마력당 중량이 큰 단점이 있다.

03 **4행정 사이클 기관에서 1사이클을 완료할 때 크랭크축은 몇 회전하는가?**

① 1회전
② 2회전 ✔
③ 3회전
④ 4회전

해설 4행정 사이클 기관은 크랭크축이 2회전하고, 피스톤은 흡입 → 압축 → 폭발(동력) → 배기의 4행정을 하여 1사이클을 완성한다.

04 **기관에서 피스톤의 행정이란?**

① 피스톤의 길이
② 실린더 벽의 상하 길이
③ 상사점과 하사점과의 총면적
④ 상사점과 하사점과의 거리 ✔

해설 피스톤 행정이란 상사점과 하사점 사이의 거리이다.

05 **4행정 디젤기관에서 흡입행정 시 실린더 내에 흡입되는 것은?**

① 혼합기
② 공기 ✔
③ 스파크
④ 연료

해설 4행정 사이클 디젤기관의 흡입행정은 흡입밸브가 열려 공기만 실린더로 흡입하며 이때 배기밸브는 닫혀 있다.

06 **실린더의 압축압력이 저하하는 주요 원인으로 틀린 것은?**

① 실린더 벽의 마멸
② 피스톤링의 탄력 부족
③ 헤드개스킷 파손에 의한 누설
④ 연소실 내부의 카본 누적 ✔

해설 **압축압력이 저하되는 원인**
실린더 벽의 마모 또는 피스톤링 파손 또는 과다 마모, 피스톤링의 탄력 부족, 헤드 개스킷에서 압축가스 누설, 흡입 또는 배기밸브의 밀착 불량

07 배기행정 초기에 배기밸브가 열려 실린더 내의 연소가스가 스스로 배출되는 현상은?

① 피스톤 슬랩
② 블로바이
③ 블로다운
④ 피스톤 행정

해설 **블로다운**
폭발행정 끝부분, 즉 배기행정 초기에 배기밸브가 열려 실린더 내의 압력에 의해서 배기가스가 배기밸브를 통해 스스로 배출되는 현상이다.

08 연소실과 연소의 구비조건이 아닌 것은?

① 분사된 연료를 가능한 한 긴 시간 동안 완전연소 시킬 것
② 평균유효 압력이 높을 것
③ 고속회전에서 연소상태가 좋을 것
④ 노크 발생이 적을 것

해설 연소실은 분사된 연료를 가능한 한 짧은 시간 내에 완전연소 시켜야 한다.

09 디젤기관에서 직접분사실식 장점이 아닌 것은?

① 연료소비량이 적다.
② 냉각손실이 적다.
③ 연료계통의 연료누출 염려가 적다.
④ 구조가 간단하여 열효율이 높다.

해설 **직접분사식의 장점**
실린더 헤드(연소실)의 구조가 간단하여 열효율이 높고, 연료소비율이 작고, 연소실 체적에 대한 표면적 비율이 작아 냉각손실이 작으며, 기관 시동이 쉽다.

10 예연소실식 연소실에 대한 설명으로 가장 거리가 먼 것은?

① 예열플러그가 필요하다.
② 사용연료의 변화에 민감하다.
③ 예연소실은 주연소실보다 작다.
④ 분사압력이 낮다.

해설 예연소실식 연소실은 사용연료의 변화에 둔감하다.

11 실린더 헤드와 블록 사이에 삽입하여 압축과 폭발가스의 기밀을 유지하고 냉각수와 엔진오일이 누출되는 것을 방지하는 역할을 하는 것은?

① 헤드 워터재킷
② 헤드볼트
③ 헤드 오일통로
④ 헤드개스킷

해설 헤드개스킷은 실린더 헤드와 블록 사이에 삽입하여 압축과 폭발가스의 기밀을 유지하고 냉각수와 엔진오일이 누출되는 것을 방지한다.

12 기관에서 사용되는 일체식 실린더의 특징이 아닌 것은?

① 냉각수 누출 우려가 적다.
② 라이너 형식보다 내마모성이 높다.
③ 부품수가 적고 중량이 가볍다.
④ 강성 및 강도가 크다.

해설 일체식 실린더는 실린더 블록과 일체로 제작한 것이며, 강성 및 강도가 크고 냉각수 누출 우려가 적으며, 부품수가 적고 중량이 가볍다.

13 냉각수가 라이너 바깥둘레에 직접 접촉하고, 정비 시 라이너 교환이 쉬우며, 냉각효과가 좋으나, 크랭크 케이스에 냉각수가 들어갈 수 있는 단점을 가진 것은?

① 진공 라이너
② 건식 라이너
③ 유압 라이너
④ 습식 라이너

해설 습식 라이너는 냉각수가 라이너 바깥둘레에 직접 접촉하는 형식이며, 정비작업을 할 때 라이너 교환이 쉽고 냉각효과가 좋으나, 크랭크 케이스로 냉각수가 들어갈 우려가 있다.

14 기관에서 실린더 마모가 가장 큰 부분은?

① 실린더 아랫부분
② 실린더 윗부분
③ 실린더 중간부분
④ 실린더 연소실 부분

해설 실린더 벽의 마멸은 윗부분(상사점 부근)이 가장 크다.

15 피스톤의 구비조건으로 틀린 것은?

① 고온·고압에 견딜 것
② 열전도가 잘될 것
③ 피스톤 중량이 클 것
④ 열팽창률이 적을 것

해설 **피스톤의 구비조건**
피스톤 중량이 작을 것, 고온·고압에 견딜 것, 열전도가 잘될 것, 열팽창률이 적을 것

16 피스톤의 형상에 의한 종류 중에 측압부의 스커트 부분을 떼어내 경량화하여 고속엔진에 많이 사용되는 피스톤은 무엇인가?

① 솔리드 피스톤
② 풀 스커트 피스톤
③ 스플릿 피스톤
④ 슬리퍼 피스톤

해설 슬리퍼 피스톤(slipper piston)은 측압부의 스커트 부분을 떼어내 경량화하여 고속엔진에 많이 사용한다.

17 기관의 피스톤이 고착되는 원인으로 틀린 것은?

① 냉각수량이 부족할 때
② 압축압력이 너무 높을 때
③ 기관이 과열되었을 때
④ 기관오일이 부족할 때

해설 피스톤이 고착되는 원인은 피스톤 간극이 적을 때, 기관오일이 부족할 때, 기관이 과열되었을 때, 냉각수량이 부족할 때 등이다.

18 디젤엔진에서 피스톤링의 3대 작용과 거리가 먼 것은?

① 응력분산 작용
② 기밀작용
③ 오일제어 작용
④ 열전도작용

해설 피스톤링의 작용은 기밀유지 작용(밀봉작용), 오일제어 작용(엔진오일을 실린더 벽에서 긁어내리는 작용), 열전도 작용(냉각작용)이다.

19 **피스톤링의 구비조건으로 틀린 것은?**

① 열팽창률이 적을 것
② 고온에서도 탄성을 유지할 것
③ 링 이음부의 압력을 크게 할 것
④ 피스톤링이나 실린더 마모가 적을 것

해설 피스톤링은 링 이음부의 파손을 방지하기 위하여 압력을 작게 하여야 한다.

20 **기관에서 크랭크축의 역할은?**

① 원활한 직선운동을 하는 장치이다.
② 기관의 진동을 줄이는 장치이다.
③ 직선운동을 회전운동으로 변환시키는 장치이다.
④ 상하운동을 좌우운동으로 변환시키는 장치이다.

해설 크랭크축은 피스톤의 직선운동을 회전운동으로 변환시키는 장치이다.

21 **기관의 크랭크축 베어링의 구비조건으로 틀린 것은?**

① 마찰계수가 클 것
② 내피로성이 클 것
③ 매입성이 있을 것
④ 추종유동성이 있을 것

해설 크랭크축 베어링은 마찰계수가 작고, 내피로성이 커야 하며, 매입성과 추종유동성이 있어야 한다.

22 **기관의 맥동적인 회전 관성력을 원활한 회전으로 바꾸어주는 역할을 하는 것은?**

① 크랭크축 ② 피스톤
③ 플라이휠 ④ 커넥팅로드

해설 플라이휠은 기관의 맥동적인 회전을 관성력을 이용하여 원활한 회전으로 바꾸어주는 역할을 한다.

23 **4행정 사이클 기관에서 크랭크축 기어와 캠축기어와의 지름의 비 및 회전비는 각각 얼마인가?**

① 1:2 및 2:1 ② 2:1 및 2:1
③ 1:2 및 1:2 ④ 2:1 및 1:2

해설 4행정 사이클 기관에서 크랭크축 기어와 캠축 기어와의 지름의 비율은 1:2이고, 회전비율은 2:1이다.

24 **유압식 밸브 리프터의 장점이 아닌 것은?**

① 밸브간극 조정은 자동으로 조절된다.
② 밸브 개폐시기가 정확하다.
③ 밸브구조가 간단하다.
④ 밸브기구의 내구성이 좋다.

해설 유압식 밸브 리프터는 밸브간극이 자동으로 조절되며, 밸브개폐 시기가 정확하며, 밸브기구의 내구성이 좋은 장점이 있으나 밸브기구가 구조가 복잡한 단점이 있다.

25 **흡·배기밸브의 구비조건이 아닌 것은?**

① 열전도율이 좋을 것
② 열에 대한 팽창률이 적을 것
③ 열에 대한 저항력이 적을 것
④ 가스에 견디고 고온에 잘 견딜 것

해설 **밸브의 구비조건**
열에 대한 저항력이 클 것, 열전도율이 좋을 것, 가스에 견디고 고온에 잘 견딜 것, 열에 대한 팽창률이 적을 것

26 **엔진의 밸브가 닫혀있는 동안 밸브시트와 밸브 페이스를 밀착시켜 기밀이 유지되도록 하는 것은?**

① 밸브 리테이너
② 밸브가이드
③ 밸브스템
④ 밸브스프링

해설 밸브스프링은 밸브가 닫혀있는 동안 밸브시트와 밸브 페이스를 밀착시켜 기밀이 유지되도록 한다.

27 **기관의 밸브간극이 너무 클 때 발생하는 현상에 관한 설명으로 올바른 것은?**

① 정상온도에서 밸브가 확실하게 닫히지 않는다.
② 밸브스프링의 장력이 약해진다.
③ 푸시로드가 변형된다.
④ 정상온도에서 밸브가 완전히 개방되지 않는다.

해설 **밸브간극**
- 너무 크면 소음이 발생하며, 정상온도에서 밸브가 완전히 개방되지 않는다.
- 적으면 밸브가 열려 있는 기간이 길어지므로 실화가 발생할 수 있다.

28 **엔진 윤활유의 기능이 아닌 것은?**

① 윤활작용 ② 연소작용
③ 냉각작용 ④ 방청작용

해설 **윤활유의 주요 기능**
기밀작용(밀봉작용), 방청작용(부식방지작용), 냉각작용, 마찰 및 마멸방지작용, 응력분산작용(충격완화작용), 세척작용

29 **기관 윤활유의 구비조건이 아닌 것은?**

① 점도가 적당할 것
② 청정력이 클 것
③ 비중이 적당할 것
④ 응고점이 높을 것

해설 **윤활유의 구비조건**
점도가 적당할 것, 인화점 및 자연발화점이 높을 것, 응고점이 낮을 것, 비중이 적당할 것, 강인한 유막을 형성할 것, 기포 발생 및 카본 생성에 대한 저항력(청정력)이 클 것

30 **기관에 사용되는 윤활유의 성질 중 가장 중요한 것은?**

① 온도 ② 점도
③ 습도 ④ 건도

해설 윤활유의 성질 중 가장 중요한 것은 점도이다.

31 **온도에 따르는 점도 변화 정도를 표시하는 것은?**

① 점도지수 ② 점화지수
③ 점도 분포 ④ 윤활성

해설 점도지수란 오일의 점도는 온도가 높아지면 점도가 낮아지고, 온도가 낮아지면 점도가 높아지는 성질이 있는데 이 변화 정도를 표시하는 것이다.

32 엔진오일의 점도지수가 큰 경우 온도 변화에 따른 점도 변화는?

① 점도가 수시로 변화한다.
② 온도에 따른 점도 변화가 크다.
③ 온도에 따른 점도 변화가 작다.
④ 온도와 점도는 무관하다.

해설 점도지수가 크면 온도에 따른 점도 변화가 작다.

33 일반적으로 기관에 많이 사용되는 윤활방법은?

① 분무 급유식
② 비산압송 급유식
③ 적하 급유식
④ 수 급유식

해설 기관에서 많이 사용하는 윤활방식은 비산압송 급유식이다.

34 기관의 주요 윤활 부분이 아닌 것은?

① 플라이휠 ② 실린더
③ 피스톤링 ④ 크랭크 저널

해설 플라이휠 뒷면에는 수동변속기의 클러치가 설치되므로 윤활을 해서는 안 된다.

35 엔진 윤활에 필요한 엔진오일이 저장되어 있는 곳으로 옳은 것은?

① 스트레이너 ② 오일펌프
③ 오일 팬 ④ 오일필터

해설 오일 팬은 기관오일이 저장되어 있는 부품이다.

36 오일 스트레이너(oil strainer)에 대한 설명으로 바르지 못한 것은?

① 고정식과 부동식이 있으며 일반적으로 고정식이 많이 사용되고 있다.
② 불순물로 인하여 여과망이 막힐 때에는 오일이 통할 수 있도록 바이패스 밸브(by-pass valve)가 설치된 것도 있다.
③ 보통 철망으로 만들어져 있으며 비교적 큰 입자의 불순물을 여과한다.
④ 오일필터에 있는 오일을 여과하여 각 윤활부로 보낸다.

해설 오일 스트레이너는 오일펌프로 들어가는 오일을 여과하는 부품이다.

37 윤활장치에 사용되고 있는 오일펌프로 적합하지 않는 것은?

① 기어펌프 ② 로터리 펌프
③ 베인 펌프 ④ 원심펌프

해설 오일펌프의 종류에는 기어펌프, 베인 펌프, 로터리 펌프, 플런저 펌프가 있다.

38 기관의 윤활장치에서 엔진오일의 여과방식이 아닌 것은?

① 전류식 ② 샨트식
③ 합류식 ④ 분류식

해설 기관오일의 여과방식에는 분류식, 샨트식, 전류식이 있다.

39 기관에 사용하는 오일여과기의 적절한 교환 시기로 맞는 것은?

① 윤활유 1회 교환 시 2회 교환한다.
✔② 윤활유 1회 교환 시 1회 교환한다.
③ 윤활유 2회 교환 시 1회 교환한다.
④ 윤활유 3회 교환 시 1회 교환한다.

해설 오일여과기는 윤활유를 1회 교환할 때 함께 교환한다.

40 디젤기관의 엔진오일 압력이 규정 이상으로 높아질 수 있는 원인은?

① 엔진오일에 연료가 희석되었다.
② 엔진오일의 점도가 지나치게 낮다.
✔③ 엔진오일의 점도가 지나치게 높다.
④ 기관의 회전속도가 낮다.

해설 오일의 점도가 높으면 오일압력이 높아진다.

41 엔진오일량 점검에서 오일게이지에 상한선(Full)과 하한선(Low) 표시가 되어 있을 때 가장 적합한 것은?

① Low 표시에 있어야 한다.
② Low와 Full 표시 사이에서 Low에 가까이 있으면 좋다.
✔③ Low와 Full 표시 사이에서 Full에 가까이 있으면 좋다.
④ Full 표시 이상이 되어야 한다.

해설 유면표시기를 빼어 오일이 묻은 부분이 "F(Full)"와 "L(Low)" 선의 중간 이상에 있으면 된다.

42 기관의 윤활유 소모가 많아질 수 있는 원인으로 옳은 것은?

① 비산과 압력 ② 비산과 희석
✔③ 연소와 누설 ④ 희석과 혼합

해설 윤활유의 소비가 증대되는 2가지 원인은 연소와 누설이다.

43 엔진에서 오일의 온도가 상승되는 원인이 아닌 것은?

① 과부하 상태에서 연속작업
② 오일냉각기의 불량
③ 오일의 점도가 부적당할 때
✔④ 유량의 과다

해설 오일의 온도가 상승하는 원인은 과부하 상태에서 연속작업, 오일냉각기의 불량, 오일의 점도가 부적당할 때, 기관 오일량의 부족 등이다.

44 작동 중인 엔진의 엔진오일에 가장 많이 포함된 이물질은?

① 유입먼지 ② 금속분말
③ 산화물 ✔④ 카본

해설 엔진오일에 가장 많이 포함된 이물질은 카본(carbon)이다.

45 디젤기관에 사용되는 연료의 구비조건으로 옳은 것은?

① 점도가 높고 약간의 수분이 섞여 있을 것
② 황의 함유량이 클 것
③ 착화점이 높을 것
✔④ 발열량이 클 것

해설 **연료의 구비조건**
점도가 알맞고 수분이 섞여 있지 않을 것, 황(S)의 함유량이 적을 것, 착화점이 낮을 것, 발열량이 클 것

46 연료의 세탄가와 가장 밀접한 관련이 있는 것은?

① 열효율 ② 폭발압력
③ 착화성 ④ 인화성

해설 연료의 세탄가란 착화성을 표시하는 수치이다.

47 연료취급에 관한 설명으로 가장 거리가 먼 것은?

① 연료 주입 시 물이나 먼지 등의 불순물이 혼합되지 않도록 주의한다.
② 연료 주입은 운전 중에 하는 것이 효과적이다.
③ 정기적으로 드레인콕을 열어 연료탱크 내의 수분을 제거한다.
④ 연료를 취급할 때에는 화기에 주의한다.

해설 연료 주입은 작업을 마친 후에 하는 것이 효과적이다.

48 착화지연 기간이 길어져 실린더 내에 연소 및 압력 상승이 급격하게 일어나는 현상은?

① 디젤 노크 ② 조기점화
③ 정상연소 ④ 가솔린 노크

해설 디젤 노크는 착화지연 기간이 길어져 실린더 내의 연소 및 압력 상승이 급격하게 일어나는 현상이다.

49 디젤기관 연료장치의 구성부품이 아닌 것은?

① 예열플러그 ② 분사노즐
③ 연료여과기 ④ 연료공급펌프

해설 예열플러그는 디젤기관의 시동보조장치이다.

50 디젤기관의 노킹 발생 원인과 가장 거리가 먼 것은?

① 착화지연 기간 중 연료분사량이 많다.
② 분사노즐의 분무상태가 불량하다.
③ 세탄가가 높은 연료를 사용하였다.
④ 기관이 과도하게 냉각되어 있다.

해설 **디젤기관 노킹 발생의 원인**
연료의 세탄가와 분사압력이 낮을 때, 착화지연 기간 중 연료분사량이 많을 때, 연소실의 온도가 낮고, 착화지연 시간이 길 때, 압축비가 낮고, 기관이 과냉되었을 때, 분사노즐의 분무상태가 불량할 때

51 디젤기관의 노크 방지 방법으로 틀린 것은?

① 세탄가가 높은 연료를 사용한다.
② 압축비를 높게 한다.
③ 흡기압력을 높게 한다.
④ 실린더 벽의 온도를 낮춘다.

해설 **디젤기관의 노크 방지 방법**
연료의 착화점이 낮은(착화성이 좋은) 것을 사용할 것, 세탄가가 높은 연료를 사용할 것, 흡기압력과 온도, 실린더(연소실) 벽의 온도를 높일 것, 압축비 및 압축압력과 온도를 높일 것, 착화지연 기간을 짧게 할 것

52 건설기계 작업 후 탱크에 연료를 가득 채워주는 이유와 가장 관련이 적은 것은?

① 다음의 작업을 준비하기 위해서
② 연료의 기포 방지를 위해서
③ 연료탱크에 수분이 생기는 것을 방지하기 위해서
④ 연료의 압력을 높이기 위해서

해설 작업 후 탱크에 연료를 가득 채워주는 이유는 다음의 작업을 준비하기 위해, 연료의 기포 방지를 위해, 연료탱크 내의 공기 중의 수분이 응축되어 물이 생기는 것을 방지하기 위해서이다.

53 **디젤기관 연료여과기에 설치된 오버플로 밸브(overflow valve)의 기능이 아닌 것은?**

① 여과기 각 부분 보호
② 연료공급펌프 소음 발생 억제
③ 운전 중 공기배출 작용
④ 인젝터의 연료분사시기 제어

해설 오버플로밸브는 운전 중 연료계통의 공기 배출, 연료공급펌프의 소음 발생 방지, 연료여과기 엘리먼트 보호, 연료압력의 지나친 상승을 방지한다.

54 **연료탱크의 연료를 분사펌프 저압부까지 공급하는 것은?**

① 연료공급펌프
② 연료분사펌프
③ 인젝션 펌프
④ 로터리 펌프

해설 연료공급펌프는 연료탱크 내의 연료를 연료여과기를 거쳐 분사펌프의 저압부분으로 공급한다.

55 **디젤기관 연료라인에 공기빼기를 하여야 하는 경우가 아닌 것은?**

① 예열이 안 되어 예열플러그를 교환한 경우
② 연료호스나 파이프 등을 교환한 경우
③ 연료탱크 내의 연료가 결핍되어 보충한 경우
④ 연료필터의 교환, 분사펌프를 탈·부착한 경우

해설 연료라인의 공기빼기 작업은 연료탱크 내의 연료가 결핍되어 보충한 경우, 연료호스나 파이프 등을 교환한 경우, 연료필터의 교환, 분사펌프를 탈·부착한 경우 시행한다.

56 **디젤기관 연료장치의 분사펌프에서 프라이밍 펌프의 사용 시기는?**

① 출력을 증가시키고자 할 때
② 연료계통의 공기 배출을 할 때
③ 연료의 양을 가감할 때
④ 연료의 분사압력을 측정할 때

해설 프라이밍 펌프(priming pump)는 연료공급펌프에 설치되어 있으며, 분사펌프로 연료를 보내거나 연료계통의 공기를 배출할 때 사용한다.

57 **디젤기관에서 연료장치 공기빼기 순서로 옳은 것은?**

① 연료공급펌프 → 연료여과기 → 분사펌프
② 연료공급펌프 → 분사펌프 → 연료여과기
③ 연료여과기 → 연료공급펌프 → 분사펌프
④ 연료여과기 → 분사펌프 → 연료공급펌프

해설 연료장치 공기빼기 순서는 연료공급펌프 → 연료여과기 → 분사펌프이다.

58 **디젤기관에 공급하는 연료의 압력을 높이는 것으로 조속기와 분사시기를 조절하는 장치가 설치되어 있는 것은?**

① 유압펌프
② 프라이밍 펌프
③ 연료분사펌프
④ 플런저 펌프

해설 연료분사펌프는 연료를 압축하여 분사 순서에 맞추어 노즐로 압송시키는 것으로 조속기(연료분사량 조정)와 분사시기를 조절하는 장치(타이머)가 설치되어 있다.

59 디젤기관 인젝션 펌프에서 딜리버리 밸브의 기능으로 틀린 것은?

① 역류 방지 ② 후적 방지
③ 잔압 유지 ④ 유량 조정

해설 딜리버리 밸브는 연료의 역류(분사노즐에서 펌프로의 흐름)를 방지하고, 분사노즐의 후적을 방지하며, 잔압을 유지시킨다.

60 기관의 부하에 따라 자동적으로 연료분사량을 가감하여 최고 회전속도를 제어하는 것은?

① 타이머 ② 캠축
③ 조속기 ④ 밸브

해설 조속기(거버너)는 분사펌프에 설치되어 있으며, 기관의 부하에 따라 자동적으로 연료분사량을 가감하여 최고 회전속도를 제어한다.

61 디젤기관에서 회전속도에 따라 연료의 분사시기를 조절하는 장치는?

① 과급기 ② 타이머
③ 기화기 ④ 조속기

해설 타이머(timer)는 기관의 회전속도에 따라 자동적으로 분사시기를 조정하여 운전을 안정되게 한다.

62 디젤기관에서 분사펌프로부터 보내진 고압의 연료를 미세한 안개 모양으로 연소실에 분사하는 부품은?

① 커먼레일 ② 분사노즐
③ 분사펌프 ④ 공급펌프

해설 분사노즐은 분사펌프에 보내준 고압의 연료를 연소실에 안개모양으로 분사하는 부품이다.

63 디젤기관 분사노즐(injection nozzle)의 연료분사 3대 요건이 아닌 것은?

① 무화 ② 관통력
③ 착화 ④ 분포

해설 연료분사의 3대 요소는 무화(안개화), 분포(분산), 관통력이다.

64 분사노즐 시험기로 점검할 수 있는 것은?

① 분사개시 압력과 분사속도를 점검할 수 있다.
② 분포상태와 플런저의 성능을 점검할 수 있다.
③ 분사개시 압력과 후적을 점검할 수 있다.
④ 분포상태와 분사량을 점검할 수 있다.

해설 노즐테스터로 점검할 수 있는 항목은 분포(분무)상태, 분사각도, 후적 유무, 분사개시 압력 등이다.

65 커먼레일 디젤엔진의 연료장치 구성부품이 아닌 것은?

① 커먼레일
② 고압연료펌프
③ 분사펌프
④ 인젝터

해설 **커먼레일 디젤엔진의 연료공급 경로**
연료탱크 → 연료여과기 → 저압연료펌프 → 고압연료펌프 → 커먼레일 → 인젝터 순서이다.

66 **커먼레일 디젤기관의 압력제한밸브에 대한 설명 중 틀린 것은?**

① 연료압력이 높으면 연료의 일부분이 연료탱크로 되돌아간다.
② 커먼레일과 같은 라인에 설치되어 있다.
③ 기계식 밸브가 많이 사용된다.
④ 운전조건에 따라 커먼레일의 압력을 제어한다.

해설 압력제한밸브는 커먼레일에 설치되어 커먼레일 내의 연료압력이 규정 값보다 높아지면 열려 연료의 일부를 연료탱크로 복귀시킨다.

67 **인젝터의 점검항목이 아닌 것은?**

① 저항 ② 작동온도
③ 연료분사량 ④ 작동음

해설 인젝터의 점검항목은 저항, 연료분사량, 작동음이다.

68 **커먼레일 디젤기관의 전자제어 계통에서 입력요소가 아닌 것은?**

① 연료온도센서
② 연료압력센서
③ 연료압력 제한밸브
④ 축전지 전압

해설 연료압력 제한밸브는 커먼레일 내의 연료압력이 규정 값보다 높아지면 ECU(컴퓨터)의 신호로 열려 연료압력을 규정 값으로 유지시키는 출력요소이다.

69 **커먼레일 디젤기관의 연료압력센서(RPS)에 대한 설명 중 맞지 않는 것은?**

① RPS의 신호를 받아 연료분사량을 조정하는 신호로 사용한다.
② RPS의 신호를 받아 연료 분사시기를 조정하는 신호로 사용한다.
③ 반도체 피에조 소자방식이다.
④ 이 센서가 고장이면 시동이 꺼진다.

해설 연료압력센서(RPS)에서 고장이 발생하면 림프 홈 모드(페일 세이프)로 진입하여 연료압력을 400bar로 고정시킨다.

70 **커먼레일 디젤기관의 공기유량센서(AFS)에 대한 설명 중 맞지 않는 것은?**

① EGR 피드백 제어기능을 주로 한다.
② 열막 방식을 사용한다.
③ 연료량 제어기능을 주로 한다.
④ 스모그 제한 부스터 압력제어용으로 사용한다.

해설 공기유량센서(air flow sensor)는 열막(hot film) 방식을 사용한다. 주요 기능은 EGR(배기가스 재순환) 피드백(feedback) 제어이며, 또 다른 기능은 스모그 제한 부스트 압력제어(매연 발생을 감소시키는 제어)이다.

71 **커먼레일 디젤기관의 흡기온도센서(ATS)에 대한 설명으로 틀린 것은?**

① 주로 냉각팬 제어신호로 사용된다.
② 연료량 제어보정 신호로 사용된다.
③ 분사시기 제어보정 신호로 사용된다.
④ 부특성 서미스터이다.

해설 흡기온도센서는 부특성 서미스터를 이용하며, 분사시기와 연료분사량 제어보정 신호로 사용된다.

72 **전자제어 디젤엔진의 회전을 감지하여 분사 순서와 분사시기를 결정하는 센서는?**

① 가속페달 센서
② 냉각수 온도 센서
③ 엔진오일 온도센서
④ 크랭크축 위치센서

해설 크랭크축 위치센서(CPS, CKP)는 크랭크축과 일체로 되어 있는 센서 휠의 돌기를 검출하여 크랭크축의 각도 및 피스톤의 위치, 기관 회전속도 등을 검출한다.

73 **커먼레일 디젤기관의 가속페달 포지션 센서에 대한 설명 중 옳지 않은 것은?**

① 가속페달 포지션 센서는 운전자의 의지를 전달하는 센서이다.
② 가속페달 포지션 센서 2는 센서 1을 검사하는 센서이다.
③ 가속페달 포지션 센서 3은 연료온도에 따른 연료량 보정신호를 한다.
④ 가속페달 포지션 센서 1은 연료량과 분사시기를 결정한다.

해설 가속페달 위치센서는 운전자의 의지를 ECU(컴퓨터)로 전달하는 센서이며, 센서 1에 의해 연료분사량과 분사시기가 결정되며, 센서 2는 센서 1을 감시하는 기능으로 차량의 급출발을 방지하기 위한 것이다.

74 **커먼레일 디젤기관의 연료장치에서 출력요소는?**

① 공기유량센서
② 인젝터
③ 엔진 ECU
④ 브레이크 스위치

해설 인젝터는 ECU(컴퓨터)의 신호에 의해 연료를 분사하는 출력요소이다.

75 **기관의 운전 상태를 감시하고 고장진단할 수 있는 기능은?**

① 윤활기능
② 제동기능
③ 조향기능
④ 자기진단기능

해설 자기진단기능은 기관의 운전 상태를 감시하고 고장진단 할 수 있는 기능이다.

76 **흡기장치의 요구조건으로 틀린 것은?**

① 전체 회전영역에 걸쳐서 흡입효율이 좋아야 한다.
② 균일한 분배성능을 가져야 한다.
③ 흡입부에 와류가 발생할 수 있는 돌출부를 설치해야 한다.
④ 연소속도를 빠르게 해야 한다.

해설 공기흡입 부분에는 돌출부가 없어야 한다.

77 **기관에서 공기청정기의 설치 목적으로 옳은 것은?**

① 연료의 여과와 가압작용
② 공기의 가압작용
③ 공기의 여과와 소음 방지
④ 연료의 여과와 소음 방지

해설 공기청정기는 흡입공기의 먼지 등을 여과하는 작용 이외에 흡기소음을 감소시킨다.

78 **건식 공기청정기의 장점이 아닌 것은?**

① 설치 또는 분해·조립이 간단하다.
② 작은 입자의 먼지나 오물을 여과할 수 있다.
③ 구조가 간단하고 여과망을 세척하여 사용할 수 있다.
④ 기관 회전속도의 변동에도 안정된 공기청정효율을 얻을 수 있다.

해설 건식 공기청정기의 여과망(엘리먼트)은 압축공기로 청소하여 사용할 수 있다.

79 **건식 공기청정기 세척방법으로 가장 적합한 것은?**

① 압축공기로 안에서 밖으로 불어낸다.
② 압축공기로 밖에서 안으로 불어낸다.
③ 압축오일로 안에서 밖으로 불어낸다.
④ 압축오일로 밖에서 안으로 불어낸다.

해설 건식 공기청정기는 정기적으로 엘리먼트를 빼내어 압축공기로 안쪽에서 바깥쪽으로 불어내어 청소하여야 한다.

80 **공기청정기의 종류 중 특히 먼지가 많은 지역에 적합한 공기청정기는?**

① 건식 ② 습식
③ 유조식 ④ 복합식

해설 유조식(oil bath type) 공기청정기는 여과효율이 낮으나 보수 관리비용이 싸고 엘리먼트의 파손이 적으며, 영구적으로 사용할 수 있어 먼지가 많은 지역에 적합하다.

81 **흡입공기를 선회시켜 엘리먼트 이전에서 이물질이 제거되게 하는 에어클리너 방식은?**

① 습식
② 원심 분리식
③ 건식
④ 비스키무수식

해설 원심분리식 에어클리너는 흡입공기를 선회시켜 엘리먼트 이전에서 이물질을 제거한다.

82 **기관에서 배기상태가 불량하여 배압이 높을 때 발생하는 현상과 관련 없는 것은?**

① 기관이 과열된다.
② 피스톤의 운동을 방해한다.
③ 기관의 출력이 감소된다.
④ 냉각수 온도가 내려간다.

해설 배압이 높으면 기관이 과열하므로 냉각수 온도가 올라가고, 피스톤의 운동을 방해하므로 기관의 출력이 감소된다.

83 **연소 시 발생하는 질소산화물(NOx)의 발생 원인과 가장 밀접한 관계가 있는 것은?**

① 높은 연소온도
② 가속 불량
③ 흡입공기 부족
④ 소염 경계층

해설 질소산화물(Nox)의 발생 원인은 높은 연소온도 때문이다.

84 국내에서 디젤기관에 규제하는 배출 가스는?

① 탄화수소 ② 공기과잉율(λ)
③ 일산화탄소 ④ 매연

해설 디젤기관에 규제하는 배출 가스는 매연이다.

85 과급기를 부착하였을 때의 이점으로 틀린 것은?

① 고지대에서도 출력의 감소가 적다.
② 회전력이 증가한다.
③ 기관출력이 향상된다.
④ 압축온도의 상승으로 착화지연 시간이 길어진다.

해설 과급기를 부착하면 연소상태가 좋아지므로 압축온도 상승에 따라 착화지연 기간이 짧아진다.

86 터보차저를 구동하는 것으로 가장 적합한 것은?

① 엔진의 열
② 엔진의 배기가스
③ 엔진의 흡입가스
④ 엔진의 여유동력

해설 터보차저는 엔진의 배기가스에 의해 구동된다.

87 디젤기관에서 급기온도를 낮추어 배출가스를 저감시키는 장치는?

① 인터쿨러(inter cooler)
② 라디에이터(radiator)
③ 쿨링팬(cooling fan)
④ 유닛 인젝터(unit injector)

해설 인터쿨러는 터보차저에 나오는 흡입공기의 온도를 낮춰 배출가스를 저감시키는 장치이다.

88 기관의 온도를 측정하기 위해 냉각수의 온도를 측정하는 곳으로 가장 적절한 곳은?

① 실린더 헤드 물재킷 부분
② 엔진 크랭크케이스 내부
③ 라디에이터 하부
④ 수온조절기 내부

해설 기관의 냉각수 온도는 실린더 헤드 물재킷 부분의 온도로 나타내며, 75~95℃ 정도면 정상이다.

89 엔진과열 시 일어나는 현상이 아닌 것은?

① 각 작동부분이 열팽창으로 고착될 수 있다.
② 윤활유 점도 저하로 유막이 파괴될 수 있다.
③ 금속이 빨리 산화되고 변형되기 쉽다.
④ 연료소비율이 줄고, 효율이 향상된다.

해설 엔진이 과열하면 금속이 빨리 산화되고 변형되기 쉽고, 윤활유의 점도 저하로 유막이 파괴될 수 있으며, 각 작동부분이 열팽창으로 고착될 우려가 있다.

90 기관 내부의 연소를 통해 일어나는 열에너지가 기계적 에너지로 바뀌면서 뜨거워진 기관을 물로 냉각하는 방식으로 옳은 것은?

① 수랭식 ② 공랭식
③ 유냉식 ④ 가스순환식

해설 수랭식은 냉각수를 이용하여 기관 내부를 냉각시킨다.

91 디젤기관의 냉각장치 방식에 속하지 않는 것은?

① 강제순환식 ② 압력순환식
③ 진공순환식 ④ 자연순환식

해설 냉각장치 방식에는 자연순환방식, 강제순환방식, 압력순환방식, 밀봉압력방식이 있다.

92 가압식 라디에이터의 장점으로 틀린 것은?

① 방열기를 적게 할 수 있다.
② 냉각수의 비등점을 높일 수 있다.
③ 냉각수의 순환속도가 빠르다.
④ 냉각장치의 효율을 높일 수 있다.

해설 가압식 라디에이터는 방열기를 적게 할 수 있고, 냉각장치의 효율을 높일 수 있으며, 냉각수의 비등점을 높일 수 있다.

93 기관에서 워터 펌프에 대한 설명으로 틀린 것은?

① 주로 원심펌프를 사용한다.
② 구동은 벨트를 통하여 크랭크축에 의해서 구동된다.
③ 냉각수에 압력을 가하면 물 펌프의 효율은 증대된다.
④ 펌프효율은 냉각수 온도에 비례한다.

해설 워터펌프(물 펌프)의 능력은 송수량으로 표시하며, 펌프의 효율은 냉각수 온도에 반비례하고 압력에 비례한다. 따라서 냉각수에 압력을 가하면 물 펌프의 효율이 증대된다.

94 기관의 냉각 팬이 회전할 때 공기가 향하는 방향은?

① 회전방향 ② 방열기 방향
③ 하부방향 ④ 상부방향

해설 냉각 팬이 회전할 때 공기가 향하는 방향은 방열기 방향이다.

95 냉각장치에 사용되는 전동 팬에 대한 설명으로 틀린 것은?

① 냉각수 온도에 따라 작동한다.
② 정상온도 이하에서는 작동하지 않고 과열일 때 작동한다.
③ 엔진이 시동되면 동시에 회전한다.
④ 팬벨트가 필요 없다.

해설 전동 팬은 전동기로 구동하므로 팬벨트가 필요 없으며, 엔진의 시동여부에 관계없이 냉각수 온도에 따라 작동한다. 즉 정상온도 이하에서는 작동하지 않고 과열일 때 작동한다.

96 다음 중 팬벨트와 연결되지 않은 것은?

① 발전기 풀리
② 기관 오일펌프 풀리
③ 워터펌프 풀리
④ 크랭크축 풀리

해설 팬벨트는 크랭크축 풀리, 발전기 풀리, 워터펌프 풀리와 연결된다.

97 **팬벨트에 대한 점검과정으로 가장 적합하지 않은 것은?**

① 팬벨트는 눌러(약 10kgf) 처짐이 13~20mm 정도로 한다.
② 팬벨트는 풀리의 밑부분에 접촉되어야 한다.
③ 팬벨트 조정은 발전기를 움직이면서 조정한다.
④ 팬벨트가 너무 헐거우면 기관 과열의 원인이 된다.

해설 팬벨트는 풀리의 양쪽 경사진 부분에 접촉되어야 미끄러지지 않는다.

98 **기관에서 팬벨트 및 발전기 벨트의 장력이 너무 강할 경우에 발생될 수 있는 현상은?**

① 발전기 베어링이 손상될 수 있다.
② 기관의 밸브장치가 손상될 수 있다.
③ 충전부족 현상이 생긴다.
④ 기관이 과열된다.

해설 팬벨트의 장력이 너무 강하면(팽팽하면) 발전기 베어링이 손상되기 쉽다.

99 **라디에이터(radiator)에 대한 설명으로 틀린 것은?**

① 라디에이터 재료 대부분은 알루미늄 합금이 사용된다.
② 단위면적당 방열량이 커야 한다.
③ 냉각효율을 높이기 위해 방열 핀이 설치된다.
④ 공기흐름 저항이 커야 냉각효율이 높다.

해설 라디에이터 재료는 알루미늄 합금이며, 냉각효율을 높이기 위해 방열 핀(냉각핀)이 설치되며, 공기 흐름저항이 적어야 냉각효율이 높다.

100 **사용하던 라디에이터와 신품 라디에이터의 냉각수 주입량을 비교했을 때 신품으로 교환해야 할 시점은?**

① 10% 이상의 차이가 발생했을 때
② 20% 이상의 차이가 발생했을 때
③ 30% 이상의 차이가 발생했을 때
④ 40% 이상의 차이가 발생했을 때

해설 신품과 사용품의 냉각수 주입량이 20% 이상의 차이가 발생하면 라디에이터를 교환한다.

101 **디젤기관 냉각장치에서 냉각수의 비등점을 높여주기 위해 설치된 부품은?**

① 압력식 캡 ② 냉각핀
③ 보조탱크 ④ 코어

해설 냉각장치 내의 비등점(비점)을 높이고, 냉각범위를 넓히기 위하여 압력식 캡을 사용한다.

102 **압력식 라디에이터 캡에 대한 설명으로 옳은 것은?**

① 냉각장치 내부압력이 규정보다 낮을 때 공기밸브는 열린다.
② 냉각장치 내부압력이 규정보다 높을 때 진공밸브는 열린다.
③ 냉각장치 내부압력이 부압이 되면 진공밸브는 열린다.
④ 냉각장치 내부압력이 부압이 되면 공기밸브는 열린다.

해설 냉각장치 내부압력이 부압이 되면(내부압력이 규정보다 낮을 때) 진공밸브가 열리고, 냉각장치 내부압력이 규정보다 높으면 압력밸브가 열린다.

103 **엔진의 온도를 항상 일정하게 유지하기 위하여 냉각계통에 설치되는 것은?**

① 크랭크축 풀리 ② 물 펌프 풀리
③ 수온조절기 ④ 벨트 조절기

해설 수온조절기(정온기)는 엔진의 온도를 항상 일정하게 유지하기 위하여 냉각계통에 설치되어 있다.

104 **왁스 실에 왁스를 넣어 온도가 높아지면 팽창 축을 올려 열리는 온도조절기는?**

① 벨로즈형 ② 바이메탈형
③ 바이패스형 ④ 펠릿형

해설 펠릿형은 왁스 실에 왁스를 넣어 온도가 높아지면 팽창 축을 올려 열리는 형식이다.

105 **기관에서 부동액으로 사용할 수 없는 것은?**

① 메탄 ② 에틸렌글리콜
③ 글리세린 ④ 알코올

해설 부동액의 종류에는 알코올(메탄올), 글리세린, 에틸렌글리콜이 있다.

106 **냉각장치에서 냉각수가 줄어드는 원인과 정비방법으로 틀린 것은?**

① 히터 혹은 라디에이터 호스 불량 - 수리 및 부품 교환
② 서머스타트 하우징 불량 - 개스킷 및 하우징 교체
③ 워터펌프 불량 - 조정
④ 라디에이터 캡 불량 - 부품 교환

해설 워터펌프의 작동이 불량하면 신품으로 교환한다.

107 **엔진과열의 원인으로 가장 거리가 먼 것은?**

① 연료의 품질 불량
② 정온기가 닫혀서 고장
③ 냉각계통의 고장
④ 라디에이터 코어 불량

해설 연료의 품질이 불량하면 연소가 불량해진다.

108 **건설기계 작업 중 온도계가 "H" 위치에 근접되어 있다. 운전자가 취해야 할 조치로 가장 알맞은 것은?**

① 작업을 계속해도 무방하다.
② 잠시 작업을 중단하고 휴식을 취한 후 다시 작업한다.
③ 윤활유를 즉시 보충하고 계속 작업한다.
④ 작업을 중단하고 냉각계통을 점검한다.

2 전기장치

01 **전기가 이동하지 않고 물질에 정지하고 있는 전기는?**

① 직류전기 ② 정전기
③ 교류전기 ④ 동전기

해설 정전기란 전기가 이동하지 않고 물질에 정지하고 있는 전기이다.

02 **전류의 3대 작용이 아닌 것은?**

① 발열작용 ② 자기작용
③ 원심작용 ④ 화학작용

해설 전류의 3대작용은 발열작용, 화학작용, 자기작용이다.

03 **도체에도 물질 내부의 원자와 충돌하는 고유저항이 있는데 이 고유저항과 관련이 없는 것은?**

① 물질의 모양
② 자유전자의 수
③ 원자핵의 구조 또는 온도
④ 물질의 색깔

해설 물질의 고유저항은 재질·모양·자유전자의 수·원자핵의 구조 또는 온도에 따라서 변화한다.

04 **전선의 저항에 대한 설명 중 옳은 것은?**

① 전선이 길어지면 저항이 감소한다.
② 전선의 지름이 커지면 저항이 감소한다.
③ 모든 전선의 저항은 같다.
④ 전선의 저항은 전선의 단면적과 관계 없다.

해설 전선의 저항은 길이가 길어지면 증가하고, 지름 및 단면적이 커지면 감소한다.

05 **회로 중의 어느 한 점에 있어서 그 점에 들어오는 전류의 총합과 나가는 전류의 총합은 서로 같다는 법칙은?**

① 렌츠의 법칙
② 줄의 법칙
③ 키르히호프 제1법칙
④ 플레밍의 왼손법칙

해설 키르히호프 제1법칙은 회로 내의 어떤 한 점에 유입된 전류의 총합과 유출한 전류의 총합은 같다는 법칙이다.

06 **전압·전류 및 저항에 대한 설명으로 옳은 것은?**

① 직렬회로에서 전류와 저항은 비례 관계이다.
② 직렬회로에서 분압된 전압의 합은 전원전압과 같다.
③ 직렬회로에서 전압과 전류는 반비례 관계이다.
④ 직렬회로에서 전압과 저항은 반비례 관계이다.

해설 **직렬회로의 특징**
- 합성저항은 각 저항의 합과 같다.
- 어느 저항에서나 똑같은 전류가 흐른다.
- 전압이 나누어져 저항 속을 흐른다.
- 분압된 전압의 합은 전원전압과 같다.

07 **전기장치에서 접촉저항이 발생하는 개소 중 가장 거리가 먼 것은?**

① 배선 중간지점
② 스위치 접점
③ 축전지 터미널
④ 배선 커넥터

해설 접촉저항은 스위치 접점, 배선의 커넥터, 축전지 단자(터미널) 등에서 발생하기 쉽다.

08 **건설기계에서 사용되는 전기장치에서 과전류에 의한 화재 예방을 위해 사용하는 부품으로 가장 적절한 것은?**

① 콘덴서　　② 저항기
③ 퓨즈　　④ 전파방지기

해설 퓨즈는 전기장치에서 단락에 의해 전선이 타거나 과대전류가 부하에 흐르지 않도록 하는 부품, 즉 전기장치에서 과전류에 의한 화재예방을 위해 사용하는 부품이다.

09 전기장치 회로에 사용하는 퓨즈의 재질로 적합한 것은?

① 스틸 합금
② 알루미늄 합금
③ 구리 합금
④ 납과 주석합금

해설 퓨즈의 재질은 납과 주석의 합금이다.

10 전기회로에서 퓨즈의 설치방법은?

① 직렬 ② 직·병렬
③ 병렬 ④ 상관없다.

해설 전기회로에서 퓨즈는 직렬로 설치한다.

11 건설기계의 전기회로의 보호 장치로 옳은 것은?

① 안전밸브
② 퓨저블 링크
③ 캠버
④ 턴 시그널 램프

해설 퓨저블 링크(fusible link)는 전기회로를 보호하는 도체 크기의 작은 전선으로 회로에 삽입되어 있다.

12 P형 반도체와 N형 반도체를 마주대고 접합한 것은?

① 캐리어 ② 홀
③ 스위칭 ④ 다이오드

해설 다이오드는 P형과 N형 반도체를 접합한 것으로 순방향 접속에서는 전류가 흐르고, 역방향 접속에서는 전류가 흐르지 못하는 특성이 있어 교류를 직류로 변화시키는 정류회로에서 사용한다.

13 빛을 받으면 전류가 흐르지만 빛이 없으면 전류가 흐르지 않는 전기소자는?

① 발광다이오드
② 포토다이오드
③ 제너다이오드
④ PN 접합다이오드

해설 포토다이오드는 접합부분에 빛을 받으면 빛에 의해 자유전자가 되어 전자가 이동하며, 역방향으로 전기가 흐른다.

14 어떤 기준전압 이상이 되면 역방향으로 큰 전류가 흐르게 된 반도체는?

① PNP형 트랜지스터
② NPN형 트랜지스터
③ 포토다이오드
④ 제너다이오드

해설 제너다이오드는 어떤 전압 아래에서는 역방향으로도 전류가 흐르도록 설계된 것이다.

15 트랜지스터에 대한 일반적인 특성으로 틀린 것은?

① 고온·고전압에 강하다.
② 내부전압 강하가 적다.
③ 수명이 길다.
④ 소형·경량이다.

해설 반도체는 고온(150℃ 이상 되면 파손되기 쉬움)·고전압에 약하다.

16 그림과 같은 AND회로(논리적 회로)에 대한 설명으로 틀린 것은?

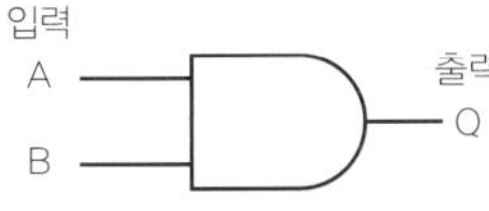

① 입력 A가 0이고 B가 0이면 출력 Q는 0이다.
② 입력 A가 1이고 B가 0이면 출력 Q는 1이다.
③ 입력 A가 0이고 B가 1이면 출력 Q는 0이다.
④ 입력 A가 1이고 B가 1이면 출력 Q는 1이다.

해설 입력 A가 1이고 B가 0이면 출력 Q는 0이다.

17 건설기계에 사용되는 전기장치 중 플레밍의 왼손법칙이 적용된 부품은?

① 발전기 ② 점화코일
③ 릴레이 ④ 기동전동기

해설 기동전동기는 플레밍의 왼손법칙을 이용한다.

18 직류직권 전동기에 대한 설명 중 틀린 것은?

① 기동회전력이 분권전동기에 비해 크다.
② 부하에 따른 회전속도의 변화가 크다.
③ 부하를 크게 하면 회전속도는 낮아진다.
④ 부하에 관계없이 회전속도가 일정하다.

해설 직류직권 전동기는 기동 회전력이 크고, 부하가 걸렸을 때에는 회전속도는 낮으나 회전력이 큰 장점이 있으나 회전속도의 변화가 큰 단점이 있다.

19 기동전동기의 기능으로 틀린 것은?

① 기관을 구동시킬 때 사용한다.
② 플라이휠의 링 기어에 기동전동기 피니언을 맞물려 크랭크축을 회전시킨다.
③ 축전지와 각부 전장품에 전기를 공급한다.
④ 기관의 시동이 완료되면 피니언을 링 기어로부터 분리시킨다.

해설 축전지와 각부 전장품에 전기를 공급하는 장치는 발전기이다.

20 기동전동기에서 토크를 발생하는 부분은?

① 계자코일
② 솔레노이드 스위치
③ 전기자 코일
④ 계철

해설 기동 전동기에서 토크가 발생하는 부분은 전기자 코일이다.

21 기동전동기에서 전기자 철심을 여러 층으로 겹쳐서 만드는 이유는?

① 자력선 감소
② 소형 경량화
③ 온도 상승 촉진
④ 맴돌이 전류 감소

해설 전기자 철심을 두께 0.35~1.0mm의 얇은 철판을 각각 절연하여 겹쳐 만든 이유는 자력선을 잘 통과시키고, 맴돌이 전류를 감소시키기 위함이다.

22 기동전동기 전기자 코일에 항상 일정한 방향으로 전류가 흐르도록 하기 위해 설치한 것은?

① 정류자 ② 로터
③ 슬립링 ④ 다이오드

해설 정류자는 전기자 코일에 항상 일정한 방향으로 전류가 흐르도록 하는 작용을 한다.

23 기동전동기의 전기자 축으로부터 피니언으로는 동력이 전달되나 피니언으로부터 전기자 축으로는 동력이 전달되지 않도록 해주는 장치는?

① 오버헤드 가드
② 솔레노이드 스위치
③ 오버러닝 클러치
④ 시프트 칼라

해설 오버러닝 클러치는 기동전동기의 전기자 축으로부터 피니언으로는 동력이 전달되나 피니언으로부터 전기자 축으로는 동력이 전달되지 않도록 해주는 장치이다.

24 기동전동기 구성부품 중 자력선을 형성하는 것은?

① 전기자 ② 계자코일
③ 슬립링 ④ 브러시

해설 계자코일에 전기가 흐르면 계자철심은 전자석이 되며, 자력선을 형성한다.

25 기동전동기에서 마그네틱 스위치는?

① 전자석 스위치이다.
② 전류조절기이다.
③ 전압조절기이다.
④ 저항조절기이다.

해설 마그네틱 스위치는 솔레노이드 스위치라고도 부르며, 기동 전동기의 전자석 스위치이다.

26 기동전동기의 동력전달 기구를 동력전달 방식으로 구분한 것이 아닌 것은?

① 벤딕스 방식
② 피니언 섭동방식
③ 계자섭동 방식
④ 전기자 섭동방식

해설 기동전동기의 피니언을 엔진의 플라이휠 링 기어에 물리는 방식(동력전달방식)에는 벤딕스 방식, 피니언 섭동방식, 전기자 섭동방식 등이 있다.

27 기관에 사용되는 기동전동기가 회전이 안 되거나 회전력이 약한 원인이 아닌 것은?

① 시동스위치의 접촉이 불량하다.
② 배터리 단자와 케이블의 접촉이 나쁘다.
③ 브러시가 정류자에 잘 밀착되어 있다.
④ 축전지 전압이 낮다.

해설 브러시와 정류자의 밀착이 불량하면 기동전동기가 회전이 안 되거나 회전력이 약해진다.

28 **시동스위치를 시동(ST) 위치로 했을 때 솔레노이드 스위치는 작동되나 기동전동기는 작동되지 않는 원인으로 틀린 것은?**

① 축전지 방전으로 전류용량 부족
② 시동스위치 불량
③ 엔진 내부 피스톤 고착
④ 기동전동기 브러시 손상

해설 시동스위치를 시동 위치로 했을 때 솔레노이드 스위치는 작동되나 기동전동기가 작동되지 않은 원인은 축전지 용량의 과다방전, 엔진내부 피스톤 고착, 전기자 코일 또는 계자 코일의 개회로(단선) 등이다.

29 **기동전동기의 시험과 관계없는 것은?**

① 부하시험 ② 무부하 시험
③ 관성시험 ④ 저항시험

해설 기동 전동기의 시험 항목에는 회전력(부하)시험, 무부하 시험, 저항시험 등이 있다.

30 **예열장치의 설치 목적으로 옳은 것은?**

① 냉간시동 시 시동을 원활히 하기 위함이다.
② 연료를 압축하여 분무성을 향상시키기 위함이다.
③ 연료분사량을 조절하기 위함이다.
④ 냉각수의 온도를 조절하기 위함이다.

해설 예열장치는 한랭한 상태에서 디젤기관을 시동할 때 기관에 흡입된 공기온도를 상승시켜 시동을 원활히 한다.

31 **디젤엔진 연소실 내의 압축공기를 예열하는 실드형 예열플러그의 특징이 아닌 것은?**

① 병렬로 연결되어 있다.
② 히트코일이 가는 열선으로 되어 있어 예열플러그 자체의 저항이 크다.
③ 발열량 및 열용량이 크다.
④ 흡입공기 속에 히트코일이 노출되어 있어 예열시간이 짧다.

해설 실드형 예열플러그는 보호금속 튜브에 히트코일이 밀봉되어 있어 코일형보다 예열에 소요되는 시간이 길다.

32 **6실린더 디젤기관의 병렬로 연결된 예열플러그 중 제3번 실린더의 예열플러그가 단선되었을 때 나타나는 현상으로 옳은 것은?**

① 제2번과 제4번의 예열플러그도 작동이 안 된다.
② 제3번 실린더 예열플러그만 작동이 안 된다.
③ 축전지 용량의 배가 방전된다.
④ 예열플러그 전체가 작동이 안 된다.

해설 병렬로 연결된 예열플러그가 단선되면 단선된 것만 작동을 하지 못한다.

33 **디젤기관의 전기가열방식 예열장치에서 예열진행의 3단계로 틀린 것은?**

① 프리글로 ② 스타트 글로
③ 포스트 글로 ④ 컷 글로

해설 디젤기관의 전기가열방식 예열장치에서 예열진행의 3단계는 프리글로(pre glow), 스타트 글로(start glow), 포스트 글로(post glow)이다.

34 디젤기관에서 예열플러그가 단선되는 원인으로 틀린 것은?

① 너무 짧은 예열시간
② 규정 이상의 과대전류 흐름
③ 기관의 과열상태에서 잦은 예열
④ 예열플러그 설치할 때 조임 불량

해설 예열플러그의 예열시간이 너무 길면 단선된다.

35 예열플러그를 빼서 보았더니 심하게 오염되어 있을 때의 원인으로 옳은 것은?

① 불완전 연소 또는 노킹
② 기관의 과열
③ 예열 플러그의 용량 과다
④ 냉각수 부족

해설 예열플러그가 심하게 오염되는 경우는 불완전 연소 또는 노킹이 발생하였기 때문이다.

36 글로플러그를 설치하지 않아도 되는 연소실은? (단, 전자제어 커먼레일은 제외)

① 직접분사실식 ② 와류실식
③ 공기실식 ④ 예연소실식

해설 직접분사실식에서는 시동보조 장치로 흡기다기관에 흡기가열장치(흡기히터나 히트레인지)를 설치한다.

37 납산축전지에 관한 설명으로 틀린 것은?

① 기관시동 시 전기적 에너지를 화학적 에너지로 바꾸어 공급한다.
② 기관시동 시 화학적 에너지를 전기적 에너지로 바꾸어 공급한다.
③ 전압은 셀의 개수와 셀 1개당의 전압으로 결정된다.
④ 음극판이 양극판보다 1장 더 많다.

해설 축전지는 화학작용을 이용하며 기관을 시동할 때 화학적 에너지를 전기적 에너지로 바꾸어 공급한다.

38 축전지의 구비조건으로 가장 거리가 먼 것은?

① 축전지의 용량이 클 것
② 전기적 절연이 완전할 것
③ 가급적 크고, 다루기 쉬울 것
④ 전해액의 누출 방지가 완전할 것

해설 축전지는 소형·경량이고, 수명이 길며, 다루기 쉬워야 한다.

39 축전지의 역할을 설명한 것으로 틀린 것은?

① 기동장치의 전기적 부하를 담당한다.
② 발전기 출력과 부하와의 언밸런스를 조정한다.
③ 기관시동 시 전기적 에너지를 화학적 에너지로 바꾼다.
④ 발전기 고장 시 주행을 확보하기 위한 전원으로 작동한다.

해설 **축전지의 역할**
기동장치의 전기적 부하 담당(가장 중요한 기능), 발전기 출력과 부하와의 언밸런스 조정, 발전기가 고장났을 때 주행을 확보하기 위한 전원으로 작동

40 건설기계에 사용되는 12V 납산축전지의 구성은?

① 셀(cell) 3개를 병렬로 접속
② 셀(cell) 3개를 직렬로 접속
③ 셀(cell) 6개를 병렬로 접속
④ 셀(cell) 6개를 직렬로 접속

해설 12V 축전지는 2.1V의 셀(cell) 6개를 직렬로 접속된다.

41 축전지 격리판의 구비조건으로 틀린 것은?

① 전도성이 좋으며 전해액의 확산이 잘 될 것
② 다공성이고 전해액에 부식되지 않을 것
③ 극판에 좋지 않은 물질을 내뿜지 않을 것
④ 기계적 강도가 있을 것

해설 격리판은 비전도성이 좋으며 전해액의 확산이 잘 되어야 한다.

42 축전지의 케이스와 커버를 청소할 때 사용하는 용액으로 가장 옳은 것은?

① 비누와 물 ② 소금과 물
③ 소다와 물 ④ 오일과 가솔린

해설 축전지 커버나 케이스의 청소는 소다와 물 또는 암모니아수를 사용한다.

43 납산축전지의 전해액으로 알맞은 것은?

① 순수한 물 ② 과산화납
③ 해면상납 ④ 묽은 황산

해설 납산축전지 전해액은 증류수에 황산을 혼합한 묽은 황산이다.

44 전해액 충전 시 20°C 일 때 비중으로 틀린 것은?

① 25% 충전 - 1.150~1.170
② 50% 충전 - 1.190~1.210
③ 75% 충전 - 1.220~1.260
④ 완전충전 - 1.260~1.280

해설 75% 충전일 경우의 전해액 비중은 1.220~1.240이다.

45 납산축전지의 온도가 내려갈 때 발생되는 현상이 아닌 것은?

① 비중이 상승한다.
② 전류가 커진다.
③ 용량이 저하한다.
④ 전압이 저하한다.

해설 축전지의 온도가 내려가면 비중은 상승하나, 용량·전류 및 전압이 모두 저하된다.

46 배터리에서 셀 커넥터와 터미널의 설명이 아닌 것은?

① 셀 커넥터는 납 합금으로 되었다.
② 양극판이 음극판의 수보다 1장 더 적다.
③ 색깔로 구분되어 있는 것은 (-)가 적색으로 되어 있다.
④ 셀 커넥터는 배터리 내의 각각의 셀을 직렬로 연결하기 위한 것이다.

해설 색깔로 구분되어 있는 것은 (+)가 적색으로 되어 있다.

47 **납산축전지의 양극과 음극 단자의 구별하는 방법으로 틀린 것은?**

① 양극은 적색, 음극은 흑색이다.
② 양극 단자에 (+), 음극 단자에는 (-)의 기호가 있다.
③ 양극 단자에 포지티브(positive), 음극 단자에 네거티브(negative)라고 표기되어 있다.
④ 양극 단자의 직경이 음극 단자의 직경보다 작다.

해설 양극 단자의 지름이 굵다.

48 **납산축전지를 교환 및 장착할 때 연결 순서로 맞는 것은?**

① 축전지의 (+)선을 먼저 부착하고, (-)선을 나중에 부착한다.
② 축전지의 (-)선을 먼저 부착하고, (+)선을 나중에 부착한다.
③ 축전지의 (+), (-)선을 동시에 부착한다.
④ (+)나 (-)선 중 편리한 것부터 연결하면 된다.

해설 축전지를 장착할 때에는 (+)선을 먼저 부착하고, (-)선을 나중에 부착한다.

49 **납산축전지의 방전은 어느 한도 내에서 단자 전압이 급격히 저하하며 그 이후는 방전능력이 없어지게 된다. 이때의 전압을 무엇이라고 하는가?**

① 충전전압 ② 방전종지전압
③ 방전전압 ④ 누전전압

해설 방전종지전압이란 축전지의 방전은 어느 한도 내에서 단자 전압이 급격히 저하하며 그 이후는 방전능력이 없어지게 되는 전압이다.

50 **납산축전지의 충·방전 상태를 나타낸 것이 아닌 것은?**

① 축전지가 방전되면 양극판은 과산화납이 황산납으로 된다.
② 축전지가 방전되면 전해액은 묽은 황산이 물로 변하여 비중이 낮아진다.
③ 축전지가 충전되면 양극판에서 수소를, 음극판에서 산소를 발생시킨다.
④ 축전지가 충전되면 음극판은 황산납이 해면상납으로 된다.

해설 충전되면 양극판에서 산소를 음극판에서 수소를 발생시킨다.

51 **12V용 납산축전지의 방전종지전압은?**

① 12V ② 10.5V
③ 7.5V ④ 1.75V

해설 축전지 셀당 방전종지전압이 1.75V이므로 12V 축전지의 방전종지전압은 6×1.75V=10.5V이다.

52 **건설기계에 사용되는 납산축전지의 용량 단위는?**

① Ah ② PS
③ kW ④ kV

해설 축전지 용량의 단위는 암페어 시(Ah)이다.

53 **납산축전지의 용량(전류)에 영향을 주는 요소로 틀린 것은?**

① 극판의 수 ② 극판의 크기
③ 전해액의 양 ④ 냉간율

해설 납산축전지의 용량을 결정짓는 인자는 셀 당 극판 수, 극판의 크기, 전해액(황산)의 양이다.

54 **납산축전지의 용량표시 방법이 아닌 것은?**

① 25시간율 ② 25암페어율
③ 20시간율 ④ 냉간율

해설 축전지의 용량표시 방법에는 20시간율, 25암페어율, 냉간율이 있다.

55 **그림과 같이 12V용 축전지 2개를 사용하여 24V용 건설기계를 시동하고자 할 때 연결 방법으로 옳은 것은?**

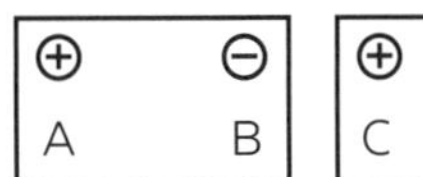

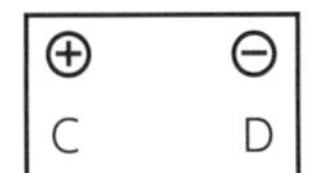

① B와 D ② A와 C
③ A와 B ④ B와 C

해설 직렬연결이란 전압과 용량이 동일한 축전지 2개 이상을 (+)단자와 연결대상 축전지의 (–)단자에 서로 연결하는 방식이며, 이때 전압은 축전지를 연결한 개수만큼 증가하나 용량은 1개일 때와 같다.

56 **같은 용량, 같은 전압의 축전지를 병렬로 연결하였을 때 옳은 것은?**

① 용량과 전압은 일정하다.
② 용량과 전압이 2배로 된다.
③ 용량은 한 개일 때와 같으나 전압은 2배로 된다.
④ 용량은 2배이고 전압은 한 개일 때와 같다.

해설 축전지의 병렬연결이란 같은 전압, 같은 용량의 축전지 2개 이상을 (+)단자를 다른 축전지의 (+)단자에, (–)단자는 (–)단자에 접속하는 방식이며, 용량은 연결한 개수만큼 증가하지만 전압은 1개일 때와 같다.

57 **충전된 축전지라도 방치해두면 사용하지 않아도 조금씩 자연 방전하여 용량이 감소하는 현상은?**

① 화학방전 ② 자기방전
③ 강제방전 ④ 급속방전

해설 자기방전이란 충전된 축전지라도 방치해두면 사용하지 않아도 조금씩 자연 방전하여 용량이 감소하는 현상이다.

58 **충전된 축전지를 방치 시 자기방전(self discharge)의 원인과 가장 거리가 먼 것은?**

① 양극판 작용물질 입자가 축전지 내부에 단락으로 인한 방전
② 격리판이 설치되어 방전
③ 전해액 내에 포함된 불순물에 의해 방전
④ 음극판의 작용물질이 황산과 화학작용으로 방전

해설 자기방전의 원인은 양극판 작용물질 입자가 축전지 내부에 단락으로 인한 방전, 전해액 내에 포함된 불순물에 의해 방전, 음극판의 작용물질이 황산과 화학작용으로 방전 등이 있다.

59 **납산축전지의 소비된 전기에너지를 보충하기 위한 충전방법이 아닌 것은?**

① 정전류 충전 ② 급속충전
③ 정전압 충전 ④ 초 충전

해설 납산축전지의 충전방법에는 정전류 충전, 정전압 충전, 단별전류 충전, 급속충전 등이 있다.

60 **납산축전지가 방전되어 급속충전을 할 때의 설명으로 틀린 것은?**

① 충전 중 전해액의 온도가 45℃가 넘지 않도록 한다.
② 충전 중 가스가 많이 발생되면 충전을 중단한다.
③ 충전전류는 축전지 용량과 같게 한다.
④ 충전시간은 가능한 짧게 한다.

해설 급속충전 할 때 충전전류는 축전지 용량의 50%로 한다.

61 **납산축전지를 충전할 때 화기를 가까이 하면 위험한 이유는?**

① 수소가스가 폭발성 가스이기 때문에
② 산소가스가 폭발성 가스이기 때문에
③ 수소가스가 조연성 가스이기 때문에
④ 산소가스가 인화성 가스이기 때문에

해설 축전지 충전 중에 화기를 가까이 하면 위험한 이유는 발생하는 수소가스가 폭발하기 때문이다.

62 **MF(Maintenance Free) 축전지에 대한 설명으로 옳지 않은 것은?**

① 격자의 재질은 납과 칼슘합금이다.
② 무보수용 배터리다.
③ 밀봉 촉매마개를 사용한다.
④ 증류수는 매 15일마다 보충한다.

해설 MF 축전지는 증류수를 점검 및 보충하지 않아도 된다.

63 **납산축전지 전해액이 자연 감소되었을 때 보충에 가장 적합한 것은?**

① 증류수 ② 황산
③ 수돗물 ④ 경수

해설 축전지 전해액이 자연 감소되었을 경우에는 증류수를 보충한다.

64 **시동키를 뽑은 상태로 주차했음에도 배터리에서 방전되는 전류를 뜻하는 것은?**

① 충전전류 ② 암전류
③ 시동전류 ④ 발전전류

해설 암전류란 시동키를 뽑은 상태로 주차했음에도 배터리에서 방전되는 전류이다.

65 **건설기계에 사용되는 전기장치 중 플레밍의 오른손 법칙이 적용되어 사용되는 부품은?**

① 발전기 ② 기동전동기
③ 릴레이 ④ 점화코일

해설 발전기의 원리는 플레밍의 오른손 법칙을 사용한다.

66 **"유도기전력의 방향은 코일 내의 자속의 변화를 방해하려는 방향으로 발생한다."는 법칙은?**

① 플레밍의 왼손법칙
② 렌츠의 법칙
③ 플레밍의 오른손 법칙
④ 자기유도 법칙

해설 렌츠의 법칙은 전자유도에 관한 법칙으로 유도기전력의 방향은 코일 내의 자속의 변화를 방해하는 방향으로 발생된다는 법칙이다.

67 **충전장치의 개요에 대한 설명으로 틀린 것은?**

① 건설기계의 전원을 공급하는 것은 발전기와 축전지이다.
② 발전량이 부하량보다 적을 경우에는 축전지가 전원으로 사용된다.
③ 축전지는 발전기가 충전시킨다.
✔④ 발전량이 부하량보다 많을 경우에는 축전지의 전원이 사용된다.

해설 전장부품에 전원을 공급하는 장치는 축전지와 발전기이며, 축전지는 발전기가 충전시킨다. 또 발전기의 발전량이 부하량보다 적을 경우에는 축전지의 전원이 사용된다.

68 **건설기계의 충전장치에서 가장 많이 사용하고 있는 발전기는?**

① 단상 교류발전기
② 직류발전기
✔③ 3상 교류발전기
④ 와전류 발전기

해설 건설기계에서는 주로 3상 교류발전기를 사용한다.

69 **충전장치에서 발전기는 어떤 축과 연동되어 구동되는가?**

✔① 크랭크축 ② 캠축
③ 추진축 ④ 변속기 입력축

해설 발전기는 크랭크축에 의해 구동된다.

70 **교류(AC)발전기의 특성이 아닌 것은?**

① 저속에서도 충전성능이 우수하다.
② 소형·경량이고 출력도 크다.
③ 소모부품이 적고 내구성이 우수하며 고속회전에 견딘다.
✔④ 전압조정기, 전류조정기, 컷 아웃 릴레이로 구성된다.

해설 교류발전기는 전압조정기만 있으면 된다.

71 **교류발전기의 부품이 아닌 것은?**

① 다이오드 ② 슬립링
✔③ 전류조정기 ④ 스테이터 코일

해설 교류발전기는 스테이터, 로터, 다이오드, 슬립링과 브러시, 엔드 프레임, 전압조정기 등으로 되어 있다.

72 **교류발전기의 유도전류는 어디에서 발생하는가?**

✔① 스테이터 ② 전기자
③ 계자코일 ④ 로터

해설 교류 발전기의 유도전류는 스테이터에서 발생한다.

73 **AC 발전기에서 전류가 흐를 때 전자석이 되는 것은?**

① 계자철심 ✔② 로터
③ 아마추어 ④ 스테이터 철심

해설 교류발전기에서 로터(회전체)는 전류가 흐를 때 전자석이 되는 부분이다.

74 AC 발전기의 출력은 무엇을 변화시켜 조정하는가?

① 축전지 전압
② 발전기의 회전속도
③ 로터코일 전류
④ 스테이터 전류

해설 교류발전기의 출력은 로터코일 전류를 변화시켜 조정한다.

75 교류발전기의 다이오드가 하는 역할은?

① 전류를 조정하고, 교류를 정류한다.
② 전압을 조정하고, 교류를 정류한다.
③ 교류를 정류하고, 역류를 방지한다.
④ 여자전류를 조정하고, 역류를 방지한다.

해설 AC발전기 다이오드의 역할은 교류를 정류하고, 역류를 방지한다.

76 교류발전기에서 높은 전압으로부터 다이오드를 보호하는 구성품은 어느 것인가?

① 콘덴서 ② 계자코일
③ 정류기 ④ 로터

해설 콘덴서(condenser)는 교류발전기에서 높은 전압으로부터 다이오드를 보호한다.

77 교류발전기에 사용되는 반도체인 다이오드를 냉각하기 위한 것은?

① 냉각튜브
② 유체클러치
③ 히트싱크
④ 엔드프레임에 설치된 오일장치

해설 히트싱크(heat sink)는 다이오드를 설치하는 철판이며, 다이오드가 정류작용을 할 때 다이오드를 냉각시켜주는 작용을 한다.

78 충전장치에서 축전지 전압이 낮을 때의 원인으로 틀린 것은?

① 조정전압이 낮을 때
② 다이오드가 단락되었을 때
③ 축전지 케이블 접속이 불량할 때
④ 충전회로에 부하가 적을 때

해설 충전회로의 부하가 크면 충전 불량의 원인이 된다.

79 건설기계에 사용되는 계기의 장점으로 틀린 것은?

① 구조가 복잡할 것
② 소형이고 경량일 것
③ 지침을 읽기가 쉬울 것
④ 가격이 쌀 것

해설 계기는 구조가 간단하고, 소형·경량이며, 지침을 읽기 쉽고, 가격이 싸야 한다.

80 건설기계의 전조등 성능을 유지하기 위하여 가장 좋은 방법은?

① 단선으로 한다.
② 복선식으로 한다.
③ 축전지와 직결시킨다.
④ 굵은 선으로 갈아 끼운다.

해설 복선식은 접지 쪽에도 전선을 사용하는 것으로 주로 전조등과 같이 큰 전류가 흐르는 회로에서 사용한다.

81 전조등 형식 중 내부에 불활성 가스가 들어 있으며, 광도의 변화가 적은 것은?

① 로우 빔식 ② 하이 빔식
③ 실드 빔식 ④ 세미실드 빔식

해설 실드 빔형(shield beam type) 전조등은 반사경에 필라멘트를 붙이고 여기에 렌즈를 녹여 붙인 후 내부에 불활성 가스를 넣어 그 자체가 1개의 전구가 되도록 한 것이다.

82 헤드라이트에서 세미실드 빔형은?

① 렌즈, 반사경 및 전구를 분리하여 교환이 가능한 것
② 렌즈, 반사경 및 전구가 일체인 것
③ 렌즈와 반사경은 일체이고, 전구는 교환이 가능한 것
④ 렌즈와 반사경을 분리하여 제작한 것

해설 세미실드 빔형(semi shield beam type)은 렌즈와 반사경은 녹여 붙였으나 전구는 별개로 설치한 것으로 필라멘트가 끊어지면 전구만 교환하면 된다.

83 전조등 회로의 구성부품으로 틀린 것은?

① 전조등 릴레이
② 전조등 스위치
③ 디머 스위치
④ 플래셔 유닛

해설 전조등 회로는 퓨즈, 라이트 스위치, 디머 스위치로 구성된다.

84 전조등의 좌우 램프 간 회로에 대한 설명으로 옳은 것은?

① 직렬 또는 병렬로 되어 있다.
② 병렬과 직렬로 되어 있다.
③ 병렬로 되어 있다.
④ 직렬로 되어 있다.

해설 전조등 회로는 병렬로 연결되어 있다.

85 방향지시등 전구에 흐르는 전류를 일정한 주기로 단속·점멸하여 램프의 광도를 증감시키는 것은?

① 디머 스위치
② 플래셔 유닛
③ 파일럿 유닛
④ 방향지시기 스위치

해설 플래셔 유닛(flasher unit)은 방향지시등 전구에 흐르는 전류를 일정한 주기로 단속·점멸하여 램프의 광도를 증감시키는 부품이다.

86 한쪽의 방향지시등만 점멸속도가 빠른 원인으로 옳은 것은?

① 전조등 배선접촉 불량
② 플래셔 유닛 고장
③ 한쪽 램프의 단선
④ 비상등 스위치 고장

해설 한쪽 램프가 단선되면 한쪽의 방향지시등만 점멸속도가 빨라진다.

87 방향지시등 스위치를 작동할 때 한쪽은 정상이고, 다른 한쪽은 점멸작용이 정상과 다르게(빠르게, 느리게, 작동 불량) 작용한다. 고장원인이 아닌 것은?

① 전구 1개가 단선되었을 때
② 전구를 교체하면서 규정용량의 전구를 사용하지 않았을 때
③ 플래셔 유닛이 고장났을 때
④ 한쪽 전구소켓에 녹이 발생하여 전압강하가 있을 때

해설 플래셔 유닛이 고장 나면 모든 방향지시등이 점멸되지 못한다.

88 그림과 같은 경고등의 의미는?

① 엔진오일 압력 경고등
② 와셔액 부족 경고등
③ 브레이크액 누유 경고등
④ 냉각수 온도 경고등

89 건설기계로 작업할 때 계기판에서 오일경고등이 점등되었을 때 우선 조치사항으로 적합한 것은?

① 엔진을 분해한다.
② 즉시 엔진시동을 끄고 오일계통을 점검한다.
③ 엔진오일을 교환하고 운전한다.
④ 냉각수를 보충하고 운전한다.

해설 오일경고등이 점등되면 즉시 엔진의 시동을 끄고 오일계통을 점검한다.

90 건설기계 운전 중에 계기판에 그림과 같은 등이 갑자기 점등되었다면 이 경고등의 의미는?

① 엔진오일 압력 경고등
② 와셔액 부족 경고등
③ 브레이크액 누유 경고등
④ 엔진 점검 경고등

91 건설기계 운전 중에 계기판에 그림과 같은 등이 갑자기 점등되었다. 무슨 표시인가?

① 배터리 충전 경고등
② 연료레벨 경고등
③ 냉각수 과열 경고등
④ 유압유 온도 경고등

92 건설기계 작업 시 계기판에서 냉각수 경고등이 점등되었을 때 운전자로서 가장 적절한 조치는?

① 엔진오일량을 점검한다.
② 작업을 중지하고 점검 및 정비를 받는다.
③ 라디에이터를 교환한다.
④ 작업이 모두 끝나면 곧바로 냉각수를 보충한다.

해설 냉각수 경고등이 점등되면 작업을 중지하고 냉각수량 점검 및 냉각계통의 정비를 받는다.

93 건설기계 운전 중 운전석 계기판에 그림과 같은 등이 갑자기 점등되었다. 무슨 표시인가?

① 배터리 완전충전 표시등
② 전원 차단 경고등
③ 전기장치 작동 표시등
④ 충전 경고등

94 지구환경 문제로 인하여 기존의 냉매는 사용을 억제하고, 대체가스로 사용되고 있는 자동차 에어컨 냉매는?

① R-134a ② R-22
③ R-16 ④ R-12

해설 현재 차량에서 사용하고 있는 냉매는 R-134a이다.

95 에어컨의 구성부품 중 고압의 기체냉매를 냉각시켜 액화시키는 작용을 하는 것은?

① 압축기 ② 응축기
③ 증발기 ④ 팽창밸브

해설 응축기(condenser)는 라디에이터 앞쪽에 설치되어 있으며 주행속도와 냉각팬의 작동에 의해 고온·고압의 기체냉매를 응축시켜 고온·고압의 액체냉매로 만든다.

96 자동차 에어컨에서 고압의 액체냉매를 저압의 기체냉매로 바꾸는 구성부품은?

① 압축기(compressor)
② 리퀴드 탱크(liquid tank)
③ 팽창밸브(expansion valve)
④ 에버퍼레이터(evaperator)

해설 팽창밸브(expansion valve)는 고온·고압의 액체냉매를 급격히 팽창시켜 저온·저압의 무상(기체)냉매로 변화시킨다.

97 자동차 에어컨 장치에서 리시버드라이어의 기능으로 틀린 것은?

① 액체냉매의 저장기능
② 수분제거 기능
③ 냉매압축 기능
④ 기포분리 기능

해설 리시버드라이어(receiver dryer)의 기능은 액체냉매의 저장기능, 수분제거 기능, 기포분리 등이다.

3 동력전달(차체)장치

01 변속기의 필요성과 관계가 없는 것은?

① 시동 시 기관을 무부하 상태로 한다.
② 기관의 회전력을 증대시킨다.
③ 건설기계의 후진 시 필요로 한다.
④ 환향을 빠르게 한다.

해설 변속기는 기관을 시동할 때 무부하 상태로 하고, 회전력을 증가시키며, 역전(후진)을 가능하게 한다.

02 변속기의 구비조건으로 틀린 것은?

① 전달효율이 적을 것
② 변속조작이 용이할 것
③ 소형·경량일 것
④ 단계가 없이 연속적인 변속조작이 가능할 것

해설 변속기는 전달효율이 커야 한다.

03 자동변속기에서 토크컨버터의 설명으로 틀린 것은?

① 토크컨버터의 회전력 변환율은 3~5:1이다.
② 오일의 충돌에 의한 효율저하 방지를 위하여 가이드 링이 있다.
③ 마찰 클러치에 비해 연료소비율이 더 높다.
④ 펌프, 터빈, 스테이터로 구성되어 있다.

해설 토크 컨버터의 회전력 변환율은 2~3:1이다.

04 엔진과 직결되어 같은 회전수로 회전하는 토크컨버터의 구성품은?

① 터빈　② 스테이터
③ 펌프　④ 변속기 출력축

해설 펌프(또는 임펠러)는 기관의 크랭크축에, 터빈은 변속기 입력축과 연결된다.

05 토크컨버터의 오일의 흐름방향을 바꾸어 주는 것은?

① 펌프　② 변속기축
③ 터빈　④ 스테이터

해설 스테이터(stator)는 오일의 흐름 방향을 바꾸어 회전력을 증대시킨다.

06 토크컨버터의 출력이 가장 큰 경우? (단, 기관속도는 일정함)

① 항상 일정함
② 변환비가 1:1일 경우
③ 터빈의 속도가 느릴 때
④ 임펠러의 속도가 느릴 때

해설 터빈의 속도가 느릴 때 토크 컨버터의 출력이 가장 크다.

07 토크컨버터 오일의 구비조건이 아닌 것은?

① 점도가 높을 것
② 착화점이 높을 것
③ 빙점이 낮을 것
④ 비점이 높을 것

해설 토크컨버터 오일은 점도가 낮고, 비중이 커야 한다.

08 유성기어장치의 구성요소가 바르게 된 것은?

① 평 기어, 유성기어, 후진기어, 링 기어
② 선 기어, 유성기어, 래크기어, 링 기어
③ 링 기어 스퍼기어, 유성기어 캐리어, 선 기어
④ 선 기어, 유성기어, 유성기어 캐리어, 링 기어

해설 유성기어장치의 주요부품은 선 기어, 유성기어, 링 기어, 유성기어 캐리어이다.

09 휠 형식(wheel type) 건설기계의 동력전달장치에서 슬립이음이 변화를 가능하게 하는 것은?

① 축의 길이 ② 회전속도
③ 축의 진동 ④ 드라이브 각

해설 슬립이음을 사용하는 이유는 추진축의 길이 변화를 주기 위함이다.

10 추진축의 각도 변화를 가능하게 하는 이음은?

① 자재이음 ② 슬립이음
③ 등속이음 ④ 플랜지이음

해설 자재이음(유니버설 조인트)은 변속기와 종 감속기어 사이(추진축)의 구동각도 변화를 가능하게 한다.

11 유니버설 조인트 중에서 훅형(십자형) 조인트가 가장 많이 사용되는 이유가 아닌 것은?

① 구조가 간단하다.
② 급유가 불필요하다.
③ 큰 동력의 전달이 가능하다.
④ 작동이 확실하다.

해설 훅형(십자형) 조인트를 많이 사용하는 이유는 구조가 간단하고, 작동이 확실하며, 큰 동력의 전달이 가능하기 때문이다. 그리고 훅형 조인트에는 그리스를 급유하여야 한다.

12 십자축 자재이음을 추진축 앞뒤에 둔 이유를 가장 적합하게 설명한 것은?

① 추진축의 진동을 방지하기 위하여
② 회전 각속도의 변화를 상쇄하기 위하여
③ 추진축의 굽음을 방지하기 위하여
④ 길이의 변화를 다소 가능하게 하기 위하여

해설 십자축 자재이음은 각도변화를 주는 부품이며, 추진축 앞뒤에 둔 이유는 회전 각 속도의 변화를 상쇄하기 위함이다.

13 타이어형 건설기계에서 추진축의 스플라인 부분이 마모되면 어떤 현상이 발생하는가?

① 차동기어의 물림이 불량하다.
② 클러치 페달의 유격이 크다.
③ 가속 시 미끄럼 현상이 발생한다.
④ 주행 중 소음이 나고 차체에 진동이 있다.

해설 추진축의 스플라인 부분이 마모되면 주행 중 소음이 나고 차체에 진동이 발생한다.

14 타이어형 건설기계의 동력전달 계통에서 최종적으로 구동력을 증가시키는 것은?

① 트랙 모터 ② 종감속기어
③ 스프로킷 ④ 변속기

해설 종감속기어(파이널 드라이브 기어)는 엔진의 동력을 바퀴까지 전달할 때 마지막으로 감속하여 최종적으로 구동력을 증가시킨다.

15 **종감속비에 대한 설명으로 옳지 않은 것은?**

① 종감속비는 링 기어 잇수를 구동피니언 잇수로 나눈 값이다.
② 종감속비가 크면 가속성능이 향상된다.
③ 종감속비가 적으면 등판능력이 향상된다.
④ 종감속비는 나누어서 떨어지지 않는 값으로 한다.

해설 종감속비가 적으면 등판능력이 저하된다.

16 **하부추진체가 휠(wheel)로 되어 있는 건설기계로 커브를 돌 때 선회를 원활하게 해주는 장치는?**

① 변속기 ② 차동장치
③ 최종구동장치 ④ 트랜스퍼케이스

해설 차동장치는 타이어형 건설기계에서 선회할 때(커브를 돌 때) 바깥쪽 바퀴의 회전속도를 안쪽 바퀴보다 빠르게 하여 선회를 원활하게 한다.

17 **차축의 스플라인 부분은 차동장치의 어느 기어와 결합되어 있는가?**

① 차동피니언 ② 링 기어
③ 구동피니언 ④ 차동 사이드기어

해설 차축의 스플라인 부분은 차동장치의 차동 사이드기어와 결합되어 있다.

18 **액슬축의 종류가 아닌 것은?**

① 반부동식 ② 3/4부동식
③ 1/2부동식 ④ 전부동식

해설 액슬 축(차축) 지지방식에는 전부동식, 반부동식, 3/4부동식이 있다.

19 **건설기계에서 환향장치(steering system)의 역할은?**

① 제동을 쉽게 하는 장치이다.
② 분사압력 증대장치이다.
③ 분사시기를 조절하는 장치이다.
④ 건설기계의 진행방향을 바꾸는 장치이다.

해설 환향장치(조향장치)는 건설기계의 진행방향을 바꾸는 장치이다.

20 **조향장치의 특성에 관한 설명 중 틀린 것은?**

① 조향조작이 경쾌하고 자유로워야 한다.
② 회전반경이 되도록 커야 한다.
③ 타이어 및 조향장치의 내구성이 커야 한다.
④ 노면으로부터의 충격이나 원심력 등의 영향을 받지 않아야 한다.

해설 조향장치는 회전반경이 작아서 좁은 곳에서도 방향을 변환을 할 수 있어야 한다.

21 **동력조향장치의 장점으로 적합하지 않은 것은?**

① 작은 조작력으로 조향조작을 할 수 있다.
② 조향기어비는 조작력에 관계없이 선정할 수 있다.
③ 굴곡노면에서의 충격을 흡수하여 조향핸들에 전달되는 것을 방지한다.
④ 조작이 미숙하면 엔진 가동이 자동으로 정지된다.

해설 동력조향장치는 조작이 미숙하여도 엔진이 자동으로 정지되는 경우는 없다.

22 동력조향장치 구성부품에 속하지 않는 것은?

① 유압펌프
② 복동 유압실린더
③ 제어밸브
④ 하이포이드 피니언

해설 유압발생장치(오일펌프), 유압제어장치(제어밸브), 작동장치(유압실린더)로 되어 있다.

23 타이어 건설기계의 조향 휠이 정상보다 돌리기 힘들 때의 원인으로 틀린 것은?

① 파워스티어링 오일 부족
② 파워스티어링 오일펌프 벨트 파손
③ 파워스티어링 오일호스 파손
④ 파워스티어링 오일 공기 제거

해설 파워스티어링 오일에 공기가 혼입되어 있으면 조향 휠(조향핸들)을 돌리기 힘들어진다.

24 타이어 건설기계에서 주행 중 조향핸들이 한쪽으로 쏠리는 원인이 아닌 것은?

① 타이어 공기압 불균일
② 브레이크 라이닝 간극조정 불량
③ 베이퍼록 현상 발생
④ 휠 얼라인먼트 조정 불량

해설 주행 중 조향핸들이 한쪽으로 쏠리는 원인은 타이어 공기압 불균일, 브레이크 라이닝 간극조정 불량, 휠 얼라인먼트 조정 불량 등이 있다.

25 타이어 건설기계에서 조향바퀴의 얼라인먼트의 요소와 관계없는 것은?

① 캠버 ② 부스터
③ 토인 ④ 캐스터

해설 조향바퀴 얼라인먼트의 요소에는 캠버, 토인, 캐스터, 킹핀 경사각 등이 있다.

26 타이어 건설기계에서 앞바퀴 정렬의 역할과 거리가 먼 것은?

① 브레이크의 수명을 길게 한다.
② 타이어 마모를 최소로 한다.
③ 방향 안정성을 준다.
④ 조향핸들의 조작을 작은 힘으로 쉽게 할 수 있다.

해설 **앞바퀴 정렬의 역할**
- 타이어 마모를 최소로 하고, 방향안정성을 준다.
- 조향핸들의 조작을 작은 힘으로 쉽게 할 수 있도록 한다.
- 조향 후 바퀴의 복원력이 발생하도록 한다.

27 앞바퀴 정렬요소 중 캠버의 필요성에 대한 설명으로 거리가 먼 것은?

① 앞차축의 휨을 적게 한다.
② 조향 휠의 조작을 가볍게 한다.
③ 조향 시 바퀴의 복원력이 발생한다.
④ 토(toe)와 관련성이 있다.

해설 캠버는 토(toe)와 관련성이 있으며, 앞차축의 휨을 적게 하고, 조향 휠(핸들)의 조작을 가볍게 한다.

28 타이어 건설기계의 휠 얼라인먼트에서 토인의 필요성이 아닌 것은?

① 조향바퀴의 방향성을 준다.
② 타이어 이상마멸을 방지한다.
③ 조향바퀴를 평행하게 회전시킨다.
④ 바퀴가 옆 방향으로 미끄러지는 것을 방지한다.

해설 조향바퀴의 방향성을 주는 요소는 캐스터이다.

29 타이어 건설기계에서 조향바퀴의 토인을 조정하는 것은?

① 조향핸들 ② 웜 기어
❸ 타이로드 ④ 드래그 링크

해설 토인은 타이로드에서 조정한다.

30 타이어 건설기계에서 유압제동장치의 구성부품이 아닌 것은?

① 휠 실린더 ❷ 에어 컴프레서
③ 마스터 실린더 ④ 오일 리저브 탱크

해설 유압 제동장치는 마스터 실린더(피스톤, 피스톤 리턴 스프링, 체크밸브 내장), 오일 리저브 탱크, 브레이크 파이프 및 호스, 휠 실린더, 브레이크슈, 슈 리턴 스프링, 브레이크 드럼 등으로 구성되어 있다.

31 브레이크 장치의 베이퍼록 발생 원인이 아닌 것은?

① 긴 내리막길에서 과도한 브레이크 사용
❷ 엔진 브레이크를 장시간 사용
③ 드럼과 라이닝의 끌림에 의한 가열
④ 오일의 변질에 의한 비등점의 저하

해설 베이퍼록을 방지하려면 엔진 브레이크를 사용하여야 한다.

32 타이어 건설기계를 길고 급한 경사 길을 운전할 때 반 브레이크를 사용하면 어떤 현상이 생기는가?

① 라이닝은 페이드, 파이프는 스팀록
❷ 라이닝은 페이드, 파이프는 베이퍼록
③ 파이프는 스팀록, 라이닝은 베이퍼록
④ 파이프는 증기폐쇄, 라이닝은 스팀록

해설 길고 급한 경사 길을 운전할 때 반 브레이크를 사용하면 라이닝에서는 페이드가 발생하고, 파이프에서는 베이퍼록이 발생한다.

33 브레이크 드럼의 구비조건 중 틀린 것은?

❶ 회전 불평형이 유지되어야 한다.
② 충분한 강성을 가지고 있어야 한다.
③ 방열이 잘되어야 한다.
④ 가벼워야 한다.

해설 **브레이크 드럼의 구비조건**
가벼울 것, 내마멸성과 내열성이 클 것, 강도와 강성이 클 것, 정적·동적 평형이 잡혀 있을 것, 냉각(방열)이 잘될 것

34 제동장치의 페이드 현상방지책으로 틀린 것은?

① 드럼의 냉각성능을 크게 한다.
② 드럼은 열팽창률이 적은 재질을 사용한다.
❸ 온도상승에 따른 마찰계수 변화가 큰 라이닝을 사용한다.
④ 드럼의 열팽창률이 적은 형상으로 한다.

해설 페이드 현상을 방지하려면 온도상승에 따른 마찰계수 변화가 작은 라이닝을 사용한다.

35 브레이크에서 하이드로 백에 관한 설명으로 틀린 것은?

① 대기압과 흡기다기관 부압과의 차이를 이용하였다.
❷ 하이드로 백에 고장이 나면 브레이크가 전혀 작동하지 않는다.
③ 외부에 누출이 없는데도 브레이크 작동이 나빠지는 것은 하이드로 백 고장일 수도 있다.
④ 하이드로백은 브레이크 계통에 설치되어 있다.

해설 하이드로 백(진공제동 배력장치)는 흡기다기관 진공과 대기압과의 차이를 이용한 것이므로 배력장치에 고장이 발생하여도 일반적인 유압 브레이크로 작동할 수 있도록 하고 있다.

36 **브레이크가 잘 작동되지 않을 때의 원인으로 가장 거리가 먼 것은?**

① 라이닝에 오일이 묻었을 때
② 휠 실린더 오일이 누출되었을 때
③ 브레이크 페달 자유간극이 작을 때
④ 브레이크 드럼의 간극이 클 때

해설 브레이크 페달의 자유간극이 작으면 급제동되기 쉽다.

37 **드럼 브레이크에서 브레이크 작동 시 조향핸들이 한쪽으로 쏠리는 원인이 아닌 것은?**

① 타이어 공기압이 고르지 않다.
② 한쪽 휠 실린더 작동이 불량하다.
③ 브레이크 라이닝 간극이 불량하다.
④ 마스터 실린더 체크밸브 작용이 불량하다.

해설 브레이크를 작동시킬 때 조향핸들이 한쪽으로 쏠리는 원인은 타이어 공기압이 고르지 않을 때, 한쪽 휠 실린더 작동이 불량할 때, 한쪽 브레이크 라이닝 간극이 불량할 때 등이다.

38 **공기브레이크의 장점이 아닌 것은?**

① 차량중량에 제한을 받지 않는다.
② 베이퍼록 발생이 많다.
③ 페달을 밟는 양에 따라 제동력이 조절된다.
④ 공기가 다소 누출되어도 제동성능이 현저하게 저하되지 않는다.

해설 공기 브레이크는 베이퍼록 발생 염려가 없다.

39 **공기브레이크 장치의 구성부품 중 틀린 것은?**

① 브레이크 밸브 ② 마스터 실린더
③ 공기탱크 ④ 릴레이 밸브

해설 공기브레이크는 공기압축기, 압력조정기와 언로드 밸브, 공기탱크, 브레이크 밸브, 퀵 릴리스 밸브, 릴레이 밸브, 슬랙 조정기, 브레이크 체임버, 캠, 브레이크슈, 브레이크 드럼으로 구성된다.

40 **공기브레이크에서 브레이크슈를 직접 작동시키는 것은?**

① 유압 ② 브레이크 페달
③ 캠 ④ 릴레이 밸브

해설 공기브레이크에서 브레이크슈를 직접 작동시키는 것은 캠(cam)이다.

41 **제동장치 중 주브레이크에 속하지 하는 것은?**

① 유압 브레이크 ② 배력 브레이크
③ 공기 브레이크 ④ 배기 브레이크

해설 배기 브레이크는 긴 내리막길을 내려갈 때 사용하는 감속 브레이크이다.

42 **사용압력에 따른 타이어의 분류에 속하지 않는 것은?**

① 고압 타이어 ② 초고압 타이어
③ 저압 타이어 ④ 초저압 타이어

해설 공기압력에 따른 타이어의 분류에는 고압타이어, 저압타이어, 초저압 타이어가 있다.

43 타이어의 구조에서 직접 노면과 접촉되어 마모에 견디고 적은 슬립으로 견인력을 증대시키는 곳의 명칭은?

① 트레드(tread)
② 브레이커(breaker)
③ 카커스(carcass)
④ 비드(bead)

해설 트레드는 타이어가 직접 노면과 접촉되어 마모에 견디고 적은 슬립으로 견인력을 증대시키는 곳이다.

44 타이어에서 몇 겹의 코드 층을 내열성의 고무로 싼 구조로 되어있으며, 트레드와 카커스의 분리를 방지하고 노면에서의 완충작용도 하는 부분은?

① 카커스 ② 비드
③ 트레드 ④ 브레이커

해설 브레이커(breaker)는 타이어에서 몇 겹의 코드 층을 내열성의 고무로 싼 구조로 되어있으며, 트레드와 카커스의 분리를 방지하고 노면에서의 완충작용도 한다.

45 타이어에서 고무로 피복된 코드를 여러 겹으로 겹친 층에 해당되며 타이어 골격을 이루는 부분은?

① 카커스(carcass)
② 트레드(tread)
③ 숄더(should)
④ 비드(bead)

해설 카커스는 고무로 피복된 코드를 여러 겹 겹친 층에 해당되며, 타이어 골격을 이루는 부분이다.

46 내부에는 고 탄소강의 강선(피아노 선)을 묶음으로 넣고 고무로 피복한 림 상태의 보강 부위로 타이어를 림에 견고하게 고정시키는 역할을 하는 부분은?

① 카커스(carcass)부분
② 비드(bead)부분
③ 숄더(should)부분
④ 트레드(tread)부분

해설 비드부분은 내부에는 고 탄소강의 강선(피아노 선)을 묶음으로 넣고 고무로 피복한 림 상태의 보강 부위로 타이어를 림에 견고하게 고정시키는 역할을 하는 부분이다.

47 타이어 건설기계에 부착된 부품을 확인하였더니 13.00-24-18PR로 명기되어 있었다. 다음 중 어느 것에 해당되는가?

① 유압펌프
② 엔진 일련번호
③ 타이어 규격
④ 시동모터 용량

48 건설기계에 사용되는 저압타이어 호칭치수 표시는?

① 타이어의 외경 – 타이어의 폭 – 플라이 수
② 타이어의 폭 – 타이어의 내경 – 플라이 수
③ 타이어의 폭 – 림의 지름
④ 타이어의 내경 – 타이어의 폭 – 플라이 수

해설 저압타이어 호칭치수는 타이어의 폭 – 타이어의 내경 – 플라이 수로 표시한다.

49 타이어 건설기계 주행 중 발생할 수도 있는 히트 세퍼레이션 현상에 대한 설명으로 맞는 것은?

① 물에 젖은 노면을 고속으로 달리면 타이어와 노면 사이에 수막이 생기는 현상
② 고속으로 주행 중 타이어가 터져버리는 현상
③ 고속주행 시 차체가 좌·우로 밀리는 현상
④ 고속 주행할 때 타이어 공기압이 낮아져 타이어가 찌그러지는 현상

해설 히트 세퍼레이션(heat separation) 현상이란 고속으로 주행할 때 열에 의해 타이어의 고무나 코드가 용해 및 분리되어 터지는 현상이다.

50 무한궤도 건설기계에서 트랙의 구성부품으로 옳은 것은?

① 슈, 스프로킷, 하부롤러, 상부롤러, 감속기어
② 슈, 슈 볼트, 링크, 부싱, 핀
③ 슈, 조인트, 스프로킷, 핀, 슈 볼트
④ 스프로킷, 트랙롤러, 상부롤러, 아이들러

해설 트랙은 슈, 슈 볼트, 링크, 부싱, 핀 등으로 구성되어 있다.

51 트랙장치의 구성부품 중 트랙 슈와 슈를 연결하는 부품은?

① 부싱과 상부 롤러
② 하부 롤러와 상부 롤러
③ 트랙 링크와 핀
④ 아이들러와 스프로켓

해설 트랙 슈와 슈를 연결하는 부품은 트랙 링크와 핀이다.

52 트랙링크의 수가 38조라면 트랙 핀의 부싱은 몇 조인가?

① 37조(set) ② 38조(set)
③ 39조(set) ④ 40조(set)

해설 트랙링크의 수가 38조라면 트랙 핀의 부싱은 38조이다.

53 트랙 슈의 종류에 속하지 않는 것은?

① 단일돌기 슈 ② 이중 돌기 슈
③ 습지용 슈 ④ 변하중 돌기 슈

해설 **트랙 슈의 종류**
단일돌기 슈, 2중 돌기 슈, 3중 돌기 슈, 습지용 슈, 고무 슈, 암반용 슈, 평활 슈 등이 있다.

54 도로를 주행할 때 포장노면의 파손을 방지하기 위해 주로 사용하는 트랙 슈는?

① 습지용 슈 ② 스노 슈
③ 평활 슈 ④ 단일돌기 슈

해설 **평활 슈**
도로를 주행할 때 포장노면의 파손을 방지하기 위해 사용한다.

55 무한궤도식 건설기계에서 트랙을 탈거하기 위해 가장 먼저 제거해야 하는 것은?

① 슈 ② 부싱
③ 링크 ④ 마스터 핀

해설 마스터 핀은 트랙의 분리를 쉽게 하기 위하여 둔다.

56 무한궤도식 건설기계에서 프런트 아이들러의 작용은?

① 구동력을 트랙으로 전달한다.
② 파손을 방지하고 원활한 운전을 할 수 있도록 해준다.
③ 회전력을 발생하여 트랙에 전달한다.
④ 트랙의 진로를 조정하면서 주행방향으로 트랙을 유도한다.

해설 프런트 아이들러(front idler, 전부 유동륜)는 트랙의 장력을 조정하면서 트랙의 진행방향을 유도한다.

57 주행 중 트랙 전방에서 오는 충격을 완화하여 차체 파손을 방지하고 운전을 원활하게 해주는 것은?

① 리코일 스프링
② 댐퍼 스프링
③ 하부롤러
④ 상부롤러

해설 리코일 스프링은 트랙 전방에서 오는 충격을 완화시키기 위해 설치한다.

58 상부롤러에 대한 설명이 잘못된 것은?

① 전부 유동륜과 기동륜 사이에 1~2개가 설치된다.
② 트랙의 회전을 바르게 유지한다.
③ 더블 플랜지형을 주로 사용한다.
④ 트랙이 밑으로 처지는 것을 방지한다.

해설 상부롤러는 싱글 플랜지형(바깥쪽으로 플랜지가 있는 형식)을 사용한다.

59 롤러(roller)에 대한 설명 중 옳지 않은 것은?

① 하부롤러는 트랙 프레임의 한쪽 아래에 3~7개 설치되어 있다.
② 하부롤러는 트랙의 마모를 방지해준다.
③ 상부롤러는 일반적으로 1~2개가 설치되어 있다.
④ 상부롤러는 스프로킷과 아이들러 사이에 트랙이 처지는 것을 방지한다.

해설 하부롤러는 건설기계의 전체하중을 지지하고 중량을 트랙에 균등하게 분배해 주며, 트랙의 회전위치를 바르게 유지한다.

60 무한궤도식 건설기계에서 트랙 장력을 측정하는 부위는?

① 스프로킷과 상부롤러 사이
② 아이들러와 상부롤러 사이
③ 아이들러와 스프로킷 사이
④ 1번 상부롤러와 2번 상부롤러 사이

해설 트랙장력은 프런트 아이들러와 상부롤러 사이에서 측정한다.

61 아래 [보기] 중 무한궤도형 건설기계에서 트랙장력 조정방법으로 모두 옳은 것은?

보기
A. 그리스 주입방식
B. 너트조정 방식
C. 전자제어 방식
D. 유압제어 방식

① A, C
② A, B
③ A, B, C
④ B, C, D

해설 무한궤도형 건설기계의 트랙장력 조정방법에는 그리스를 주입하는 방법과 조정너트를 이용하는 방법이 있으며, 프런트 아이들러를 이동시켜서 조정한다.

62 **무한궤도형 건설기계에서 주행 충격이 클 때 트랙의 조정방법 중 틀린 것은?**

① 브레이크가 있는 경우에는 브레이크를 사용해서는 안 된다.
② 장력은 일반적으로 25~40cm이다. (정답)
③ 2~3회 반복 조정하여 양쪽 트랙의 유격을 똑같이 조정하여야 한다.
④ 전진하다가 정지시켜야 한다.

해설 트랙유격은 일반적으로 25~40mm 정도로 조정하며 브레이크가 있는 건설기계를 정차할 때에는 브레이크를 사용해서는 안 된다.

63 **무한궤도식 건설기계에서 트랙이 자주 벗겨지는 원인과 관계없는 것은?**

① 최종구동기어가 마모되었을 때 (정답)
② 트랙의 중심정렬이 맞지 않았을 때
③ 유격(긴도)이 규정보다 클 때
④ 트랙의 상·하부롤러가 마모되었을 때

해설 트랙이 자주 벗겨지는 원인은 트랙의 중심정렬이 맞지 않았을 때, 유격(긴도)이 규정보다 클 때, 트랙의 상·하부롤러가 마모되었을 때이다.

64 **일반적으로 무한궤도식 건설기계에서 트랙을 분리하여야 할 경우에 속하지 않는 것은?**

① 스프로킷을 교환할 때
② 아이들러를 교환할 때
③ 트랙을 교환할 때
④ 상부롤러를 교환할 때 (정답)

해설 트랙을 분리하여야 하는 경우는 트랙을 교환할 때, 스프로킷을 교환할 때, 프런트 아이들러를 교환할 때 등이다.

4 유압장치

01 **건설기계의 유압장치를 가장 적절히 표현한 것은?**

① 오일을 이용하여 전기를 생산하는 것
② 기체를 액체로 전환시키기 위하여 압축하는 것
③ 오일의 연소에너지를 통해 동력을 생산하는 것
④ 오일의 압력 에너지를 이용하여 기계적인 일을 하도록 하는 것 (정답)

해설 유압장치란 오일의 압력 에너지를 이용하여 기계적인 일을 하도록 하는 것이다.

02 **밀폐된 용기 속의 유체 일부에 가해진 압력은 각부의 모든 부분에 같은 세기로 전달된다는 원리는?**

① 베르누이의 원리
② 렌츠의 원리
③ 파스칼의 원리 (정답)
④ 보일-샤를의 원리

해설 **파스칼의 원리**
- 밀폐된 용기 내의 한 부분에 가해진 압력은 액체 내의 전부분에 같은 압력으로 전달된다.
- 정지된 액체에 접하고 있는 면에 가해진 압력은 그 면에 수직으로 작용한다.
- 정지된 액체의 한 점에 있어서의 압력의 크기는 전 방향에 대하여 동일하다.

03 **압력의 단위가 아닌 것은?**

① bar　② kgf/cm^2
③ N·m (정답)　④ kPa

해설 압력의 단위에는 kgf/cm^2, psi(PSI), atm, Pa(kPa, MPa), mmHg, bar, atm, mAq 등이 있다.

04 유압장치의 장점에 속하지 않는 것은?

① 소형으로 큰 힘을 낼 수 있다.
② 정확한 위치제어가 가능하다.
③ 배관이 간단하다.
④ 원격제어가 가능하다.

해설 유압장치는 배관회로의 구성이 어렵고, 관로를 연결하는 곳에서 유압유가 누출될 우려가 있다.

05 유압장치의 단점에 대한 설명 중 틀린 것은?

① 관로를 연결하는 곳에서 작동유가 누출될 수 있다.
② 고압 사용으로 인한 위험성이 존재한다.
③ 작동유 누유로 인해 환경오염을 유발할 수 있다.
④ 전기·전자의 조합으로 자동제어가 곤란하다.

해설 유압장치는 전기·전자의 조합으로 자동제어가 가능한 장점이 있다.

06 일반적인 유압펌프에 대한 설명으로 가장 거리가 먼 것은?

① 오일을 흡입하여 컨트롤밸브(control valve)로 송유(토출)한다.
② 엔진 또는 모터의 동력으로 구동된다.
③ 벨트에 의해서만 구동된다.
④ 동력원이 회전하는 동안에는 항상 회전한다.

해설 유압펌프는 동력원과 주로 기어나 커플링으로 직결되어 있으므로 동력원이 회전하는 동안에는 항상 회전하여 오일탱크 내의 유압유를 흡입하여 컨트롤 밸브로 송유(토출)한다.

07 유압장치에 사용되는 유압펌프 형식이 아닌 것은?

① 베인 펌프 ② 플런저 펌프
③ 분사펌프 ④ 기어펌프

해설 유압펌프의 종류에는 기어펌프, 베인 펌프, 피스톤(플런저)펌프, 나사펌프, 트로코이드 펌프 등이 있다.

08 기어펌프에 대한 설명으로 옳은 것은?

① 가변용량형 펌프이다.
② 정용량 펌프이다.
③ 비정용량 펌프이다.
④ 날개깃에 의해 펌핑 작용을 한다.

해설 기어펌프는 회전속도에 따라 흐름용량(유량)이 변화하는 정용량형이다.

09 외접형 기어펌프에서 토출된 유량 일부가 입구 쪽으로 귀환하여 토출유량 감소, 축동력 증가 및 케이싱 마모 등의 원인을 유발하는 현상을 무엇이라고 하는가?

① 폐입현상
② 숨 돌리기 현상
③ 공동현상
④ 열화촉진 현상

해설 폐입현상이란 토출된 유량의 일부가 입구 쪽으로 귀환하여 토출량 감소, 축 동력 증가 및 케이싱 마모, 기포발생 등의 원인을 유발하는 현상이다. 폐입된 부분의 유압유는 압축이나 팽창을 받으므로 소음과 진동의 원인이 된다. 기어 측면에 접하는 펌프 측판(side plate)에 릴리프 홈을 만들어 방지한다.

10 베인펌프에 대한 설명으로 틀린 것은?

① 날개로 펌핑동작을 한다.
② 토크(torque)가 안정되어 소음이 작다.
③ 싱글형과 더블형이 있다.
④ 베인펌프는 1단 고정으로 설계된다.

해설 베인펌프는 날개로 펌핑동작을 하며, 싱글형과 더블형이 있고, 토크가 안정되어 소음이 작다.

11 플런저 유압펌프의 특징이 아닌 것은?

① 구동축이 회전운동을 한다.
② 플런저가 회전운동을 한다.
③ 가변용량형과 정용량형이 있다.
④ 기어펌프에 비해 최고압력이 높다.

해설 플런저 펌프의 플런저는 왕복운동을 한다.

12 유압펌프에서 경사판의 각을 조정하여 토출유량을 변환시키는 펌프는?

① 기어펌프　② 로터리 펌프
③ 베인 펌프　④ 플런저 펌프

해설 액시얼형 플런저 펌프는 경사판의 각도를 조정하여 토출유량(펌프용량)을 변환시킨다.

13 유압펌프에서 토출압력이 가장 높은 것은?

① 베인 펌프
② 기어펌프
③ 액시얼 플런저 펌프
④ 레이디얼 플런저 펌프

해설 **유압펌프의 토출압력**
- 기어펌프 : 10~250kgf/cm^2
- 베인 펌프 : 35~140kgf/cm^2
- 레이디얼 플런저 펌프 : 140~250kgf/cm^2
- 액시얼 플런저 펌프 : 210~400kgf/cm^2

14 유압펌프의 용량을 나타내는 방법은?

① 주어진 압력과 그때의 오일무게로 표시
② 주어진 속도와 그때의 토출압력으로 표시
③ 주어진 압력과 그때의 토출량으로 표시
④ 주어진 속도와 그때의 점도로 표시

해설 유압펌프의 용량은 주어진 압력과 그때의 토출량으로 표시한다.

15 유압펌프의 토출량을 표시하는 단위로 옳은 것은?

① L/min　② kgf·m
③ kgf/cm^2　④ kW 또는 PS

해설 유압펌프 토출량의 단위는 L/min(LPM)이나 GPM(gallon per minute)을 사용한다.

16 유압펌프가 작동 중 소음이 발생할 때의 원인으로 틀린 것은?

① 유압펌프 축의 편심오차가 크다.
② 유압펌프 흡입관 접합부로부터 공기가 유입된다.
③ 릴리프 밸브 출구에서 오일이 배출되고 있다.
④ 스트레이너가 막혀 흡입용량이 너무 작아졌다.

해설 유압펌프에서 소음이 발생하는 원인은 유압펌프 축의 편심오차가 클 때, 유압펌프 흡입관 접합부로부터 공기가 유입될 때, 스트레이너가 막혀 흡입용량이 작아졌을 때, 유압펌프의 회전속도가 너무 빠를 때 등이다.

17 유압펌프의 작동유 유출여부 점검방법에 해당하지 않는 것은?

① 정상작동 온도로 난기운전을 실시하여 점검하는 것이 좋다.
② 고정 볼트가 풀린 경우에는 추가 조임을 한다.
③ 작동유 유출점검은 운전자가 관심을 가지고 점검하여야 한다.
④ 하우징에 균열이 발생되면 패킹을 교환한다.

해설 하우징에 균열이 발생되면 하우징을 교체하거나 수리한다.

18 유압장치 취급방법 중 가장 옳지 않은 것은?

① 가동 중 이상소음이 발생되면 즉시 작업을 중지한다.
② 종류가 다른 오일이라도 부족하면 보충할 수 있다.
③ 추운 날씨에는 충분한 준비 운전 후 작업한다.
④ 오일량이 부족하지 않도록 점검 보충한다.

해설 작동유가 부족할 때 종류가 다른 작동유를 보충하면 열화가 일어난다.

19 유압회로 내에 기포가 발생할 때 일어날 수 있는 현상과 가장 거리가 먼 것은?

① 작동유의 누설 저하
② 소음 증가
③ 공동현상 발생
④ 액추에이터의 작동 불량

해설 유압회로 내에 기포가 생기면 공동현상 발생, 오일탱크의 오버플로, 소음 증가, 액추에이터의 작동 불량 등이 발생한다.

20 건설기계에서 유압구성 부품을 분해하기 전에 내부압력을 제거하려면 어떻게 하는 것이 좋은가?

① 압력밸브를 밀어준다.
② 고정너트를 서서히 푼다.
③ 엔진가동 정지 후 조정레버를 모든 방향으로 작동하여 압력을 제거한다.
④ 엔진가동 정지 후 개방하면 된다.

해설 유압 구성부품을 분해하기 전에 내부압력을 제거하려면 엔진가동 정지 후 조정레버를 모든 방향으로 작동한다.

21 유압장치의 계통 내에 슬러지 등이 생겼을 때 이것을 용해하여 깨끗이 하는 작업은?

① 서징 ② 플러싱
③ 코킹 ④ 트램핑

해설 플러싱(flushing)이란 유압계통의 오일장치 내에 슬러지 등이 생겼을 때 이것을 용해하여 장치 내를 깨끗이 하는 작업이다.

22 유압유 관내에 공기가 혼입되었을 때 일어날 수 있는 현상이 아닌 것은?

① 공동현상 ② 기화현상
③ 열화현상 ④ 숨 돌리기 현상

해설 관로에 공기가 침입하면 실린더 숨 돌리기 현상, 열화 촉진, 공동현상 등이 발생한다.

23 유압장치 내부에 국부적으로 높은 압력이 발생하여 소음과 진동이 발생하는 현상은?

① 노이즈 ② 벤트포트
③ 오리피스 ④ 캐비테이션

해설 캐비테이션(공동현상)은 저압부분의 유압이 진공에 가까워짐으로서 기포가 발생하며, 기포가 파괴되어 국부적인 고압이나 소음과 진동이 발생하고, 양정과 효율이 저하되는 현상이다.

24 유압회로 내의 밸브를 갑자기 닫았을 때, 오일의 속도 에너지가 압력 에너지로 변하면서 일시적으로 큰 압력증가가 생기는 현상을 무엇이라 하는가?

① 캐비테이션(cavitation) 현상
② 서지(surge)현상
③ 채터링(chattering) 현상
④ 에어레이션(aeration) 현상

해설 서지현상은 유압회로 내의 밸브를 갑자기 닫았을 때, 오일의 속도에너지가 압력에너지로 변하면서 일시적으로 큰 압력 증가가 생기는 현상이다.

25 유압유의 압력, 유량 또는 방향을 제어하는 밸브의 총칭은?

① 안전밸브 ② 제어밸브
③ 감압밸브 ④ 축압기

해설 제어밸브란 유압유의 압력, 유량 또는 방향을 제어하는 밸브의 총칭이다.

26 유압회로에 사용되는 제어밸브의 역할과 종류의 연결사항으로 틀린 것은?

① 일의 크기제어 - 압력제어밸브
② 일의 속도제어 - 유량조절밸브
③ 일의 방향제어 - 방향전환밸브
④ 일의 시간제어 - 속도제어밸브

해설 압력제어밸브는 일의 크기를, 유량제어밸브는 일의 속도를, 방향제어밸브는 일의 방향을 결정한다.

27 유압유의 압력을 제어하는 밸브가 아닌 것은?

① 릴리프 밸브 ② 체크밸브
③ 리듀싱 밸브 ④ 시퀀스 밸브

해설 압력제어밸브의 종류에는 릴리프 밸브, 리듀싱(감압) 밸브, 시퀀스(순차) 밸브, 언로드(무부하) 밸브, 카운터밸런스 밸브 등이 있다.

28 유압회로 내의 압력이 설정압력에 도달하면 펌프에 토출된 오일의 일부 또는 전량을 직접 탱크로 돌려보내 회로의 압력을 설정 값으로 유지하는 밸브는?

① 시퀀스 밸브 ② 릴리프 밸브
③ 언로드 밸브 ④ 체크밸브

해설 릴리프 밸브는 유압장치 내의 압력을 일정하게 유지하고, 최고압력을 제한하며 회로를 보호하며, 과부하 방지와 유압기기의 보호를 위하여 최고 압력을 규제한다.

29 릴리프 밸브에서 포핏밸브를 밀어 올려 기름이 흐르기 시작할 때의 압력은?

① 설정압력 ② 크랭킹 압력
③ 허용압력 ④ 전량압력

해설 크랭킹 압력이란 릴리프 밸브에서 포핏밸브를 밀어 올려 기름이 흐르기 시작할 때의 압력이다.

30 릴리프 밸브에서 볼(ball)이 밸브의 시트(seat)를 때려 소음을 발생시키는 현상은?

① 채터링(chattering) 현상
② 베이퍼록(vapor lock) 현상
③ 페이드(fade)현상
④ 노킹(knocking)현상

해설 채터링이란 릴리프 밸브에서 스프링 장력이 약할 때 볼이 밸브의 시트를 때려 소음을 내는 진동현상이다.

31 유압회로에서 어떤 부분회로의 압력을 주 회로의 압력보다 저압으로 해서 사용하고자 할 때 사용하는 밸브는?

① 릴리프 밸브
② 체크밸브
③ 리듀싱 밸브
④ 카운터 밸런스 밸브

해설 리듀싱(감압)밸브는 회로일부의 압력을 릴리프 밸브의 설정압력(메인 유압) 이하로 하고 싶을 때 사용하며 입구(1차 쪽)의 주 회로에서 출구(2차 쪽)의 감압회로로 유압유가 흐른다. 상시개방 상태로 되어 있다가 출구(2차 쪽)의 압력이 감압밸브의 설정압력보다 높아지면 밸브가 작용하여 유로를 닫는다.

32 유압원에서의 주회로부터 유압실린더 등이 2개 이상의 분기회로를 가질 때, 각 유압실린더를 일정한 순서로 순차 작동시키는 밸브는?

① 시퀀스 밸브 ② 감압밸브
③ 릴리프 밸브 ④ 체크밸브

해설 시퀀스 밸브는 두 개 이상의 분기회로에서 유압 실린더나 모터의 작동순서를 결정한다.

33 유압회로 내의 압력이 설정압력에 도달하면 펌프에서 토출된 오일을 전부 탱크로 회송시켜 펌프를 무부하로 운전시키는 데 사용하는 밸브는?

① 체크밸브(check valve)
② 시퀀스 밸브(sequence valve)
③ 언로드 밸브(unloader valve)
④ 카운터 밸런스 밸브(counter balance valve)

해설 언로드(무부하) 밸브는 유압회로 내의 압력이 설정압력에 도달하면 펌프에서 토출된 오일을 전부 탱크로 회송시켜 펌프를 무부하로 운전시키는 데 사용한다.

34 유압실린더 등의 중력에 의한 자유낙하를 방지하기 위해 배압을 유지하는 압력제어 밸브는?

① 감압밸브
② 시퀀스 밸브
③ 언로드 밸브
④ 카운터 밸런스 밸브

해설 카운터 밸런스 밸브는 유압 실린더 등이 중력 및 자체중량에 의한 자유낙하를 방지하기 위해 배압을 유지한다.

35 유압장치에서 유량제어밸브가 아닌 것은?

① 교축밸브 ② 유량조정밸브
③ 분류밸브 ④ 릴리프 밸브

해설 **유량제어밸브의 종류**
속도제어밸브, 급속배기밸브, 분류밸브, 니들밸브, 오리피스 밸브, 교축밸브(스로틀밸브), 스톱밸브, 스로틀체크밸브, 유량조정밸브

36 유압장치에서 방향제어밸브에 해당하는 것은?

① 릴리프 밸브 ② 셔틀밸브
③ 시퀀스 밸브 ④ 언로더 밸브

해설 방향제어밸브의 종류에는 스풀밸브, 체크밸브, 셔틀밸브 등이 있다.

37 작동유를 한 방향으로는 흐르게 하고 반대 방향으로는 흐르지 않게 하기 위해 사용하는 밸브는?

① 릴리프 밸브 ② 체크밸브
③ 무부하 밸브 ④ 감압밸브

해설 체크밸브(check valve)는 역류를 방지하고, 회로내의 잔류압력을 유지시키며, 오일의 흐름이 한 쪽 방향으로만 가능하게 한다.

38 유압작동기의 방향을 전환시키는 밸브에 사용되는 형식 중 원통형 슬리브 면에 내접하여 축 방향으로 이동하면서 유로를 개폐하는 형식은?

✔① 스풀 형식
② 포핏 형식
③ 베인 형식
④ 카운터 밸런스 밸브 형식

해설 스풀밸브(spool valve)는 원통형 슬리브 면에 내접하여 축 방향으로 이동하여 유로를 개폐하여 오일의 흐름방향을 바꾸는 기능을 한다.

39 방향제어밸브를 동작시키는 방식이 아닌 것은?

① 수동방식
✔② 스프링 방식
③ 전자방식
④ 유압 파일럿 방식

해설 방향제어밸브를 동작시키는 방식에는 수동방식, 전자방식, 유압 파일럿 방식 등이 있다.

40 방향전환밸브 중 4포트 3위치 밸브에 대한 설명으로 틀린 것은?

① 직선형 스풀 밸브이다.
② 스풀의 전환위치가 3개이다.
✔③ 밸브와 주배관이 접속하는 접속구는 3개이다.
④ 중립위치를 제외한 양끝 위치에서 4포트 2위치이다.

해설 밸브와 주배관이 접속하는 접속구는 4개이다.

41 유압실린더의 행정최종 단에서 실린더의 속도를 감속하여 서서히 정지시키고자 할 때 사용되는 밸브는?

① 프레필 밸브(prefill valve)
② 디콤프레션 밸브(decompression valve)
✔③ 디셀러레이션 밸브(deceleration valve)
④ 셔틀 밸브(shuttle valve)

해설 디셀러레이션 밸브(deceleration valve)는 캠으로 조작되는 유압밸브이며 액추에이터의 속도를 서서히 감속시킬 때 사용한다.

42 유압장치에 사용되는 밸브부품의 세척유로 가장 적절한 것은?

① 엔진오일
② 물
✔③ 경유
④ 합성세제

해설 밸브부품은 솔벤트나 경유로 세척한다.

43 유압유의 유체 에너지(압력·속도)를 기계적인 일로 변환시키는 유압장치는?

① 유압펌프
✔② 유압 액추에이터
③ 어큐뮬레이터
④ 유압밸브

해설 유압 액추에이터는 유압펌프에서 발생된 유압 에너지를 기계적 에너지(직선운동이나 회전운동)로 바꾸는 장치이다.

44 **유압모터와 유압실린더의 설명으로 맞는 것은?**

① 유압모터는 회전운동, 유압실린더는 직선운동을 한다.
② 둘 다 왕복운동을 한다.
③ 둘 다 회전운동을 한다.
④ 유압모터는 직선운동, 유압실린더는 회전운동을 한다.

해설 유압모터는 회전운동, 유압실린더는 직선운동을 한다.

45 **유압실린더의 주요 구성부품이 아닌 것은?**

① 피스톤 ② 피스톤 로드
③ 실린더 ④ 커넥팅 로드

해설 유압 실린더는 실린더, 피스톤, 피스톤 로드로 구성된다.

46 **유압실린더의 종류에 해당하지 않는 것은?**

① 단동 실린더 ② 복동 실린더
③ 다단 실린더 ④ 회전 실린더

해설 유압실린더의 종류에는 단동 실린더, 복동 실린더(싱글로드형과 더블로드형), 다단 실린더, 램형 실린더 등이 있다.

47 **유압 복동 실린더에 대하여 설명한 것 중 틀린 것은?**

① 싱글 로드형이 있다.
② 더블 로드형이 있다.
③ 수축은 자중이나 스프링에 의해서 이루어진다.
④ 피스톤의 양방향으로 유압을 받아 늘어난다.

해설 자중이나 스프링에 의해서 수축이 이루어지는 방식은 단동 실린더이다.

48 **유압실린더의 지지방식이 아닌 것은?**

① 유니언형 ② 푸트형
③ 트러니언형 ④ 플랜지형

해설 유압실린더 지지방식에는 플랜지형, 트러니언형, 클레비스형, 푸트형이 있다.

49 **유압실린더에서 피스톤 행정이 끝날 때 발생하는 충격을 흡수하기 위해 설치하는 장치는?**

① 쿠션기구 ② 압력보상 장치
③ 서보밸브 ④ 스로틀 밸브

해설 쿠션기구는 유압 실린더에서 피스톤 행정이 끝날 때 발생하는 충격을 흡수하기 위해 설치한다.

50 **유압실린더를 교환하였을 경우 조치해야 할 작업으로 가장 거리가 먼 것은?**

① 오일필터 교환
② 공기빼기 작업
③ 누유 점검
④ 시운전하여 작동상태 점검

해설 유압장치를 교환하였을 경우에는 기관을 시동하여 공회전 시킨 후 작동상태 점검, 공기빼기 작업, 누유 점검, 오일보충을 한다.

51 **유압실린더에서 숨 돌리기 현상이 생겼을 때 일어나는 현상이 아닌 것은?**

① 작동지연 현상이 생긴다.
② 피스톤 동작이 정지된다.
③ 오일의 공급이 과대해진다.
④ 작동이 불안정하게 된다.

해설 숨 돌리기 현상은 유압유의 공급이 부족할 때 발생한다.

52 **유압에너지를 이용하여 외부에 기계적인 일을 하는 유압기기는?**

① 유압모터　② 근접 스위치
③ 유압탱크　④ 기동전동기

해설 유압모터는 유압에너지에 의해 연속적으로 회전운동을 하여 기계적인 일을 하는 장치이다.

53 **유압모터의 회전력이 변화하는 것에 영향을 미치는 것은?**

① 유압유 압력　② 유량
③ 유압유 점도　④ 유압유 온도

해설 유압모터의 회전력에 영향을 주는 것은 유압유의 압력이다.

54 **유압모터를 선택할 때 고려사항과 가장 거리가 먼 것은?**

① 동력　② 부하
③ 효율　④ 점도

55 **유압모터의 종류에 포함되지 않는 것은?**

① 기어형　② 베인형
③ 플런저형　④ 터빈형

해설 유압모터의 종류에는 기어 모터, 베인 모터, 플런저 모터 등이 있다.

56 **유압모터의 장점이 아닌 것은?**

① 관성력이 크며, 소음이 크다.
② 전동모터에 비하여 급속정지가 쉽다.
③ 광범위한 무단변속을 얻을 수 있다.
④ 작동이 신속, 정확하다.

해설 유압모터는 광범위한 무단변속을 얻을 수 있고, 작동이 신속·정확하며, 관성력이 작아 전동모터에 비하여 급속정지가 쉬운 장점이 있다.

57 **유압장치에서 기어모터에 대한 설명 중 잘못된 것은?**

① 내부누설이 적어 효율이 높다.
② 구조가 간단하고 가격이 저렴하다.
③ 일반적으로 스퍼기어를 사용하나 헬리컬 기어도 사용한다.
④ 유압유에 이물질이 혼입되어도 고장 발생이 적다.

해설 **기어모터의 장점**
- 구조가 간단하여 가격이 싸다.
- 먼지나 이물질이 많은 곳에서도 사용이 가능하다.
- 스퍼기어를 주로 사용하나 헬리컬 기어도 사용한다.

58 **유압모터에서 소음과 진동이 발생할 때의 원인이 아닌 것은?**

① 내부부품의 파손
② 작동유 속에 공기의 혼입
③ 체결볼트의 이완
④ 유압펌프의 최고 회전속도 저하

해설 유압모터에서 소음과 진동이 발생하는 원인은 내부부품이 파손되었을 때, 작동유 속에 공기의 혼입되었을 때, 체결볼트가 이완되었을 때, 유압펌프를 최고 회전속도로 작동시킬 때이다.

59 유압모터와 연결된 감속기의 오일수준을 점검할 때의 유의사항으로 틀린 것은?

① 오일이 정상 온도일 때 오일수준을 점검해야 한다.
② 오일량은 영하(-)의 온도상태에서 가득 채워야 한다.
③ 오일수준을 점검하기 전에 항상 오일수준 게이지 주변을 깨끗하게 청소한다.
④ 오일량이 너무 적으면 모터유닛이 올바르게 작동하지 않거나 손상될 수 있으므로 오일량은 항상 정량 유지가 필요하다.

해설 유압모터의 감속기 오일량은 정상온도 상태에서 Full 가까이 있어야 한다.

60 유압회로에서 유량제어를 통하여 작업속도를 조절하는 방식에 속하지 않는 것은?

① 미터-인(meter-in) 방식
② 미터-아웃(meter-out) 방식
③ 블리드 오프(bleed-off) 방식
④ 블리드 온(bleed-on) 방식

해설 속도제어 회로에는 미터-인 방식, 미터-아웃 방식, 블리드 오프 방식이 있다.

61 액추에이터의 입구 쪽 관로에 유량제어 밸브를 직렬로 설치하여 작동유의 유량을 제어함으로써 액추에이터의 속도를 제어하는 회로는?

① 시스템 회로(system circuit)
② 블리드 오프 회로 (bleed-off circuit)
③ 미터-인 회로(meter-in circuit)
④ 미터-아웃 회로(meter-out circuit)

해설 미터-인(meter in) 회로는 유압 액추에이터의 입력 쪽에 유량제어 밸브를 직렬로 연결하여 액추에이터로 유입되는 유량을 제어하여 액추에이터의 속도를 제어한다.

62 유압모터의 회전속도가 규정 속도보다 느릴 경우 그 원인이 아닌 것은?

① 유압펌프의 오일 토출량 과다
② 각 작동부의 마모 또는 파손
③ 유압유의 유입량 부족
④ 오일의 내부 누설

해설 유압펌프의 오일 토출유량이 과다하면 유압모터의 회전속도가 빨라진다.

63 유압실린더의 속도를 제어하는 블리드 오프(bleed-off) 회로에 대한 설명으로 틀린 것은?

① 유압펌프 토출유량 중 일정한 양을 탱크로 되돌린다.
② 릴리프 밸브에서 과잉압력을 줄일 필요가 없다.
③ 유량제어 밸브를 실린더와 직렬로 설치한다.
④ 부하변동이 급격한 경우에는 정확한 유량제어가 곤란하다.

해설 블리드 오프(bleed-off) 회로는 유량제어 밸브를 실린더와 병렬로 연결하여 실린더의 속도를 제어한다.

64 유압장치의 기호회로도에 사용되는 유압기호의 표시방법으로 적합하지 않은 것은?

① 기호에는 흐름의 방향을 표시한다.
② 각 기기의 기호는 정상상태 또는 중립상태를 표시한다.
③ 기호는 어떠한 경우에도 회전하여서는 안 된다.
④ 기호에는 각 기기의 구조나 작용압력을 표시하지 않는다.

해설 기호는 오해의 위험이 없는 경우에는 기호를 회전하거나 뒤집어도 된다.

65 유압장치에서 가장 많이 사용되는 유압회로도는?

① 조합 회로도 ② 그림 회로도
③ 단면 회로도 ④ 기호 회로도

해설 일반적으로 많이 사용하는 유압 회로도는 기호 회로도이다.

66 유압장치에서 가변용량형 유압펌프의 기호는?

① 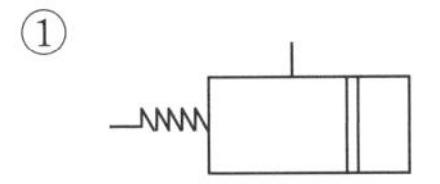
② 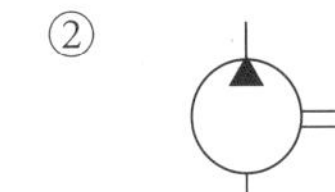

④ 

67 유압도면 기호의 명칭은?

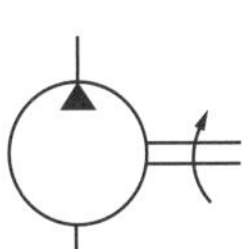

① 스트레이너
② 유압모터
③ 유압펌프
④ 압력계

68 정용량형 유압펌프의 기호는?

 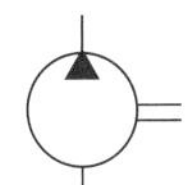
③ 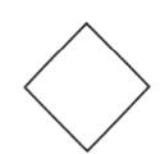
④ 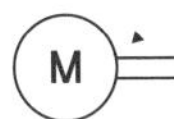

69 그림의 유압기호는 무엇을 표시하는가?

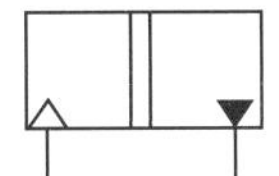

① 공기·유압변환기
② 증압기
③ 촉매컨버터
④ 어큐뮬레이터

70 공·유압기호 중 그림이 나타내는 것은?

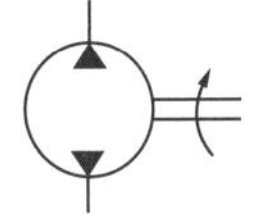

① 정용량형 펌프·모터
② 가변용량형 펌프·모터
③ 요동형 액추에이터
④ 가변형 액추에이터

71 그림의 유압기호는 무엇을 표시하는가?

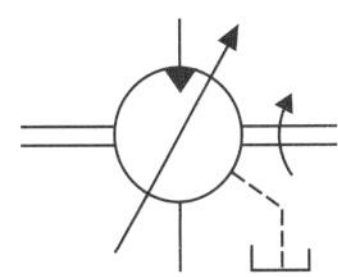

① 가변 유압모터 ② 유압펌프
③ 가변 토출밸브 ④ 가변 흡입밸브

72 그림과 같은 유압기호에 해당하는 밸브는?

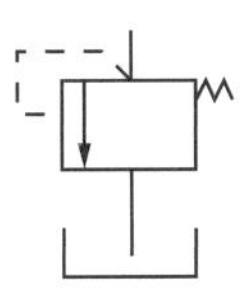

① 체크밸브
② 카운터 밸런스 밸브
③ 릴리프 밸브
④ 리듀싱 밸브

73 다음 유압기호가 나타내는 것은?

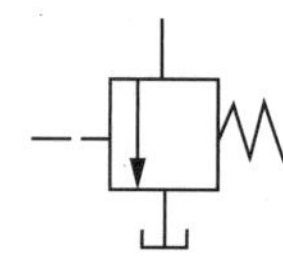

① 릴리프 밸브 ② 감압밸브
③ 순차밸브 ④ 무부하 밸브

74 단동 실린더의 기호 표시로 맞는 것은?

① 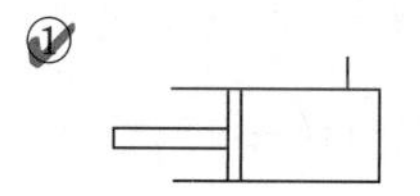 ② 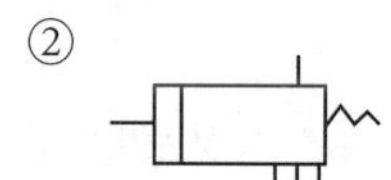

③ 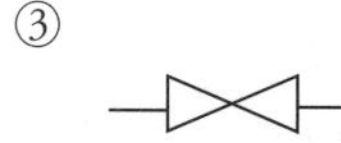 ④ 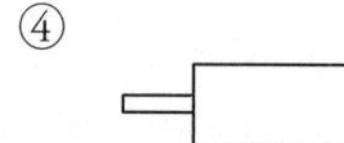

75 그림과 같은 실린더의 명칭은?

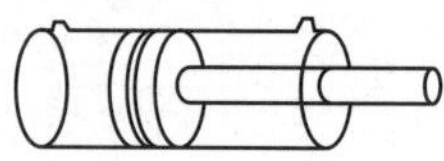

① 단동 실린더
② 단동 다단실린더
③ 복동 실린더
④ 복동 다단실린더

76 복동 실린더 양 로드형을 나타내는 유압 기호는?

① ② 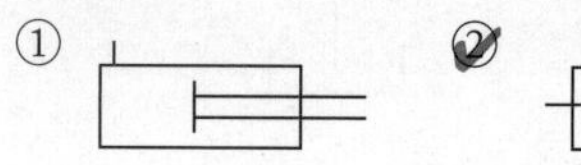

③ ④ 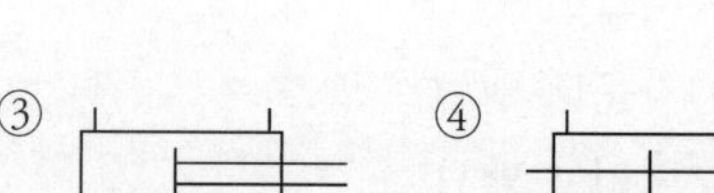

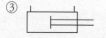

77 체크밸브를 나타낸 것은?

① ② 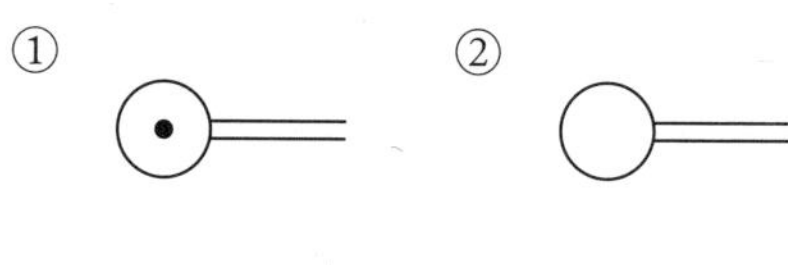

③ ④ 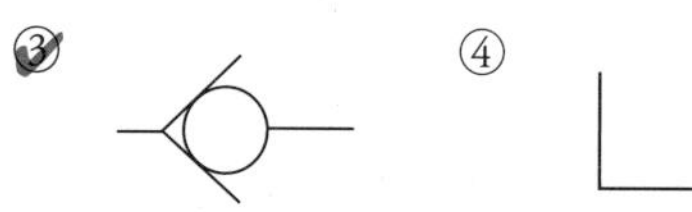

78 그림의 유압기호는 무엇을 표시하는가?

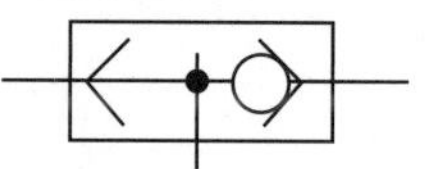

① 스톱밸브
② 무부하 밸브
③ 고압우선형 셔틀밸브
④ 저압우선형 셔틀밸브

79 그림의 유압기호는 무엇을 표시하는가?

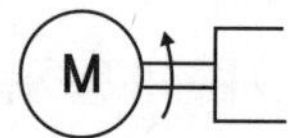

① 복동 가변식 전자 액추에이터
② 회전형 전기 액추에이터
③ 단동 가변식 전자 액추에이터
④ 직접 파일럿 조작 액추에이터

80 그림의 공·유압기호는 무엇을 표시하는가?

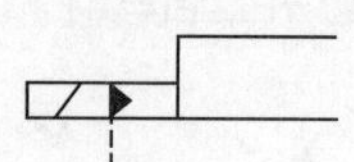

① 전자·공기압 파일럿
② 전자·유압 파일럿
③ 유압 2단 파일럿
④ 유압가변 파일럿

81 유압·공기압 도면기호 중 그림이 나타내는 것은?

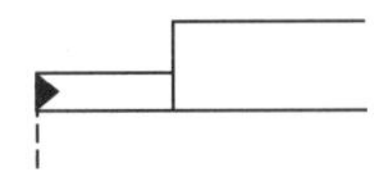

① 유압 파일럿(외부)
② 공기압 파일럿(외부)
③ 유압 파일럿(내부)
④ 공기압 파일럿(내부)

82 방향전환밸브의 조작방식에서 단동 솔레노이드 기호는?

①
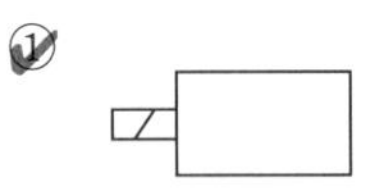
②
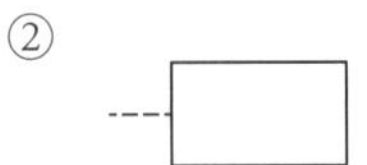
③

④
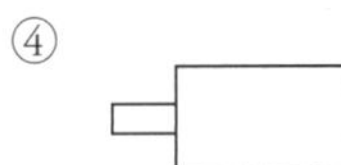

해설 ②는 간접조작방식, ③은 레버조작방식, ④는 기계조작방식이다.

83 그림의 유압기호에서 "A" 부분이 나타내는 것은?

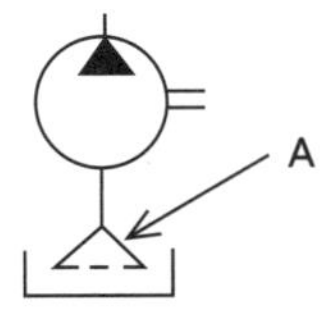

① 오일냉각기
② 스트레이너
③ 가변용량 유압펌프
④ 가변용량 유압모터

84 그림의 유압기호가 나타내는 것은?

① 유압밸브 ② 차단밸브
③ 오일탱크 ④ 유압 실린더

85 그림의 유압기호는 무엇을 표시하는가?

① 유압실린더
② 어큐뮬레이터
③ 오일탱크
④ 유압실린더 로드

86 유압도면 기호에서 여과기의 기호 표시는?

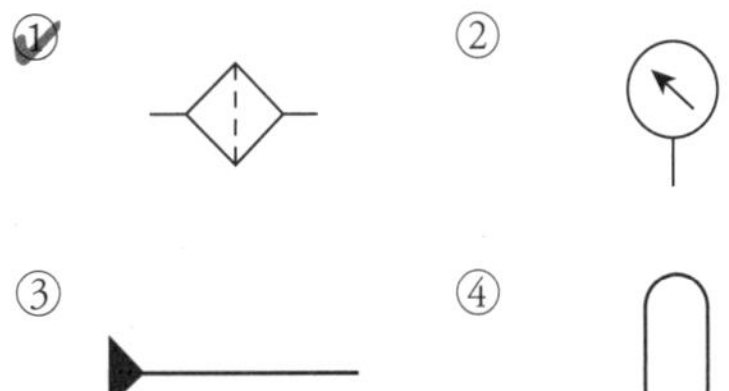

87 공·유압기호 중 그림이 나타내는 것은?

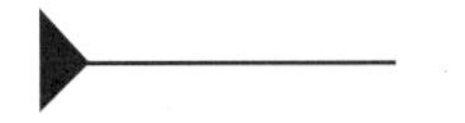

① 유압동력원 ② 공기압 동력원
③ 전동기 ④ 원동기

88 유압도면 기호에서 압력스위치를 나타내는 것은?

(정답 ④)

89 작동유에 대한 설명으로 틀린 것은?

① 점도지수가 낮아야 한다. (정답)
② 점도는 압력손실에 영향을 미친다.
③ 마찰부분의 윤활작용 및 냉각작용도 한다.
④ 공기가 혼입되면 유압기기의 성능은 저하된다.

해설 작동유는 마찰부분의 윤활작용 및 냉각작용을 하며, 점도지수가 높아야 하고, 점도가 낮으면 유압이 낮아진다. 또 공기가 혼입되면 유압기기의 성능은 저하된다.

90 유압유의 점도가 지나치게 높았을 때 나타나는 현상이 아닌 것은?

① 오일누설이 증가한다. (정답)
② 유동저항이 커져 압력손실이 증가한다.
③ 동력손실이 증가하여 기계효율이 감소한다.
④ 내부마찰이 증가하고, 압력이 상승한다.

해설 유압유의 점도가 너무 높으면 유동저항이 커져 압력손실의 증가, 동력손실의 증가로 기계효율 감소, 내부마찰이 증가하여 압력상승, 열 발생의 원인이 된다.

91 작동유가 넓은 온도범위에서 사용되기 위한 조건으로 가장 알맞은 것은?

① 산화작용이 양호해야 한다.
② 점도지수가 높아야 한다. (정답)
③ 소포성이 좋아야 한다.
④ 유성이 커야 한다.

해설 작동유가 넓은 온도범위에서 사용되기 위해서는 점도지수가 높아야 한다.

92 유압 작동유의 주요 기능이 아닌 것은?

① 윤활작용
② 냉각작용
③ 압축작용 (정답)
④ 동력전달 기능

해설 유압유의 작용은 열을 흡수하는 냉각작용, 동력을 전달하는 작용, 필요한 요소 사이를 밀봉하는 작용, 움직이는 기계요소의 마모를 방지하는 윤활작용 등이다.

93 [보기]에서 유압 작동유가 갖추어야 할 조건으로 모두 맞는 것은?

보기

A. 압력에 대해 비압축성 일 것
B. 밀도가 작을 것
C. 열팽창계수가 작을 것
D. 체적탄성계수가 작을 것
E. 점도지수가 낮을 것
F. 발화점이 높을 것

① A, B, C, D
② B, C, E, F
③ B, D, E, F
④ A, B, C, F (정답)

해설 **유압유가 갖춰야 할 조건**
비압축성일 것, 밀도와 열팽창계수가 작을 것, 체적탄성계수가 클 것, 점도지수가 높을 것, 인화점 및 발화점이 높을 것

94 유압유의 첨가제가 아닌 것은?

① 마모 방지제
② 유동점 강하제
③ 산화 방지제
✔④ 점도지수 방지제

해설 유압유 첨가제에는 마모 방지제, 점도지수 향상제, 산화방지제, 소포제(기포방지제), 유동점 강하제 등이 있다.

95 금속 사이의 마찰을 방지하기 위한 방안으로 마찰계수를 저하시키기 위하여 사용되는 첨가제는?

① 유동점 강하제
✔② 유성향상제
③ 점도지수 향상제
④ 방청제

해설 유성향상제는 금속 사이의 마찰을 방지하기 위한 방안으로 마찰계수를 저하시키기 위하여 사용되는 첨가제이다.

96 유압 작동유에 수분이 미치는 영향이 아닌 것은?

① 작동유의 윤활성을 저하시킨다.
② 작동유의 방청성을 저하시킨다.
③ 작동유의 산화와 열화를 촉진시킨다.
✔④ 작동유의 내마모성을 향상시킨다.

해설 유압유에 수분이 혼입되면 윤활성, 방청성, 내마모성을 저하시키고, 산화와 열화를 촉진시킨다.

97 현장에서 오일의 오염도 판정방법 중 가열한 철판 위에 오일을 떨어뜨리는 방법은 오일의 무엇을 판정하기 위한 방법인가?

① 먼지나 이물질 함유
② 오일의 열화
✔③ 수분 함유
④ 산성도

해설 가열한 철판 위에 오일을 떨어뜨리는 방법은 오일의 수분함유 여부를 판정하기 위한 방법이다.

98 현장에서 오일의 열화를 찾아내는 방법이 아닌 것은?

① 색깔의 변화나 수분, 침전물의 유무 확인
② 흔들었을 때 생기는 거품이 없어지는 양상 확인
③ 자극적인 악취 유무 확인
✔④ 오일을 가열하였을 때 냉각되는 시간 확인

해설 작동유의 열화를 판정하는 방법은 점도상태, 색깔의 변화나 수분, 침전물의 유무, 자극적인 악취(냄새) 유무, 흔들었을 때 생기는 거품이 없어지는 양상 등이 있다.

99 유압유 교환을 판단하는 조건이 아닌 것은?

① 점도의 변화
② 색깔의 변화
③ 수분의 함량
✔④ 유량의 감소

해설 **유압유 교환조건**
점도의 변화, 색깔의 변화, 열화발생, 수분의 함량, 유압유의 변질

100 유압회로에서 작동유의 정상작동 온도에 해당되는 것은?

① 125~140℃ ② 40~80℃
③ 112~115℃ ④ 5~10℃

해설 작동유의 정상작동 온도범위는 40~80℃ 정도이다.

101 유압유(작동유)의 온도상승 원인에 해당하지 않는 것은?

① 작동유의 점도가 너무 높을 때
② 유압모터 내에서 내부마찰이 발생될 때
③ 유압회로 내의 작동압력이 너무 낮을 때
④ 유압회로 내에서 공동현상이 발생될 때

해설 유압회로 내의 작동압력(유압)이 너무 높으면 유압장치의 열 발생 원인이 된다.

102 유압유 관내에 공기가 혼입되었을 때 일어날 수 있는 현상이 아닌 것은?

① 공동현상 ② 기화현상
③ 열화현상 ④ 숨 돌리기 현상

해설 관로에 공기가 침입하면 실린더 숨 돌리기 현상, 열화촉진, 공동현상 등이 발생한다.

103 축압기(어큐뮬레이터)의 기능과 관계가 없는 것은?

① 충격압력 흡수
② 유압에너지 축적
③ 릴리프 밸브 제어
④ 유압펌프 맥동흡수

해설 축압기(어큐뮬레이터)의 기능(용도)은 압력보상, 체적변화 보상, 유압에너지 축적, 유압회로 보호, 맥동감쇠, 충격압력 흡수, 일정압력 유지, 보조 동력원으로 사용 등이다.

104 축압기의 종류 중 가스-오일방식이 아닌 것은?

① 스프링 하중방식(spring loaded type)
② 피스톤 방식(piston type)
③ 다이어프램 방식(diaphragm type)
④ 블래더 방식(bladder type)

해설 가스와 오일을 사용하는 축압기의 종류에는 피스톤 방식, 다이어프램 방식, 블래더 방식이 있다.

105 기체-오일방식 어큐뮬레이터에서 가장 많이 사용되는 가스는?

① 산소 ② 아세틸렌
③ 질소 ④ 이산화탄소

해설 가스형 축압기에는 질소가스를 주입한다.

106 유압유에 포함된 불순물을 제거하기 위해 유압펌프 흡입관에 설치하는 것은?

① 스트레이너 ② 부스터
③ 공기청정기 ④ 어큐뮬레이터

해설 스트레이너(strainer)는 유압펌프의 흡입관에 설치하는 여과기이다.

107 유압장치에서 오일냉각기(oil cooler)의 구비조건으로 틀린 것은?

① 촉매작용이 없을 것
② 오일 흐름에 저항이 클 것
③ 온도 조정이 잘 될 것
④ 정비 및 청소하기가 편리할 것

해설 **오일냉각기의 구비조건**
촉매작용이 없을 것, 온도조정이 잘 될 것, 정비 및 청소하기가 편리할 것, 오일 흐름에 저항이 적을 것

108 유압장치에서 내구성이 강하고 작동 및 움직임이 있는 곳에 사용하기 적합한 호스는?

✔ 플렉시블 호스
② 구리 파이프
③ PVC 호스
④ 강 파이프

해설 플렉시블 호스는 내구성이 강하고 작동 및 움직임이 있는 곳에 사용하기 적합하다.

109 유압회로에서 호스의 노화현상이 아닌 것은?

① 호스의 표면에 갈라짐이 발생한 경우
② 코킹부분에서 오일이 누유되는 경우
✔ 액추에이터의 작동이 원활하지 않을 경우
④ 정상적인 압력상태에서 호스가 파손될 경우

해설 호스의 노화현상이란 호스의 표면에 갈라짐(crack)이 발생한 경우, 호스의 탄성이 거의 없는 상태로 굳어 있는 경우, 정상적인 압력상태에서 호스가 파손될 경우, 코킹부분에서 오일이 누출되는 경우이다.

110 유압 작동부에서 오일이 새고 있을 때 일반적으로 먼저 점검하여야 하는 것은?

① 밸브(valve)
② 플런저(plunger)
③ 기어(gear)
✔ 실(seal)

해설 유압 작동부분에서 오일이 누유되면 가장 먼저 실(seal)을 점검하여야 한다.

111 유압장치 운전 중 갑작스럽게 유압배관에서 오일이 분출되기 시작하였을 때 가장 먼저 운전자가 취해야 할 조치는?

✔ 작업 장치를 지면에 내리고 기관시동을 정지한다.
② 작업을 멈추고 배터리 선을 분리한다.
③ 오일이 분출되는 호스를 분리하고 플러그를 막는다.
④ 유압회로 내의 잔압을 제거한다.

해설 유압배관에서 오일이 분출되기 시작하면 가장 먼저 작업 장치를 지면에 내리고 기관 시동을 정지한다.

112 유압장치에 사용되는 오일 실(seal)의 종류 중 O-링이 갖추어야 할 조건은?

① 체결력이 작을 것
✔ 탄성이 양호하고, 압축변형이 적을 것
③ 작동 시 마모가 클 것
④ 오일의 입·출입이 가능할 것

해설 O-링은 탄성이 양호하고, 압축변형이 적어야 한다.

113 유압장치에서 피스톤 로드에 있는 먼지 또는 오염물질 등이 실린더 내로 혼입되는 것을 방지하는 것은?

① 필터(filter)
✔ 더스트 실(dust seal)
③ 밸브(valve)
④ 실린더 커버(cylinder cover)

해설 더스트 실(dust seal)은 피스톤 로드에 있는 먼지 또는 오염물질 등이 실린더 내로 혼입되는 것을 방지한다.

5 로더 점검

01 건설기계 예방정비에 관한 설명으로 틀린 것은?

✓① 운전자와는 관련이 없다.
② 계획표를 작성하여 실시하면 효과적이다.
③ 건설기계의 수명, 성능 유지 등에 효과가 있다.
④ 사고나 고장 등을 사전에 예방하기 위해 실시한다.

해설 예방정비(일상점검)는 운전 전·중·후 행하는 점검이며 운전자가 하여야 하는 정비이다.

02 로더의 일일 점검사항이 아닌 것은?

✓① 종감속기어 오일량
② 연료탱크 연료량
③ 엔진오일량
④ 냉각수량

03 타이어식 로더의 운전 전 점검사항이 아닌 것은?

① 작동유 레벨 점검
② 타이어 공기압 점검
✓③ 트랜스미션 오일압력 점검
④ 버킷투스 상태 점검

04 로더의 작업 시작 전 점검 및 준비사항이 아닌 것은?

① 운전자 매뉴얼의 숙지
② 공사의 내용 및 절차 파악
✓③ 엔진오일 교환 및 연료의 보충
④ 작동유 누유와 냉각수 누수점검

05 건설기계 작업 전 점검사항으로 엔진 시동 전에 해야 할 내용과 관계없는 것은?

① 연료 및 오일의 누유 점검
② 타이어 손상 및 공기압 점검
③ 좌우 바퀴의 허브너트 체결 점검
✓④ 이상소음 및 이상 진동 점검

해설 **작업 전 점검사항**
연료 및 오일의 누유 점검, 타이어 손상 및 공기압 점검, 좌우 바퀴의 허브너트 체결 점검, 엔진오일량, 냉각수량

06 건설기계 운전 중 점검사항이 아닌 것은?

① 경고등 점멸 여부
✓② 라디에이터 냉각수량 점검
③ 작동 중 기계 이상소음 점검
④ 작동상태 이상 유무 점검

07 건설기계 기관을 시동하여 공전상태에서 점검하는 사항으로 틀린 것은?

① 배기가스 색깔 점검
② 냉각수 누수 점검
✓③ 팬벨트 장력 점검
④ 이상소음 발생 유무 점검

해설 **공전상태에서의 점검사항**
- 오일의 누출 여부 점검
- 냉각수의 누출 여부 점검
- 배기가스의 색깔 점검
- 이상소음 발생 유무 점검

08 건설기계 작업 중 운전자가 확인해야 할 것으로 가장 거리가 먼 것은?

① 온도계 ② 전류계
③ 오일압력계 ✓④ 실린더 압력계

해설 작업 중 운전자가 확인해야 하는 계기는 전류계, 오일압력계, 온도계 등이다.

09 건설기계 디젤기관을 예방정비 할 때 조종사가 해야 할 정비와 관계가 먼 것은?

✓① 딜리버리 밸브 교환
② 냉각수 보충
③ 연료여과기의 엘리먼트 점검
④ 연료파이프의 풀림 상태 조임

해설 딜리버리 밸브는 연료분사펌프에서 고압의 연료를 분사노즐로 보내주는 작용을 하며, 교환은 정비사가 해야 하는 사항이다.

10 건설기계 기관 운전 중에 진동이 심해질 경우 점검해야 할 사항으로 거리가 먼 것은?

① 기관의 점화시기 점검
② 기관과 차체 연결 마운틴의 점검
✓③ 라디에이터 냉각수의 누설 여부 점검
④ 연료계통의 공기유입 여부 점검

해설 라디에이터 냉각수의 누설 여부 점검은 시동 전 점검이다.

11 디젤기관을 분해, 정비하여 조립한 후 시동하였을 때 가장 먼저 주의하여 점검할 사항은?

① 발전기가 정상적으로 가동하는지 확인한다.
✓② 윤활계통이 정상적으로 순환하는지 확인한다.
③ 냉각계통이 정상적으로 순환하는지 확인한다.
④ 동력전달계통이 정상적으로 작동하는지 확인한다.

해설 디젤기관을 분해, 정비하여 조립한 후 시동하였을 때 가장 먼저 주의하여 점검할 사항은 윤활계통이 정상적으로 순환하는지 확인한다.

12 유압계통에서 오일누설 시의 점검사항이 아닌 것은?

✓① 오일의 윤활성
② 실(seal)의 마모
③ 실(seal)의 파손
④ 펌프고정 볼트의 이완

13 유압유의 압력이 상승하지 않을 때의 원인을 점검하는 것으로 가장 거리가 먼 것은?

① 유압펌프의 토출유량 점검
② 유압회로의 누유상태 점검
③ 릴리프 밸브의 작동상태 점검
✓④ 유압펌프 설치고정 볼트의 강도점검

14 무한궤도식 로더에서 하부구동장치의 점검 및 정비 조치사항으로 적합하지 않은 것은?

① 트랙 슈의 마모가 심하면 교환한다.
② 스프로킷에 균열이 있으면 교환한다.
③ 트랙의 장력이 느슨하면 그리스를 주입하여 조절한다.
✓④ 트랙의 장력이 너무 팽팽하면 벗겨질 위험이 있기 때문에 조정해야 한다.

해설 트랙의 장력이 너무 느슨하면 벗겨질 위험이 있기 때문에 조정해야 한다.

15 로더 작업의 종료 후, 주차할 때 조치사항으로 틀린 것은?

① 주차 브레이크를 작동시킨다.
② 변속레버를 중립위치에 놓는다.
✓③ 버킷을 지면에서 약 40cm를 유지한다.
④ 기관의 가동을 정지시키고 반드시 시동키를 뽑는다.

해설 주차시킬 때에는 버킷을 지면에 내려놓는다.

Chapter 

02 | 조종 및 작업 빈출 예상문제

01 로더에서 복합적인 기계장치에 유압장치를 첨부하여 강력한 견인력을 구비하고 수행하는 작업에 속하지 않는 것은?

✔ 지면포장하기
② 트럭과 호퍼에 퍼 싣기
③ 배수로 같은 홈 파내기
④ 부피가 큰 재료를 끌어 모으기

해설 로더로 할 수 있는 작업은 토량상차, 토사적재 작업, 홈 파내기, 부피가 큰 재료를 끌어 모으기 등이다.

02 무한궤도형 로더의 장점에 속하지 않는 것은?

① 강력한 견인력을 가지고 있다.
✔ 출력이 높아 장거리 이동성이 좋다.
③ 노면 상태가 험한 지형에서 이동이 용이하다.
④ 접지면적이 넓어서 습지, 사지에서의 이동이 용이하다.

해설 무한궤도식 로더는 강력한 견인력을 가지고 있으며, 노면상태가 험한 지형에서 이동이 용이하고, 접지면적이 넓어서 습지, 사지(모래땅)에서의 이동이 용이한 장점이 있으나 기동성능이 낮은 단점이 있다.

03 작업 장치에 투스를 부착하여 사용하는 건설기계는?

① 로더와 천공기
✔ 굴착기와 로더
③ 불도저와 지게차
④ 기중기와 모터그레이더

해설 버킷에 투스(tooth)를 부착하여 사용하는 건설기계는 로더와 굴착기가 있다.

04 로더의 작업 장치가 아닌 것은?

① 백호 셔블
✔ 아우트리거
③ 스켈리턴 버킷
④ 사이드 덤프 버킷

해설 **로더의 작업 장치**

- 프런트 엔드형(front end dump type) : 차체 앞쪽에 버킷을 부착하고 굴착, 적재 작업을 할 때 주로 사용하며, 가장 많이 사용하는 형식이다.
- 사이드 덤프형(side dump type) : 버킷을 좌우 어느 쪽으로나 기울일 수 있어 터널이나 좁은 장소에서 덤프트럭에 적재할 수 있는 형식으로 운반기계와 병렬작업을 할 수 있다.
- 오버헤드형(over head dump type) : 차체 앞쪽에서 굴착하여 조종석 위를 넘어 뒷면에 적재할 수 있는 형식으로 터널공사 등에 효과적이다.
- 스윙형(swing dump type) : 프런트 엔드형과 오버 헤드형을 복합하여 앞뒤 양쪽으로 적재하는 형식이다.
- 백호 셔블형(back hoe shovel type) : 차체 뒤쪽에 백호(back hoe) 버킷을 부착하고, 앞쪽에는 일반 버킷이 부착되어 있어 깊은 굴착과 적재를 함께 할 수 있으며, 상·하수도 공사에 적합하다.

05 로더의 버킷 용도별 분류 중 나무뿌리 뽑기, 제초, 제석 등 지반이 매우 굳은 땅의 굴착 등에 적합한 버킷은?

① 스켈리턴 버킷
② 사이드덤프 버킷
✔ 래크 블레이드 버킷
④ 암석용 버킷

해설 래크 블레이드 버킷(rack blade bucket)은 나무뿌리 뽑기, 제초, 제석 등 지반이 매우 굳은 땅의 굴착 등에 적합하다.

06 **로더의 조향조작을 하지 않고도 버킷의 토사를 덤프트럭에 상차할 수 있는 버킷은 어느 것인가?**

① 스켈리턴 버킷 ✔ 사이드덤프 버킷
③ 다목적 버킷 ④ 일반 버킷

해설 사이드 덤프버킷(side dump bucket)은 조향조작을 하지 않고도 버킷의 토사를 덤프트럭에 상차할 수 있다.

07 **골재채취장에서 주로 사용되는 로더의 버킷으로 토사에 암석을 분리할 때 효과적인 것은 어느 것인가?**

① 표준버킷 ✔ 스켈리턴 버킷
③ 퇴비버킷 ④ 사이드 버킷

해설 스켈리턴 버킷(skeleton bucket)은 골재채취장에서 주로 사용되는 로더의 버킷으로 토사에 암석을 분리할 때 효과적이다.

08 **로더의 적재방법이 아닌 것은?**

① 프런트 엔드 형식
② 사이드 덤프 형식
③ 백호 셔블 형식
✔ 허리꺾기 형식

해설 **로더의 적재방법**
- 프런트 엔드 형식(front end type) : 트랙터 앞쪽에 버킷을 부착하고 앞에서 굴착하여 앞으로 적재 작업을 한다.
- 사이드 덤프 형식(side dump type) : 트랙터 앞쪽에 버킷을 부착하고 앞에서 굴착하여 버킷을 좌우 어느 쪽으로든지 기울일 수 있어 좁은 장소에서 덤프트럭에 적재가 용이하다.
- 백호 셔블 형식(back hoe shovel type) : 트랙터 뒤쪽에 백호(back hoe)를 부착하고, 앞쪽에는 로더용 버킷을 부착하여 깊은 곳의 굴착과 적재를 함께 할 수 있다.
- 오버헤드 형식(over head type) : 앞쪽에서 굴착하여 로더 차체 위를 넘어서 뒤쪽에 적재할 수 있다.

09 **로더의 엔진을 시동할 때 주의사항으로 틀린 것은?**

① 붐 및 버킷은 중립위치에 놓는다.
② 연료, 타이어 등을 점검 후 엔진을 시동한다.
③ 각 부분의 오일누출 상태를 점검 후 엔진을 시동한다.
✔ 가속페달을 완전히 밟고 시동스위치를 작동시킨다.

해설 로더의 엔진을 시동할 때에는 붐 및 버킷은 중립위치에 놓고, 연료, 타이어 등을 점검 후 엔진을 시동한 다음 각 부분의 오일누출 상태를 점검한다.

10 **타이어식 로더의 엔진시동 순서로 옳은 것은?**

① 파일럿 컷 오프 스위치 잠금 확인 → 주차 브레이크 위치 확인 → 기어레버 중립 확인 → 시동
② 기어레버 중립 확인 → 파일럿 컷 오프 스위치 잠금 확인 → 주차 브레이크 위치 확인 → 시동
③ 주차 브레이크 위치 확인 → 파일럿 컷 오프 스위치 잠금 확인 → 기어레버 중립 확인 → 시동
✔ 주차 브레이크 위치 확인 → 기어레버 중립 확인 → 파일럿 컷 오프 스위치 잠금 확인 → 시동

해설 **타이어식 로더의 엔진시동 순서**
주차 브레이크 위치 확인 → 기어레버 중립 확인 → 파일럿 컷 오프 스위치 잠금 확인 → 시동

11 로더의 동력전달 순서로 옳은 것은?

✔ 기관 → 토크컨버터 → 유압변속기 → 종 감속장치 → 구동륜
② 기관 → 유압변속기 → 종 감속장치 → 토크컨버터 → 구동륜
③ 기관 → 유압변속기 → 토크컨버터 → 종 감속장치 → 구동륜
④ 기관 → 토크컨버터 → 종 감속장치 → 유압변속기 → 구동륜

해설 **로더의 동력전달 순서**
기관 → 토크컨버터 → 유압변속기 → 종 감속장치 → 구동륜

12 브레이크 페달을 밟으면 변속클러치가 떨어져 엔진의 동력이 차축까지 전달되지 않도록 하는 것은?

① 브레이크 밸브
② 메인 컨트롤 밸브
③ 프라이어리티 밸브
✔ 클러치 컷 오프 밸브

해설 클러치 컷 오프 밸브(clutch cut off valve)는 브레이크 페달을 밟으면 변속 클러치가 떨어져 엔진의 동력이 차축까지 전달되지 않도록 하는 장치이다.

13 로더에서 자동변속기가 동력전달을 하지 못하는 원인으로 옳은 것은?

① 연속하여 덤프트럭에 토사상차작업을 하였다.
✔ 다판 클러치가 마모되었다.
③ 오일의 압력이 과대하다.
④ 오일이 규정량 이상이다.

해설 자동변속기의 다판 클러치가 마모되면 동력전달을 하지 못한다.

14 휠 로더의 변속레버를 작동시켜도 로더가 주행하지 못할 때의 고장 원인과 관계가 먼 것은?

① 토크컨버터의 오일이 부족하다.
② 다판 클러치 디스크가 과대 마멸되었다.
③ 변속레버 스풀의 작동이 불량하다.
✔ 동력인출 장치의 작동이 불량하다.

해설 동력인출 장치는 엔진의 동력을 주행 이외 목적으로 사용하고자 할 때 사용하는 장치이다.

15 타이어식 로더에서 기관 시동 후 동력전달 과정 설명으로 틀린 것은?

① 바퀴는 구동차축에 설치되며 허브에 링 기어가 고정된다.
② 토크변환기는 변속기 앞부분에서 동력을 받고 변속기와 함께 알맞은 회전비율과 토크비율을 조정한다.
③ 종 감속기어는 최종감속을 하고 구동력을 증대한다.
✔ 차동기어장치의 차동제한장치는 없고 유성기어장치에 의해 차동제한을 한다.

해설 **타이어식 로더의 동력전달 장치의 구조**
- 차동기어장치의 동력이 차축을 통하여 유성기어장치로 전달되며 유성기어장치는 동력을 감속하여 바퀴로 전달한다.
- 종 감속기어는 각 바퀴에 부착된 유성기어장치를 사용하며, 선 기어는 차축 끝에 설치되어 유성기어를 회전시키고, 유성기어는 링 기어를 회전시킨다. 바퀴는 링 기어로부터 동력을 받아서 회전한다.

16 **타이어형 로더의 기관을 시동할 목적으로 구동라인이 연결된 상태에서 로더를 밀거나 끌어서는 안 되는 이유 중 틀린 것은?**

① 바퀴로부터의 동력이 회전부분의 마찰을 초래하기 때문이다.
② 토크 컨버터와 자동변속기가 열에 의한 파손을 초래하기 때문이다.
③ 충분한 윤활작용을 수반할 수 없어 마찰열이 발생되기 때문이다.
✔④ 현가 스프링이 열에 의해 파손을 초래하기 때문이다.

17 **휠(wheel) 로더의 한쪽 타이어가 수렁에 빠졌을 때 계속 전진이나 후진시키면 빠진 쪽 타이어가 공회전하는 이유는 어느 것 때문인가?**

① 변속기
② 차축
✔③ 차동기어장치
④ 타이어의 트레드 패턴

해설 휠(wheel) 로더의 한쪽 타이어가 수렁에 빠졌을 때 계속 전진이나 후진시키면 빠진 쪽 타이어가 공회전하는 이유는 차동기어장치 때문이다.

18 **타이어식 로더에 자동제한 차동기어장치가 있을 때의 장점은?**

① 변속이 용이하다.
② 충격이 완화된다.
③ 조향이 원활해진다.
✔④ 미끄러운 노면에서 운행이 용이하다.

해설 자동제한 차동기어장치가 있으면 미끄러운 노면에서 운행이 용이하다.

19 **타이어식 로더의 허브에 있는 유성기어장치의 기능으로 옳은 것은?**

① 바퀴 회전 정지
② 바퀴 회전속도의 감속, 구동력의 감속
✔③ 바퀴 회전속도의 감속, 구동력의 증가
④ 바퀴 회전속도의 증속, 구동력의 증가

해설 바퀴 허브에 있는 유성기어장치 기능은 바퀴 회전속도의 감속, 구동력의 증가이다.

20 **타이어형 로더의 휠 허브(wheel hub)에 있는 유성기어장치의 동력전달 순서로 맞는 것은?**

✔① 선 기어 → 유성기어 → 유성기어 캐리어 → 바퀴
② 유성기어 캐리어 → 유성기어 → 선 기어 → 바퀴
③ 링 기어 → 유성기어 → 선 기어 → 바퀴
④ 선 기어 → 링 기어 → 유성기어 캐리어 → 바퀴

해설 **휠 허브의 동력전달순서**
선 기어 → 유성기어 → 유성기어 캐리어 → 바퀴이다.

21 **타이어형 로더의 휠 허브(wheel hub)에 설치된 유성기어장치에서 액슬 축(axle shaft)의 기어로 맞는 것은?**

① 유성기어(planetary gear)
✔② 선 기어(sun gear)
③ 링 기어(ring gear)
④ 유성기어 캐리어(planetary gear carrier)

해설 액슬 축과 연결되는 기어는 선 기어이다.

22 타이어형 로더의 조향방식과 관계가 없는 것은?

① 전륜조향 방식 ② 후륜조향 방식
③ 피벗회전 방식 ④ 허리꺾기 방식

해설 타이어형 로더의 조향방식에는 전륜조향 방식, 후륜조향 방식, 허리꺾기 방식 등이 있다.

23 허리꺾기 방식(차체굴절 방식) 타이어 로더의 조향장치에 대한 설명으로 옳은 것은?

① 협소한 장소에서의 작업은 어렵다.
② 앞차체가 굴절되어 방향을 전환하여 안정성이 나쁘다.
③ 조행핸들을 작동시키면 뒷바퀴가 방향을 변환하여 선회한다.
④ 뒷바퀴는 선회축이 되고 앞바퀴가 굴절되어 작동하며 회전반경이 크다.

해설 허리꺾기 조향방식은 유압 실린더를 사용하여 앞 차체를 굴절하여 조향하며, 선회반경이 작아 좁은 장소에서의 작업에 유리한 장점이 있으나 안정성이 나쁘다.

24 타이어형 로더의 브레이크 장치에 대한 설명으로 옳지 않은 것은?

① 브레이크 페달은 천천히 밟고 빠르게 놓는다.
② 구동바퀴 모두가 일시에 제동되는 구조이다.
③ 급제동을 할 때에는 좌우 페달을 모두 이용한다.
④ 정차 및 주차할 때에는 주차 브레이크를 사용한다.

25 로더의 버킷에 한국산업표준에 따른 비중의 토사를 산적한 상태에서 버킷을 가장 안쪽으로 기울이고 버킷의 밑면을 로더의 최저지상고까지 올린 상태를 무엇이라고 하는가?

① 덤프거리
② 기준무부하상태
③ 버킷상승 전높이
④ 기준부하상태

해설 로더의 기준부하상태란 로더의 버킷에 한국산업표준에 따른 비중의 토사를 산적한 상태에서 버킷을 가장 안쪽으로 기울이고 버킷의 밑면을 로더의 최저지상고까지 올린 상태를 말한다.

26 로더(loader)에 관한 설명으로 옳은 것은?

① 붐 리프트 레버는 전경과 후경의 2가지 위치가 있다.
② 버킷 틸트 레버는 전진과 후진 2가지 위치가 있다.
③ 버킷 레버에는 버킷 벌림 양이 적당하도록 미리 설정해 두는 포지션 장치가 있다.
④ 붐 실린더에는 자동적으로 상승의 위치에서 유지위치로 돌아가도록 하는 퀵 아웃 장치가 있다.

해설 **로더의 작업 레버**
- 붐 리프트 레버에는 상승, 유지, 하강, 부동의 4가지 위치가 있다.
- 버킷 틸트레버에는 전경, 후경, 유지의 3가지 위치가 있다.
- 버킷 틸트레버에는 버킷을 지면에 내려놓았을 때 굴착각도가 적당히 되도록 설정해 주는 포지션 장치가 있다.

27 **로더의 전경각으로 옳은 것은?**

① 가 ② 나
③ 다 ④ 라

해설 **로더 버킷의 전경각과 후경각**
- 로더의 전경각 : 버킷을 가장 높이 올린 상태에서 버킷만을 가장 아래쪽으로 기울였을 때 버킷의 가장 넓은 바닥면이 수평면과 이루는 각도이다.
- 로더의 후경각 : 버킷의 가장 넓은 바닥면을 지면에 닿게 한 후 버킷만을 가장 안쪽으로 기울였을 때 버킷의 가장 넓은 바닥면이 지면과 이루는 각도이다.
- 로더의 전경각은 45도 이상, 후경각은 35도 이상이어야 한다.

28 **로더의 자동유압 붐 킥아웃의 기능은?**

① 붐이 일정한 높이에 이르면 자동적으로 멈추어 작업능률과 안전성을 기하는 장치
② 버킷링크를 조정하여 덤프실린더가 수평이 되도록 하는 장치
③ 가끔 침전물이나 물을 뽑아내고 이물질을 걸러내는 장치
④ 로더를 고속으로 작동할 때 자동적으로 버킷의 수평을 조정하는 장치

해설 붐 킥아웃 장치(boom kick out system)는 붐이 일정한 높이에 이르면 자동적으로 멈춰 작업능률과 안전성을 기하는 장치이다.

29 **로더의 작업 장치에 대한 설명이 잘못된 것은?**

① 붐 실린더는 붐의 상승·하강 작용을 해준다.
② 버킷 실린더는 버킷의 오므림·벌림 작용을 해준다.
③ 로더의 규격은 표준 버킷의 산적용량(m^3)으로 표시한다.
④ 작업 장치를 작동하게 하는 실린더 형식은 주로 단동식이다.

해설 유압실린더는 복동식을 사용한다.

30 **붐 킥아웃 장치(boom kick out system)가 작동하지 않을 때 발생하는 내용으로 맞는 것은?**

① 붐 실린더 패킹이 손상되어 오일이 누출된다.
② 엔진의 동력이 소모되어 작업능률이 떨어진다.
③ 붐의 최저위치가 자동으로 조정되지 않는다.
④ 붐이 상승하다가 일정하게 지정된 위치에서 자동으로 정지된다.

해설 붐 킥아웃 장치가 작동하지 않으면 엔진의 동력이 소모되어 작업능률이 떨어진다.

31 **휠 로더(wheel loader)의 붐과 버킷레버를 동시에 당기면 작동은?**

① 붐만 상승한다.
② 버킷만 오므려진다.
③ 붐은 상승하고 버킷은 오므려진다.
④ 작동이 안 된다.

해설 붐과 버킷레버를 동시에 당기면 붐은 상승하고 버킷은 오므려진다.

32 정지위치에서 로더의 붐이 저절로 하향하는 원인으로 적합하지 않은 것은?

① 붐 실린더의 패킹에 결함이 있다.
② 유압장치에 오일이 누출되고 있다.
③ 토크컨버터의 스테이터에 이상이 있다.
④ 붐 제어밸브의 스풀이 마모되었다.

33 로더의 유압장치에서 붐 실린더의 귀환(복귀)행정이 느린 원인으로 맞는 것은?

① 유압제어밸브의 작동 불량
② 붐 실린더 내부에서 유압유 누설
③ 릴리프 밸브의 설정압력 과다
④ 유압유의 온도가 정상일 때

해설 유압제어밸브의 작동이 불량하면 붐 실린더의 귀환(복귀)행정이 느려진다.

34 로더로 제방이나 쌓여있는 흙더미에서 작업할 때 버킷의 날을 지면과 어떻게 유지하는 것이 가장 효과적인가?

① 20° 정도 전경시킨 각
② 30° 정도 전경시킨 각
③ 버킷과 지면이 수평으로 나란하게
④ 90° 직각을 이룬 전경각과 후경을 교차로

해설 로더로 제방이나 쌓여있는 흙더미에서 작업할 때 버킷의 날을 지면과 수평으로 나란하게 유지하는 것이 가장 좋다.

35 로더에서 그레이딩 작업이란?

① 트럭에의 적재작업
② 토사 깎아내기 작업
③ 토사 굴착작업
④ 지면 고르기 작업

해설 그레이딩 작업이란 지면 고르기 작업을 의미한다.

36 로더의 토사 깎기 작업방법으로 잘못된 것은?

① 로더의 무게가 버킷과 함께 작용되도록 한다.
② 깎이는 깊이 조정은 버킷을 복귀시키면서 할 수 있다.
③ 깎이는 깊이 조정은 붐을 조금씩 상승시키면서 할 수 있다.
④ 버킷의 각도를 35°~45°로 깎기 시작하는 것이 좋다.

해설 버킷의 각도는 5°로 깎기 시작하는 것이 좋다.

37 지면 고르기 작업을 할 때 한 번의 고르기를 마친 후 로더를 몇 도 회전시켜서 반복하는 것이 가장 좋은가?

① 25° ② 45°
③ 90° ④ 180°

해설 지면 고르기 작업을 할 때 한 번의 고르기를 마친 후 로더를 45° 회전시켜서 반복하는 것이 가장 좋다.

38 로더 작업 중 이동할 때 버킷의 높이는 지면에서 약 몇 m 정도로 유지해야 하는가?

① 0.1m ② 0.6m (정답)
③ 1.0m ④ 1.5m

해설 트럭이나 쌓여있는 흙 쪽으로 이동할 때에는 버킷을 지면에서 약 0.6m 정도 위로 하는 것이 좋다.

39 로더의 버킷에 토사를 적재 후 이동할 때 지면과 가장 적당한 간격은?

① 장애물의 식별을 위해 지면으로부터 약 2m 높게 하여 이동한다.
② 작업할 때 화물을 적재 후, 후진할 때는 다른 물체와 접촉을 방지하기 위해 약 3m 높이로 이동한다.
③ 작업시간을 고려하여 항시 트럭적재함 높이만큼 위치하고 이동한다.
④ 안정성을 고려하여 지면으로부터 약 60cm에 위치하고 이동한다. (정답)

40 타이어형 로더를 운전할 때 주의사항으로 틀린 것은?

① 새로 구축한 구조물 가까운 부분은 연약지반이므로 주의한다.
② 경사지를 내려갈 때에는 변속레버를 저속으로 하고 주행한다.
③ 로더를 작업 받침판이나 작업플랫홈으로 사용하지 않는다.
④ 토사를 적재한 버킷은 항상 최대한 앞으로 기울이고 위치를 낮추고 운반한다. (정답)

해설 토사를 적재한 버킷은 항상 최대한 뒤로 기울이고 위치를 낮추어 운반한다.

41 로더로 상차작업방법이 아닌 것은?

① 좌우 옆으로 진입방법(N형) (정답)
② 직진·후진방법(I형)
③ 90° 회전방법(T형)
④ V형 상차방법(V형)

해설 상차방법에는 직진·후진방법(I형), 90° 회전방법(T형), V형 상차방법(V형), L형 등이 있다.

42 로더가 버킷에 토사를 채운 후 후진을 하고 나면 덤프트럭이 로더와 토사 더미의 사이에 들어와서 상차하는 방법은?

① 90° 회전방법(T형)
② 직진·후진방법(I형) (정답)
③ 비트 상차방법
④ V형 상차방법

해설 직진·후진방법(I형)은 로더가 버킷에 토사를 채운 후에 덤프트럭이 토사 더미와 버킷 사이로 들어오면 상차하는 방법이다.

43 로더의 상차 적재방법 중 좁은 장소에서 주로 이용되는 관계로 비교적 효율이 낮은 상차방법은 어느 것인가?

① 비트 상차방법
② 직진·후진 상차방법
③ 90° 회전 상차방법 (정답)
④ V형 상차방법

해설 90° 회전 상차방법은 좁은 장소에서 주로 이용되는 관계로 비교적 효율이 낮다.

44 로더의 작업방법으로 옳은 것은?

① 굴착작업을 할 경우에는 버킷을 올려 세우고 작업을 하며, 적재할 때에는 전경각 35도를 유지해야 한다.

✔② 굴착작업을 할 경우에는 버킷을 수평 또는 약 5도 정도 앞으로 기울이는 것이 좋다.

③ 작업할 때 변속기의 단수를 높이면 작업효율이 좋아진다.

④ 단단한 땅을 굴착할 경우에는 그라인더로 버킷 끝을 날카롭게 만든 후 작업을 하며, 굴착할 때에는 후경각 45도를 유지해야 한다.

해설 **로더의 굴착작업 방법**

- 로더의 무게가 버킷과 함께 작용되도록 한다.
- 특수상황 이외에는 항상 로더가 평행되도록 한다.
- 깎이는 깊이 조정은 붐을 약간 상승시키거나 버킷을 복귀시켜서 한다.
- 버킷을 수평 또는 약 5도 정도 앞으로 기울이는 것이 좋다.

45 로더로 굴착작업을 할 때의 방법으로 틀린 것은?

① 지면이 단단하면 버킷에 투스를 부착한다.

② 버킷에 토사를 가득 채웠을 때에는 버킷을 뒤로 오므려 힘을 받을 수 있도록 한다.

③ 굴착작업의 밑면은 평면이 되도록 작업한다.

✔④ 붐과 버킷의 밑 부분은 지렛대 장치의 받침대 역할이므로 버킷은 오므리지 않아도 된다.

46 로더의 작업방법으로 가장 적절한 것은?

✔① 버킷이 완전히 복귀된 다음 지면에서 약 0.6m 정도 올려서 주행한다.

② 적재하려는 흙더미 뒤에 트럭을 세워 놓고 로더 작업을 한다.

③ 적재물이나 트럭에 30°의 각도를 유지하면서 접근하도록 한다.

④ 버킷이 트럭 옆 1m 이내에서 방향을 바꾸어 트럭에 적재한다.

해설 **로더의 작업방법**

- 버킷을 완전히 복귀시킨 후 버킷을 지면에서 60cm 정도 올린 후 주행한다.
- 토사를 상차할 때 로더는 덤프트럭과 토사 더미 사이에 45°를 유지하면서 작업한다.
- 덤프트럭에 토사를 상차하려고 로더가 방향을 바꿀 때에는 버킷과 트럭과 옆의 거리는 3.0~3.7m 정도가 좋다.
- 토사를 상차할 때 덤프트럭은 토사더미 가장자리에 90°로 세워둔다.

47 로더의 시간당 작업량 증대방법에 대한 설명으로 틀린 것은?

① 로더의 버킷 용량이 큰 것을 사용한다.

✔② 굴착작업이 수반되지 않을 때에는 무한궤도식 로더를 사용한다.

③ 현장조건에 적합한 적재방법을 선택한다.

④ 운반기계의 진입, 회전 및 로더의 적재작업 시에 지장이 없도록 한다.

해설 굴착작업이 수반되지 않을 때에는 타이어형 로더를 사용한다.

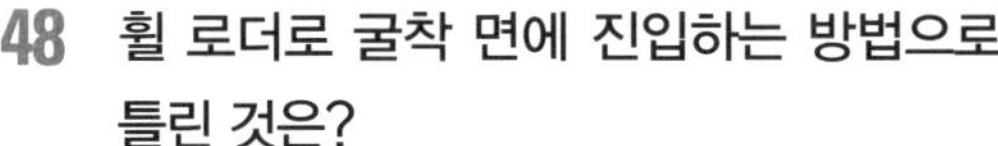

48 휠 로더로 굴착 면에 진입하는 방법으로 틀린 것은?

① 옆으로 진입한다.
② 돌출된 곳의 진입은 피하도록 한다.
③ 직각으로 진입한다.
④ 급변속, 급제동 조작은 피한다.

해설 **굴착 면에 진입하는 방법**
돌출된 곳의 진입은 피할 것, 직각으로 진입할 것, 급변속, 급제동 조작은 피할 것

49 로더로 퇴적된 토사를 작업하는 방법으로 틀린 것은?

① 토사에 파고들기 어려울 때는 버킷의 투스 부분을 상하로 움직이며 전진한다.
② 버킷이 토사에 충분히 파고들면 전진하면서 붐을 상승시킨다. 이때 버킷을 수평으로 유지하면서 토사를 담는다.
③ 흙을 퍼 실으면서 전진을 하면 하중이 증가하여 타이어가 헛돌기 시작한다. 이때 버킷을 조금 올려서 하중을 줄여준다.
④ 앞바퀴가 들린 상태에서는 구동력이 저하되고, 뒷바퀴 파손의 위험이 크기 때문에 이런 상태로는 작업을 진행하지 않는다.

해설 버킷이 토사에 충분히 파고들면 전진하면서 붐을 상승시키고 이때 버킷을 오므리면서 토사를 담는다.

50 타이어식 로더 사용에 따른 주의사항이 아닌 것은?

① 로더를 주차할 때에는 버킷을 반드시 지면에 내려놓는다.
② 경사지에서 작업할 때에는 변속레버를 중립에 놓는다.
③ 버킷에 적재 후 주행할 때에는 버킷을 가능한 낮게 한다.
④ 버킷에 사람을 태우지 않는다.

해설 작업을 할 때에는 변속레버를 중립에 두어서는 안 된다.

51 로더의 올바른 작업방법에 속하지 않는 것은?

① 로더를 운전하기 전에 경적을 울려 주의를 환기시킨다.
② 10° 이상의 경사지에서는 작업이 위험하므로 작업하지 않는다.
③ 작업장에서 주행할 때에는 버킷을 지면에서 1.0~1.5m 정도 위로 올리고 주행한다.
④ 경사지에서 방향전환은 경사가 완만하고 지반이 견고한 위치에서 실시한다.

해설 주행할 때에는 버킷을 지면에서 0.6m 정도 위로 올리고 주행한다.

52 로더를 사용하여 적재물을 운반할 때 주의사항으로 옳은 것은?

① 버킷을 1.5m 이상 올려 운행한다.
② 하중을 버킷의 한 곳에 집중시킨다.
③ 고압선 아래에서는 버킷을 최대한 올려 차실을 보호하며 운행한다.
④ 로더가 전방으로 전도되면 즉시 버킷을 하강시켜 균형을 유지하도록 한다.

53 로더의 조종 및 작업할 때 안전수칙으로 잘못된 것은?

① 로더에는 조종사 이외는 승차금지를 시킨다.
② 연속으로 사용하는 로더는 일상점검을 생략하도록 한다.
③ 로더를 사용하지 않을 때에는 버킷을 지면에 내려놓는다.
④ 타이어나 차축을 수리할 때에는 반드시 고임목을 고인다.

해설 작업이 종료된 후에는 일상점검을 하고, 내·외부를 청소하여야 한다.

54 타이어형 로더로 바위가 있는 현장에서 작업할 때 주의사항으로 틀린 것은?

① 슬립(slip)이 일어나지 않도록 한다.
② 타이어 공기압을 높여준다.
③ 컷(cut) 방지용 타이어를 사용한다.
④ 홈이 깊은 타이어를 사용한다.

해설 바위가 있는 현장에서 작업할 때에는 타이어의 슬립이 일어나지 않도록 하고, 컷 방지용 타이어나 홈이 깊은 타이어를 사용한다.

55 타이어형 로더로 발파된 돌덩어리를 상차작업을 할 때 주의사항으로 잘못된 것은?

① 발파 후 즉시 작업을 시작하지 않는다.
② 불안정한 돌무더기는 무너뜨리고 굴착 및 상차작업을 한다.
③ 암석지에서는 고속으로 진입하여 작업능률을 높인다.
④ 암석지에서는 고속진입을 금한다.

56 로더를 경사지에서 주행할 때 주의해야 할 사항으로 틀린 것은?

① 방향 전환을 위해 급선회하지 않는다.
② 주행속도 스위치를 저속으로 하여 서행한다.
③ 불가피한 정차를 할 때에는 버킷을 지면에 내리고 고임목을 받쳐준다.
④ 경사지에서의 작업은 위험하므로 작업허용 운전 경사각 30°를 초과하면 안 된다.

해설 10° 이상의 경사지에서는 작업이 위험하므로 작업하지 않는다.

57 무한궤도형 로더로 진흙탕이나 수중작업을 할 때 관련된 사항으로 틀린 것은?

① 작업 전에 기어실과 클러치 실 등의 드레인 플러그 조임 상태를 확인한다.
② 습지용 슈를 사용했으면 주행 장치의 베어링에 주유하지 않는다.
③ 작업 후에는 세차를 하고 각 베어링에 주유를 한다.
④ 작업 후 기어실과 클러치실의 드레인 플러그를 열어 물의 침입을 확인한다.

해설 진흙탕이나 수중작업을 할 때 작업 종료 후 세차할 때에는 물에 젖은 부분을 마른걸레로 닦은 후 오일을 바르고 그리스(grease)를 주입하거나 바른다.

58 **타이어형 로더에서 타이어의 과다마모를 일으키는 운전방법이 아닌 것은?**

① 부하를 걸지 않은 주행
② 빈번한 급출발과 급제동
③ 과도한 브레이크를 사용
④ 도랑 등 홈이 파여진 곳에 타이어 측면이 닿은 상태로 작업

해설 **타이어의 과다마모를 일으키는 운전**
- 급격하게 부하를 가한 상태의 주행
- 빈번한 급출발과 급제동
- 과도한 브레이크를 사용
- 도랑 등 홈이 파여진 곳에 타이어 측면이 닿은 상태로 작업

59 **타이어식 로더의 앞 타이어를 손쉽게 교환할 수 있는 방법은?**

① 뒤 타이어를 빼고 로더를 기울여서 교환한다.
② 버킷을 들고 작업을 한다.
③ 잭으로만 고인다.
④ 버킷을 이용하여 차체를 들고 잭을 고인다.

해설 앞 타이어를 교환할 때에는 버킷을 이용하여 차체를 들고 잭(jack)을 고인 후 작업한다.

60 **타이어형 로더를 트레일러에 상·하차 하는 방법으로 틀린 것은?**

① 언덕을 이용한다.
② 기중기를 이용한다.
③ 상·하차대를 이용한다.
④ 타이어를 받침으로 이용한다.

해설 **트레일러에 상·하차 하는 방법**
언덕을 이용하는 방법, 기중기를 이용하는 방법, 상·하차대를 이용하는 방법

61 **기계방식 스키드 로더로 덤프작업을 할 때 올바른 버킷 조종법은?**

① 페달의 뒷부분을 누른다.
② 페달의 앞부분을 누른다.
③ 레버를 앞으로 민다.
④ 레버를 뒤로 당긴다.

해설 스키드 로더로 덤프작업을 할 때에는 페달의 앞부분을 누른다.

Chapter  03 | 로더 안전·환경관리 빈출 예상문제

01 보호구를 선택할 때의 유의사항으로 틀린 것은?

① 작업행동에 방해되지 않을 것
② 사용 목적에 구애받지 않을 것
③ 보호구 성능기준에 적합하고 보호성능이 보장될 것
④ 착용이 용이하고 크기 등 사용자에게 편리할 것

해설 보호구는 사용 목적에 알맞은 것을 선택하여야 한다.

02 안전보호구가 아닌 것은?

① 안전모 ② 안전화
③ 안전 가드레일 ④ 안전장갑

해설 안전 가드레일은 안전시설이다.

03 작업 시 보안경 착용에 대한 설명으로 틀린 것은?

① 가스용접을 할 때는 보안경을 착용해야 한다.
② 절단하거나 깎는 작업을 할 때는 보안경을 착용해서는 안 된다.
③ 아크용접을 할 때는 보안경을 착용해야 한다.
④ 특수용접을 할 때는 보안경을 착용해야 한다.

해설 **보안경을 사용하는 이유**
- 유해약물의 침입을 막기 위함이다.
- 비산되는 칩에 의한 부상을 막기 위함이다.
- 유해광선으로부터 눈을 보호하기 위함이다.

04 사용 구분에 따른 차광보안경의 종류에 해당하지 않는 것은?

① 자외선용
② 용접용
③ 적외선용
④ 비산방지용

해설 **차광보안경의 종류**
자외선용, 적외선용, 용접용, 복합용

05 액체약품 취급 시 비산물로부터 눈을 보호하기 위한 보안경은?

① 고글형
② 프론트형
③ 일반형
④ 스펙타클형

해설 고글형은 액체약품을 취급할 때 비산물로부터 눈을 보호하기 위한 보안경이다.

06 안전모의 관리 및 착용방법으로 틀린 것은?

① 큰 충격을 받은 것은 사용을 피한다.
② 사용 후 뜨거운 스팀으로 소독하여야 한다.
③ 정해진 방법으로 착용하고 사용하여야 한다.
④ 통풍을 목적으로 모체에 구멍을 뚫어서는 안 된다.

해설 안전모는 사용 후 뜨거운 스팀으로 소독해서는 안 된다.

07 방진마스크를 착용해야 하는 작업장은?

① 온도가 낮은 작업장
② 분진이 많은 작업장
③ 산소가 결핍되기 쉬운 작업장
④ 소음이 심한 작업장

해설 분진(먼지)이 발생하는 장소에서는 방진마스크를 착용하여야 한다.

08 산소결핍의 우려가 있는 장소에서 착용하여야 하는 마스크의 종류는?

① 방독 마스크 ② 방진 마스크
③ 송기 마스크 ④ 가스 마스크

해설 산소결핍의 우려가 있는 장소에서는 송기(송풍) 마스크를 착용하여야 한다.

09 감전되거나 전기화상을 입을 위험이 있는 곳에서 작업 시 작업자가 착용해야 할 것은?

① 구명구 ② 구명조끼
③ 보호구 ④ 비상벨

해설 감전되거나 전기 화상을 입을 위험이 있는 작업장에서는 보호구를 착용하여야 한다.

10 중량물 운반 작업 시 착용하여야 할 안전화로 가장 적절한 것은?

① 중작업용 ② 보통작업용
③ 경작업용 ④ 절연용

해설 중량물 운반 작업을 할 때에는 중작업용 안전화를 착용하여야 한다.

11 안전관리상 장갑을 끼고 작업할 경우 위험할 수 있는 것은?

① 해머작업 ② 줄작업
③ 용접작업 ④ 판금작업

해설 선반, 드릴 등의 절삭가공 및 해머작업을 할 때에는 장갑을 착용해서는 안 된다.

12 V-벨트나 평 벨트 또는 기어가 회전하면서 접선방향으로 물리는 장소에 설치되는 방호장치는?

① 위치제한 방호장치
② 접근 반응형 방호장치
③ 덮개형 방호장치
④ 격리형 방호장치

해설 덮개형 방호조치는 V-벨트나 평 벨트 또는 기어가 회전하면서 접선방향으로 물려 들어가는 장소에 많이 설치한다.

13 리프트(lift)의 방호장치가 아닌 것은?

① 해지장치
② 출입문 인터록
③ 권과 방지장치
④ 과부하 방지장치

해설 **리프트(lift)의 방호장치**
출입문 인터록, 권과 방지장치, 과부하 방지장치, 비상정지장치, 조작반에 잠금장치 설치

14 동력기계장치의 표준방호덮개 설치 목적이 아닌 것은?

① 동력전달장치와 신체의 접촉방지
② 주유나 검사의 편리성
③ 방음이나 집진
④ 가공물 등의 낙하에 의한 위험 방지

해설 **방호덮개 설치 목적**
동력전달장치와 신체의 접촉 방지, 방음이나 집진, 가공물 등의 낙하에 의한 위험 방지

15 방호장치 및 방호조치에 대한 설명으로 틀린 것은?

① 충전회로 인근에서 차량, 기계장치 등의 작업이 있는 경우 충전부로부터 3m 이상 이격시킨다.
② 지반 붕괴의 위험이 있는 경우 흙막이 지보공 및 방호망을 설치해야 한다.
③ 발파작업 시 피난장소는 좌우측을 견고하게 방호한다.
④ 직접 접촉이 가능한 벨트에는 덮개를 설치해야 한다.

해설 발파작업을 할 때에는 피난장소는 앞쪽을 견고하게 방호한다.

16 전기기기에 의한 감전 사고를 막기 위하여 필요한 설비로 가장 중요한 것은?

① 접지설비
② 방폭등 설비
③ 고압계 설비
④ 대지전위 상승설비

해설 전기기기에 의한 감전 사고를 막기 위해서는 접지설비를 하여야 한다.

17 안전장치 선정 시의 고려사항에 해당되지 않는 것은?

① 위험부분에는 안전방호 장치가 설치되어 있을 것
② 강도나 기능 면에서 신뢰도가 클 것
③ 작업하기에 불편하지 않은 구조일 것
④ 안전장치 기능제거를 용이하게 할 것

해설 안전장치의 기능을 제거해서는 안 된다.

18 안전한 작업을 하기 위하여 작업복을 선정할 때의 유의사항이 아닌 것은?

① 화기 사용 장소에서 방염성, 불연성의 것을 사용하도록 한다.
② 착용자의 취미, 기호 등에 중점을 두고 선정한다.
③ 작업복은 몸에 맞고 동작이 편하도록 제작한다.
④ 상의의 소매나 바지자락 끝부분이 안전하고 작업하기 편리하게 잘 처리된 것을 선정한다.

해설 작업복은 몸에 맞고 동작이 편한 것을 선정한다.

19 납산배터리 액체를 취급하는 데 가장 적합한 것은?

① 고무로 만든 옷
② 가죽으로 만든 옷
③ 무명으로 만든 옷
④ 화학섬유로 만든 옷

해설 납산배터리 액체(전해액)를 취급할 때에는 고무로 만든 옷을 착용한다.

20 유해한 작업환경요소가 아닌 것은?

① 화재나 폭발의 원인이 되는 환경
② 신선한 공기가 공급되도록 환풍장치 등의 설비
③ 소화기와 호흡기를 통하여 흡수되어 건강장애를 일으키는 물질
④ 피부나 눈에 접촉하여 자극을 주는 물질

해설 유해한 작업환경요소는 화재나 폭발의 원인이 되는 환경, 소화기와 호흡기를 통하여 흡수되어 건강장애를 일으키는 물질, 피부나 눈에 접촉하여 자극을 주는 물질이다.

21 [보기]는 재해 발생 시 조치요령이다. 조치 순서로 가장 적합하게 이루어진 것은?

보기
A. 운전 정지 B. 관련된 또 다른 재해방지 C. 피해자 구조 D. 응급처치

① A → B → C → D
② C → B → D → A
③ C → D → A → B
④ A → C → D → B

해설 **재해가 발생하였을 때 조치 순서**
운전 정지 → 피해자 구조 → 응급처치 → 2차 재해방지

22 안전·보건표지의 구분에 해당하지 않는 것은?

① 금지표지 ② 성능표지
③ 지시표지 ④ 안내표지

해설 안전표지의 종류에는 금지표지, 경고표지, 지시표지, 안내표지가 있다.

23 안전·보건표지의 종류별 용도, 사용 장소, 형태 및 색채에서 바탕은 흰색, 기본모형은 빨간색, 관련부호 및 그림은 검정색으로 된 표지는?

① 보조표지 ② 지시표지
③ 주의표지 ④ 금지표지

해설 금지표지의 바탕은 흰색, 기본모형은 빨간색, 관련부호 및 그림은 검정색으로 되어 있다.

24 그림과 같은 안전표지판이 나타내는 것은?

① 비상구
② 출입 금지
③ 인화성물질 경고
④ 보안경 착용

25 산업안전 보건표지에서 그림이 나타내는 것은?

① 비상구 없음 표지
② 방사선 위험 표지
③ 탑승 금지 표지
④ 보행 금지 표지

26 안전·보건표지의 종류와 형태에서 그림의 표지로 맞는 것은?

① 차량 통행 금지
② 사용 금지
③ 탑승 금지
④ 물체 이동 금지

27 안전·보건표지의 종류와 형태에서 그림의 안전표지판이 나타내는 것은?

① 사용 금지 ② 탑승 금지
③ 보행 금지 ④ 물체 이동 금지

28 산업안전보건표지의 종류에서 경고표시에 해당되지 않는 것은?

① 방독면 착용
② 인화성물질 경고
③ 폭발물 경고
④ 저온 경고

해설 **경고표지의 종류**
인화성물질 경고, 산화성물질 경고, 폭발성물질 경고, 급성독성물질 경고, 부식성물질 경고, 유해물질 경고, 방사성물질 경고, 고압 전기 경고, 매달린 물체 경고, 낙하물 경고, 고온 경고, 저온 경고, 몸 균형상실 경고, 레이저광선 경고, 위험장소 경고

29 산업안전보건법령상 안전·보건표지의 종류 중 다음 그림에 해당하는 것은?

① 산화성물질 경고
② 인화성물질 경고
③ 폭발성물질 경고
④ 급성독성물질 경고

30 산업안전보건표지에서 그림이 표시하는 것으로 맞는 것은?

① 독극물 경고
② 폭발물 경고
③ 고압 전기 경고
④ 낙하물 경고

31 안전·보건표지의 종류와 형태에서 그림의 안전표지판이 나타내는 것은?

① 폭발물 경고
② 매달린 물체 경고
③ 몸 균형상실 경고
④ 방화성물질 경고

32 보안경 착용, 방독마스크 착용, 방진마스크 착용, 안전모자 착용, 귀마개 착용 등을 나타내는 표지의 종류는?

① 금지표지 ② 지시표지
③ 안내표지 ④ 경고표지

해설 지시표지에는 보안경 착용, 방독마스크 착용, 방지마스크 착용, 보안면 착용, 안전모 착용, 귀마개 착용, 안전화 착용, 안전장갑 착용, 안전복 착용 등이 있다.

33 그림은 안전표지의 어떠한 내용을 나타내는가?

① 지시표지 ② 금지표지
③ 경고표지 ④ 안내표지

34 안전·보건표지의 종류와 형태에서 그림의 표지로 맞는 것은?

① 안전복 착용 ② 안전모 착용
③ 보안경 착용 ④ 출입 금지

35 안전표지의 종류 중 안내표지에 속하지 않는 것은?

① 녹십자 표지 ② 응급구호 표지
③ 비상구 ④ 출입 금지

해설 안내표지에는 녹십자 표지, 응급구호 표지, 들것 표지, 세안장치 표지, 비상구 표지가 있다.

36 안전·보건표지의 종류와 형태에서 그림의 표지로 맞는 것은?

① 비상구 ② 안전제일 표지
③ 응급구호 표지 ④ 들것 표지

37 안전표시 중 응급치료소, 응급처치용 장비를 표시하는 데 사용하는 색은?

① 황색과 흑색 ② 적색
③ 흑색과 백색 ④ 녹색

해설 응급치료소, 응급처치용 장비를 표시하는 데 사용하는 색은 녹색이다.

38 산업안전보건법령상 안전·보건표지에서 색채와 용도가 다르게 짝지어진 것은?

① 파란색 – 지시
② 녹색 – 안내
③ 노란색 – 위험
④ 빨간색 – 금지, 경고

해설 노란색은 충돌, 추락, 전도 및 그 밖의 비슷한 사고의 방지를 위해 물리적 위험성 주의를 표시한다.

39 화재가 발생하기 위해서는 3가지 요소가 있는데, 모두 맞는 것으로 연결된 것은?

① 가연성물질, 점화원, 산소
② 산화물질, 소화원, 산소
③ 산화물질, 점화원, 질소
④ 가연성물질, 소화원, 산소

해설 화재가 발생하기 위해서는 가연성물질, 산소, 점화원(발화원)이 반드시 필요하다.

40 연소조건에 대한 설명으로 틀린 것은?

① 산화되기 쉬운 것일수록 타기 쉽다.
② 열전도율이 적은 것일수록 타기 쉽다.
③ 발열량이 적은 것일수록 타기 쉽다. ✔
④ 산소와의 접촉면이 클수록 타기 쉽다.

해설 연소조건은 산화되기 쉬운 것일수록, 열전도율이 적은 것일수록, 발열량이 큰 것일수록, 산소와의 접촉면이 클수록 타기 쉽다.

41 자연발화가 일어나기 쉬운 조건으로 틀린 것은?

① 발열량이 클 때
② 주위 온도가 높을 때
③ 착화점이 낮을 때
④ 표면적이 작을 때 ✔

해설 자연발화는 발열량이 클 때, 주위 온도가 높을 때, 착화점이 낮을 때 일어나기 쉽다.

42 가스 및 인화성 액체에 의한 화재예방조치 방법으로 틀린 것은?

① 가연성 가스는 대기 중에 자주 방출시킬 것 ✔
② 인화성 액체의 취급은 폭발한계의 범위를 초과한 농도로 할 것
③ 배관 또는 기기에서 가연성 증기의 누출 여부를 철저히 점검할 것
④ 화재를 진화하기 위한 방화 장치는 위급상황 시 눈에 잘 띄는 곳에 설치할 것

해설 가연성 가스는 대기 중에 방출시켜서는 안 된다.

43 소화설비 선택 시 고려하여야 할 사항이 아닌 것은?

① 작업의 성질 ② 작업자의 성격 ✔
③ 화재의 성질 ④ 작업장의 환경

해설 소화설비를 선택할 때에는 작업의 성질, 화재의 성질, 작업장의 환경 등을 고려하여야 한다.

44 소화설비를 설명한 내용으로 맞지 않는 것은?

① 포말 소화설비는 저온 압축한 질소가스를 방사시켜 화재를 진화한다. ✔
② 분말 소화설비는 미세한 분말 소화제를 화염에 방사시켜 진화시킨다.
③ 물 분무 소화설비는 연소물의 온도를 인화점 이하로 냉각시키는 효과가 있다.
④ 이산화탄소 소화설비는 질식작용에 의해 화염을 진화시킨다.

해설 포말 소화기는 외통용기에 탄산수소나트륨, 내통용기에 황산알루미늄을 물에 용해해서 충전하고, 사용할 때는 양 용기의 약제가 화합되어 탄산가스가 발생하며, 거품을 발생시켜 방사하는 것이며 A, B급 화재에 적합하다.

45 목재, 종이 및 석탄 등 일반 가연물의 화재는 어떤 화재로 분류하는가?

① A급 화재 ✔ ② B급 화재
③ C급 화재 ④ D급 화재

해설 **화재의 분류**
- A급 화재 : 나무, 석탄 등 연소 후 재를 남기는 일반화재
- B급 화재 : 휘발유, 벤젠 등 유류화재
- C급 화재 : 전기화재
- D급 화재 : 금속화재

46 **유류화재 시 소화방법으로 부적절한 것은?**

① 모래를 뿌린다.
② 다량을 물을 부어 끈다.
③ ABC소화기를 사용한다.
④ B급 화재소화기를 사용한다.

해설 유류(기름)화재를 소화할 때 물을 뿌려서는 안 된다.

47 **금속나트륨이나 금속칼륨 화재의 소화재로서 가장 적합한 것은?**

① 물
② 포소화기
③ 건조사
④ 이산화탄소 소화기

해설 D급 화재(금속화재)는 금속나트륨 등의 화재로서 일반적으로 건조사를 이용한 질식효과로 소화한다.

48 **소화 작업의 기본요소가 아닌 것은?**

① 가연물질을 제거하면 된다.
② 산소를 차단하면 된다.
③ 점화원을 제거시키면 된다.
④ 연료를 기화시키면 된다.

해설 **소화 작업의 기본 요소**
가연물질 제거, 산소공급 차단, 점화원 제거

49 **화재 발생 시 초기진화를 위해 소화기를 사용하고자 할 때, 다음 [보기]에서 소화기 사용방법에 따른 순서로 맞는 것은?**

보기
A. 안전핀을 뽑는다. B. 안전핀 걸림 장치를 제거한다. C. 손잡이를 움켜잡아 분사한다. D. 노즐을 불이 있는 곳으로 향하게 한다.

① A → B → C → D
② C → A → B → D
③ D → B → C → A
④ B → A → D → C

해설 **소화기 사용방법**
- 안전핀 걸림 장치를 제거한다.
- 안전핀을 뽑는다.
- 노즐을 불이 있는 곳으로 향하게 한다.
- 손잡이를 움켜잡아 분사한다.

50 **화재 발생 시 소화기를 사용하여 소화 작업을 하고 할 때 올바른 방법은?**

① 바람을 안고 우측에서 좌측을 향해 실시한다.
② 바람을 등지고 좌측에서 우측을 향해 실시한다.
③ 바람을 안고 아래쪽에서 위쪽을 향해 실시한다.
④ 바람을 등지고 위쪽에서 아래쪽을 향해 실시한다.

해설 소화기를 사용하여 소화 작업을 할 경우에는 바람을 등지고 위쪽에서 아래쪽을 향해 실시한다.

51 건설기계에 비치할 가장 적합한 종류의 소화기는?

① 포말 소화기
② 포말B 소화기
③ ABC소화기
④ A급 화재소화기

해설 건설기계에는 ABC소화기를 비치하여야 한다.

52 전기화재에 적합하며 화재 때 화점에 분사하는 소화기로 산소를 차단하는 소화기는?

① 포말 소화기
② 이산화탄소 소화기
③ 분말 소화기
④ 증발 소화기

해설 이산화탄소 소화기는 유류와 전기화재 모두 적용이 가능하나 산소차단(질식작용)에 의해 화염을 진화하기 때문에 실내에서 사용할 때는 특히 주의를 기울여야 한다.

53 화재 및 폭발의 우려가 있는 가스발생장치 작업장에서 지켜야 할 사항으로 맞지 않는 것은?

① 불연성 재료의 사용 금지
② 화기의 사용 금지
③ 인화성 물질 사용 금지
④ 점화의 원인이 될 수 있는 기계 사용 금지

해설 가스발생장치 작업장에서는 가연성 재료를 사용하면 안 된다.

54 화재 발생으로 부득이 화염이 있는 곳을 통과할 때의 요령으로 틀린 것은?

① 몸을 낮게 엎드려서 통과한다.
② 물수건으로 입을 막고 통과한다.
③ 머리카락, 얼굴, 발, 손 등을 불과 닿지 않게 한다.
④ 뜨거운 김은 입으로 마시면서 통과한다.

해설 화염이 있는 곳을 통과할 때에는 몸을 낮게 엎드려서 통과하고, 물수건으로 입을 막고 통과하며, 머리카락, 얼굴, 발, 손 등을 불과 닿지 않게 하고, 뜨거운 김을 마시지 않도록 한다.

55 양중기에 해당되지 않는 것은?

① 곤돌라 ② 크레인
③ 리프트 ④ 지게차

해설 양중기에 해당되는 것은 크레인(호이스트 포함), 이동식 크레인, 리프트, 곤돌라, 승강기이다.

56 운반 작업을 하는 작업장의 통로에서 통과 우선순위로 가장 적당한 것은?

① 짐차 → 빈차 → 사람
② 빈차 → 짐차 → 사람
③ 사람 → 짐차 → 빈차
④ 사람 → 빈차 → 짐차

해설 운반 작업을 하는 작업장의 통로에서 통과 우선순위는 짐차 → 빈차 → 사람이다.

57 공장에서 엔진 등 중량물을 이동하려고 할 때 가장 좋은 방법은?

① 여러 사람이 들고 조용히 움직인다.
② 체인블록이나 호이스트를 사용한다.
③ 로프로 묶어 인력으로 당긴다.
④ 지렛대를 이용하여 움직인다.

해설 중량물을 이동할 때에는 체인블록이나 호이스트를 사용한다.

58 작업장에서 공동 작업으로 물건을 들어 이동할 때 잘못된 것은?

① 힘의 균형을 유지하여 이동할 것
② 불안전한 물건은 드는 방법에 주의할 것
③ 보조를 맞추어 들도록 할 것
④ 운반도중 상대방에게 무리하게 힘을 가할 것

해설 운반도중 상대방에게 무리하게 힘을 가해서는 안 된다.

59 작업 중 기계에 손이 끼어 들어가는 안전사고가 발생했을 경우 우선적으로 해야 할 것은?

① 신고부터 한다.
② 응급처치를 한다.
③ 기계의 전원을 끈다.
④ 신경 쓰지 않고 계속 작업한다.

해설 기계에 손이 끼어 들어가는 안전사고가 발생했을 경우에는 기계의 전원을 꺼야 한다.

60 위험한 작업을 할 때 작업자에게 필요한 조치로 가장 적절한 것은?

① 작업이 끝난 후 즉시 알려주어야 한다.
② 공청회를 통해 알려 주어야 한다.
③ 작업 전 미리 작업자에게 이를 알려 주어야 한다.
④ 작업하고 있을 때 작업자에게 알려 주어야 한다.

해설 위험한 작업을 할 때에는 작업 전에 미리 작업자에게 이를 알려 주어야 한다.

61 작업장에 대한 안전관리상 설명으로 틀린 것은?

① 항상 청결하게 유지한다.
② 작업대 사이 또는 기계 사이의 통로는 안전을 위한 일정한 너비가 필요하다.
③ 공장 바닥은 폐유를 뿌려 먼지가 일어나지 않도록 한다.
④ 전원 콘센트 및 스위치 등에 물을 뿌리지 않는다.

해설 공장 바닥에는 물이나 폐유를 뿌려서는 안 된다.

62 작업 시 준수해야 할 안전사항으로 틀린 것은?

① 대형물건의 기중작업 시 신호 확인을 철저히 할 것
② 고장 중인 기기에는 표시를 해 둘 것
③ 정전 시에는 반드시 전원을 차단할 것
④ 자리를 비울 때 장비 작동은 자동으로 할 것

해설 자리를 비울 때 장비 작동을 정지시켜야 한다.

63 작업장의 사다리식 통로를 설치하는 관련 법상 틀린 것은?

① 견고한 구조로 할 것
② 발판의 간격은 일정하게 할 것
③ 사다리가 넘어지거나 미끄러지는 것을 방지하기 위한 조치를 할 것
④ 사다리식 통로의 길이가 10m 이상인 때에는 접이식으로 설치할 것

해설 사다리식 통로의 길이가 10m 이상인 경우에는 5m 이내마다 계단참을 설치해야 한다.

64 작업장 정리정돈에 대한 설명으로 틀린 것은?

① 사용이 끝난 공구는 즉시 정리한다.
② 공구 및 재료는 일정한 장소에 보관한다.
③ 폐자재는 지정된 장소에 보관한다.
✔④ 통로 한쪽에 물건을 보관한다.

해설 통로 한쪽에 물건을 보관해서는 안 된다.

65 작업장에서 전기가 예고 없이 정전되었을 경우 전기로 작동하던 기계·기구의 조치방법으로 가장 적합하지 않은 것은?

① 즉시 스위치를 끈다.
② 안전을 위해 작업장을 정리해 놓는다.
③ 퓨즈의 단락 유무를 검사한다.
✔④ 전기가 들어오는 것을 알기 위해 스위치를 켜둔다.

해설 정전이 되었을 경우에는 스위치를 OFF시켜야 한다.

66 정비작업 시 안전에 가장 위배되는 것은?

① 깨끗하고 먼지가 없는 작업환경을 조정한다.
② 회전부분에 옷이나 손이 닿지 않도록 한다.
✔③ 연료를 채운 상태에서 연료통을 용접한다.
④ 가연성 물질을 취급 시 소화기를 준비한다.

해설 연료탱크는 폭발할 우려가 있으므로 용접을 해서는 안 된다.

67 밀폐된 공간에서 엔진을 가동할 때 가장 주의하여야 할 사항은?

① 소음으로 인한 추락
✔② 배출가스 중독
③ 진동으로 인한 직업병
④ 작업시간

해설 밀폐된 공간에서 엔진을 가동할 때에는 배출가스 중독에 주의하여야 한다.

68 건설기계 작업 후 점검사항으로 거리가 먼 것은?

① 파이프나 실린더의 누유를 점검한다.
② 작동 시 필요한 소모품의 상태를 점검한다.
③ 겨울철엔 가급적 연료탱크를 가득 채운다.
✔④ 다음날 계속 작업하므로 건설기계의 내·외부는 그대로 둔다.

해설 작업 후에는 건설기계의 내·외부를 청소하여야 한다.

69 건설기계 작업 시 주의사항으로 틀린 것은?

① 운전석을 떠날 경우에는 기관을 정지시킨다.
② 작업 시에는 항상 사람의 접근에 특별히 주의한다.
③ 주행 시는 가능한 한 평탄한 지면으로 주행한다.
✔④ 후진 시는 후진 후 사람 및 장애물 등을 확인한다.

70 **유압장치 작동 시 안전 및 유의사항으로 틀린 것은?**

① 규정의 오일을 사용한다.
② 냉간 시에는 난기운전 후 작업한다.
③ 작동 중 이상소음이 생기면 작업을 중단한다.
✔④ 오일이 부족하면 종류가 다른 오일이라도 보충한다.

해설 오일이 부족할 때 종류가 다른 오일을 보충하면 열화가 발생할 우려가 있다.

71 **세척작업 중 알칼리 또는 산성 세척유가 눈에 들어갔을 경우 가장 먼저 조치하여야 하는 응급처치는?**

✔① 수돗물로 씻어낸다.
② 바람이 부는 쪽을 향해 눈을 크게 뜨고 눈물을 흘린다.
③ 알칼리성 세척유가 눈에 들어가면 붕산수를 구입하여 중화시킨다.
④ 산성 세척유가 눈에 들어가면 병원으로 후송하여 알칼리성으로 중화시킨다.

해설 세척유가 눈에 들어갔을 경우에는 가장 먼저 수돗물로 씻어낸다.

72 **유지보수 작업의 안전에 대한 설명 중 잘못된 것은?**

① 기계는 분해하기 쉬워야 한다.
✔② 보전용 통로는 없어도 가능하다.
③ 기계의 부품은 교환이 용이해야 한다.
④ 작업 조건에 맞는 기계가 되어야 한다.

해설 유지보수 작업을 할 때에는 보전용 통로가 있어야 한다.

73 **기계의 회전부분(기어, 벨트, 체인)에 덮개를 설치하는 이유는?**

① 좋은 품질의 제품을 얻기 위하여
② 회전부분의 속도를 높이기 위하여
③ 제품의 제작과정을 숨기기 위하여
✔④ 회전부분과 신체의 접촉을 방지하기 위하여

해설 기계의 회전부분에 덮개를 설치하는 이유는 회전부분과 신체의 접촉을 방지하기 위함이다.

74 **벨트 전동장치에 내재된 위험적 요소로 의미가 다른 것은?**

① 트랩(trap)
✔② 충격(impact)
③ 접촉(contact)
④ 말림(entanglement)

해설 벨트 전동장치에 내재된 위험적 요소는 트랩, 접촉, 말림이다.

75 **구동벨트를 점검할 때 기관의 상태는?**

① 공회전 상태 ✔② 정지 상태
③ 급가속 상태 ④ 급감속 상태

해설 벨트를 점검하거나 교체할 때에는 반드시 기관의 회전이 정지된 상태에서 해야 한다.

76 **기계장치의 안전관리를 위해 정지 상태에서 점검하는 사항이 아닌 것은?**

① 볼트, 너트의 헐거움
② 벨트 장력상태
③ 장치의 외관상태
✔④ 이상소음 및 진동상태

해설 이상소음 및 진동상태 및 클러치의 작동 상태 등은 기계를 가동시킨 상태에서 점검한다.

77 **기계 및 기계장치를 불안전하게 취급할 수 있는 등 사고가 발생하는 원인과 가장 거리가 먼 것은?**

① 기계 및 기계장치가 너무 넓은 장소에 설치되어 있을 때
② 정리정돈 및 조명장치가 잘되어 있지 않을 때
③ 적합한 공구를 사용하지 않을 때
④ 안전장치 및 보호 장치가 잘되어 있지 않을 때

78 **기계취급에 관한 안전수칙 중 잘못된 것은?**

① 기계운전 중에는 자리를 지킨다.
② 기계의 청소는 작동 중에 수시로 한다.
③ 기계운전 중 정전 시는 즉시 주 스위치를 끈다.
④ 기계공장에서는 반드시 작업복과 안전화를 착용한다.

해설 기계의 청소는 작업이 끝난 후에 하여야 한다.

79 **동력공구 사용 시 주의사항으로 틀린 것은?**

① 보호구는 안 해도 무방하다.
② 에어 그라인더는 회전수에 유의한다.
③ 규정공기 압력을 유지한다.
④ 압축공기 중의 수분을 제거하여 준다.

해설 동력공구를 사용할 때에는 반드시 보호구를 착용하여야 한다.

80 **공기(air)기구 사용 작업에서 적당하지 않은 것은?**

① 공기기구의 섭동부위에 윤활유를 주유하면 안 된다.
② 규정에 맞는 토크를 유지하면서 작업한다.
③ 공기를 공급하는 고무호스가 꺾이지 않도록 한다.
④ 공기기구의 반동으로 생길 수 있는 사고를 미연에 방지한다.

해설 공기기구의 섭동(미끄럼운동) 부위에 윤활유를 주유를 하여야 한다.

81 **수공구 사용상의 안전사고의 원인이 아닌 것은?**

① 잘못된 공구 선택
② 사용법의 미 숙지
③ 공구의 점검 소홀
④ 규격에 맞는 공구 사용

해설 수공구의 안전사고 원인은 잘못된 공구 선택, 사용법의 미 숙지, 공구의 점검 소홀, 규격에 맞지 않는 공구 사용이다.

82 **정비작업에서 공구의 사용법에 대한 내용으로 틀린 것은?**

① 스패너의 자루가 짧다고 느낄 때는 반드시 둥근 파이프로 연결할 것
② 스패너를 사용할 때는 앞으로 당길 것
③ 스패너는 조금씩 돌리며 사용할 것
④ 파이프 렌치는 반드시 둥근 물체에만 사용할 것

해설 스패너의 자루가 짧다고 느낄 때 파이프 등의 연장대를 사용해서는 안 된다.

83 **안전하게 공구를 취급하는 방법으로 적합하지 않은 것은?**

① 공구를 사용한 후 제자리에 정리하여 둔다.
② 끝부분이 예리한 공구 등을 주머니에 넣고 작업을 하여서는 안 된다.
③ 공구를 사용 전에 손잡이에 묻은 기름 등은 닦아내어야 한다.
④ 숙달이 되면 옆 작업자에게 공구를 던져서 전달하여 작업능률을 올린다.

해설 공구를 다른 사람에게 전달할 때 던져서는 안 된다.

84 **볼트, 너트를 조일 때 사용하는 공구가 아닌 것은?**

① 소켓렌치
② 복스렌치
③ 토크렌치
④ 파이프 렌치

해설 파이프 렌치는 파이프 등 둥근 물체를 조이거나 풀 때 사용한다.

85 **스패너 작업방법으로 옳은 것은?**

① 스패너로 볼트를 죌 때는 앞으로 당기고 풀 때는 뒤로 민다.
② 스패너의 입이 너트의 치수보다 조금 큰 것을 사용한다.
③ 스패너 사용 시 몸의 중심을 항상 옆으로 한다.
④ 스패너로 죄고 풀 때는 항상 앞으로 당긴다.

해설 스패너로 볼트나 너트를 죄고 풀 때는 항상 앞으로 당긴다.

86 **6각 볼트, 너트를 조이고 풀 때 가장 적합한 공구는?**

① 바이스 ② 플라이어
③ 드라이버 ④ 복스렌치

해설 6각 볼트, 너트를 조이고 풀 때 가장 적합한 공구는 복스렌치이다.

87 **복스렌치가 오픈엔드렌치보다 비교적 많이 사용되는 이유로 옳은 것은?**

① 두 개를 한 번에 조일 수 있다.
② 마모율이 적고 가격이 저렴하다.
③ 다양한 볼트 너트의 크기를 사용할 수 있다.
④ 볼트와 너트 주위를 감싸 힘의 균형 때문에 미끄러지지 않는다.

해설 복스렌치(box wrench)가 오픈엔드렌치(open end wrench)보다 많이 사용되는 이유는 볼트와 너트 주위를 감싸 힘의 균형 때문에 미끄러지지 않기 때문이다.

88 **볼트, 너트를 가장 안전하게 조이거나 풀 수 있는 공구는?**

① 파이프 렌치 ② 스패너
③ 6각 소켓렌치 ④ 조정렌치

해설 소켓렌치(socket wrench)는 볼트, 너트를 가장 안전하게 조이거나 풀 수 있다.

89 **토크렌치 사용방법으로 올바른 것은?**

① 핸들을 잡고 밀면서 사용한다.
② 토크 증대를 위해 손잡이에 파이프를 끼워서 사용하는 것이 좋다.
③ 게이지에 관계없이 볼트 및 너트를 조이면 된다.
④ 볼트나 너트 조임력을 규정 값에 정확히 맞도록 하기 위해 사용한다.

해설 **토크렌치 사용방법**
- 볼트나 너트 조임력을 규정 값에 정확히 맞도록 하기 위해 사용한다.
- 핸들을 잡고 당기면서 사용한다.
- 토크 증대를 위해 손잡이에 파이프를 끼우고 사용해서는 안 된다.
- 게이지를 보면서 볼트 및 너트를 조인다.

90 **해머작업 시 틀린 것은?**

① 장갑을 끼지 않는다.
② 작업에 알맞은 무게의 해머를 사용한다.
③ 해머는 처음부터 힘차게 때린다.
④ 자루가 단단한 것을 사용한다.

해설 타격할 때 처음과 마지막에 힘을 많이 가하지 말아야 한다.

91 **드라이버 사용 시 주의할 점으로 틀린 것은?**

① 규격에 맞는 드라이버를 사용한다.
② 드라이버는 지렛대 대신으로 사용하지 않는다.
③ 클립(clip)이 있는 드라이버는 옷에 걸고 다녀도 무방하다.
④ 잘 풀리지 않는 나사는 플라이어를 이용하여 강제로 뺀다.

해설 잘 풀리지 않는 나사를 플라이어를 이용하여 강제로 빼면 나사머리 부분이 손상되기 쉽다.

92 **정(chisel) 작업 시 안전수칙으로 부적합한 것은?**

① 담금질한 재료를 정으로 타격해서는 안 된다.
② 기름을 깨끗이 닦은 후에 사용한다.
③ 머리가 벗겨진 것은 사용하지 않는다.
④ 차광안경을 착용한다.

해설 정 작업을 할 때에는 보안경을 착용하여야 한다.

96 **산소가스 용기의 도색으로 맞는 것은?**

① 녹색 ② 노란색
③ 흰색 ④ 갈색

해설 산소용기의 도색은 녹색이다.

93 **드릴작업 시 주의사항으로 틀린 것은?**

① 작업이 끝나면 드릴을 척에서 빼놓는다.
② 칩을 털어낼 때는 칩 털이를 사용한다.
③ 공작물은 움직이지 않게 고정한다.
④ 드릴이 움직일 때는 칩을 손으로 치운다.

해설 칩은 작업이 끝난 후 솔로 치워야 한다.

94 **연삭작업 시 주의사항으로 틀린 것은?**

① 숫돌 측면을 사용하지 않는다.
② 작업은 반드시 보안경을 쓰고 작업한다.
③ 연삭작업은 숫돌 차의 정면에 서서 작업한다.
④ 연삭숫돌에 일감을 세게 눌러 작업하지 않는다.

해설 연삭작업은 숫돌 차의 측면에 서서 작업한다.

95 **전등의 스위치가 옥내에 있으면 안 되는 것은?**

✔① 카바이드 저장소
② 건설기계 차고
③ 공구창고
④ 절삭유 저장소

해설 카바이드에서는 아세틸렌가스가 발생하므로 전등 스위치가 옥내에 있으면 안 된다.

97 **산소-아세틸렌 가스용접에 의해 발생되는 재해가 아닌 것은?**

① 폭발 ② 화재
✔③ 감전 ④ 가스점화

98 **가스용접의 안전사항으로 적합하지 않은 것은?**

✔① 토치에 점화시킬 때에는 산소밸브를 먼저 열고 다음에 아세틸렌 밸브를 연다.
② 산소누설 시험에는 비눗물을 사용한다.
③ 토치 끝으로 용접물의 위치를 바꾸면 안 된다.
④ 용접가스를 들이 마시지 않도록 한다.

해설 토치에 점화시킬 때에는 아세틸렌 밸브를 먼저 열고 점화시킨 다음에 산소밸브를 연다.

99 **가스용접 시 사용하는 봄베의 안전수칙으로 틀린 것은?**

① 봄베를 넘어뜨리지 않는다.
② 봄베를 던지지 않는다.
③ 산소 봄베는 40℃ 이하에서 보관한다.
✔④ 봄베 몸통에는 녹슬지 않도록 그리스를 바른다.

해설 봄베 몸통, 밸브, 조정기, 도관 등에 그리스를 발라서는 안 된다.

100 **전기용접의 아크 빛으로 인해 눈이 혈안이 되고 눈이 붓는 경우가 있다. 이럴 때 응급조치 사항으로 가장 적절한 것은?**

① 안약을 넣고 계속 작업한다.
② 눈을 잠시 감고 안정을 취한다.
③ 소금물로 눈을 세정한 후 작업한다.
✔④ 냉습포를 눈 위에 올려놓고 안정을 취한다.

해설 전기용접의 아크 빛으로 인해 눈이 혈안이 되고 눈이 붓는 경우에는 냉습포를 눈 위에 올려놓고 안정을 취한다.

Chapter 

04 | 건설기계관리법규 빈출 예상문제

01 건설기계관리법의 입법 목적에 해당되지 않는 것은?

① 건설기계의 효율적인 관리를 하기 위함
② 건설기계 안전도 확보를 위함
③ 건설기계의 규제 및 통제를 하기 위함
④ 건설공사의 기계화를 촉진함

해설 건설기계관리법의 목적은 건설기계의 등록·검사·형식승인 및 건설기계사업과 건설기계조종사 면허 등에 관한 사항을 정하여 건설기계를 효율적으로 관리하고 건설기계의 안전도를 확보하여 건설공사의 기계화를 촉진함을 목적으로 한다.

02 건설기계관리법상 건설기계의 등록신청은 누구에게 하여야 하는가?

① 사용본거지를 관할하는 읍·면장
② 사용본거지를 관할하는 시·도지사
③ 사용본거지를 관할하는 검사대행장
④ 사용본거지를 관할하는 경찰서장

해설 건설기계를 등록하려는 건설기계의 소유자는 건설기계등록신청서에 건설기계소유자의 주소지 또는 건설기계의 사용본거지를 관할하는 특별시장·광역시장·도지사 또는 특별자치도지사(이하 "시·도지사")에게 제출하여야 한다.

03 건설기계관리법에서 정의한 건설기계 형식으로 가장 옳은 것은?

① 엔진구조 및 성능을 말한다.
② 형식 및 규격을 말한다.
③ 성능 및 용량을 말한다.
④ 구조·규격 및 성능 등에 관하여 일정하게 정한 것을 말한다.

해설 건설기계형식이란 건설기계의 구조·규격 및 성능 등에 관하여 일정하게 정한 것을 말한다.

04 건설기계관리법령상 건설기계의 정의를 가장 올바르게 한 것은?

① 건설공사에 사용할 수 있는 기계로서 대통령령이 정하는 것
② 건설현장에서 운행하는 장비로서 대통령령이 정하는 것
③ 건설공사에 사용할 수 있는 기계로서 국토교통부령이 정하는 것
④ 건설현장에서 운행하는 장비로서 국토교통부령이 정하는 것

해설 건설기계란 건설공사에 사용할 수 있는 기계로서 대통령령으로 정하는 것을 말한다.

05 건설기계 등록신청 시 첨부하지 않아도 되는 서류는?

① 호적등본
② 건설기계 소유자임을 증명하는 서류
③ 건설기계제작증
④ 건설기계제원표

해설 **건설기계 등록신청 시 첨부서류**

- 해당 건설기계의 출처를 증명하는 서류
  - 국내에서 제작한 건설기계 : 건설기계제작증
  - 수입한 건설기계 : 수입면장 등 수입사실을 증명하는 서류
  - 행정기관으로부터 매수한 건설기계 : 매수증서
- 건설기계의 소유자임을 증명하는 서류
- 건설기계제원표
- 「자동차손해배상 보장법」에 따른 보험 또는 공제의 가입을 증명하는 서류

06 **건설기계관리법상 건설기계의 소유자는 건설기계를 취득한 날부터 얼마 이내에 건설기계 등록신청을 해야 하는가?**

✓① 2월 이내 ② 3월 이내
③ 6월 이내 ④ 1년 이내

해설 건설기계등록신청은 건설기계를 취득한 날(판매를 목적으로 수입된 건설기계의 경우에는 판매한 날을 말한다)부터 2월 이내에 하여야 한다. 다만, 전시·사변 기타 이에 준하는 국가비상사태하에 있어서는 5일 이내에 신청하여야 한다.

07 **신개발 건설기계의 시험·연구 목적 운행을 제외한 건설기계의 임시운행기간은 며칠 이내인가?**

① 5일 ② 10일
✓③ 15일 ④ 20일

해설 임시운행기간은 15일 이내로 한다. 다만, 신개발 건설기계를 시험·연구의 목적으로 운행하는 경우에는 3년 이내로 한다.

08 **건설기계의 소유자는 건설기계등록사항에 변경이 있을 때(전시·사변 기타 이에 준하는 비상사태 및 상속 시의 경우는 제외)에는 등록사항의 변경신고를 변경이 있는 날부터 며칠 이내에 하여야 하는가?**

① 10일 ② 15일
③ 20일 ✓④ 30일

해설 건설기계의 소유자는 건설기계등록사항에 변경(주소지 또는 사용본거지가 변경된 경우를 제외)이 있는 때에는 그 변경이 있은 날부터 30일(상속의 경우에는 상속개시일부터 6개월) 이내에 건설기계등록사항변경신고서(전자문서로 된 신고서를 포함)에 서류(전자문서를 포함)를 첨부하여 등록을 한 시·도지사에게 제출하여야 한다. 다만, 전시·사변 기타 이에 준하는 국가비상사태하에 있어서는 5일 이내에 하여야 한다.

09 **건설기계 소유자는 등록한 주소지 또는 사용본거지가 변경된 경우 어떤 신고를 해야 하는가?**

① 등록사항 변경신고를 하여야 한다.
✓② 등록이전신고를 하여야 한다.
③ 건설기계소재지 변동신고를 한다.
④ 등록지의 변경 시에는 아무 신고도 하지 않는다.

해설 **등록이전**
건설기계의 소유자는 등록한 주소지 또는 사용본거지가 변경된 경우(시·도간의 변경이 있는 경우)에는 그 변경이 있은 날부터 30일(상속의 경우에는 상속개시일부터 6개월) 이내에 건설기계등록이전신고서에 소유자의 주소 또는 건설기계의 사용본거지의 변경사실을 증명하는 서류와 건설기계등록증 및 건설기계검사증을 첨부하여 새로운 등록지를 관할하는 시·도지사에게 제출(전자문서에 의한 제출을 포함)하여야 한다.

10 **건설기계에서 등록의 경정은 어느 때 하는가?**

✓① 등록을 행한 후에 그 등록에 관하여 착오 또는 누락이 있음을 발견한 때
② 등록을 행한 후에 소유권이 이전되었을 때
③ 등록을 행한 후에 등록지가 이전되었을 때
④ 등록을 행한 후에 소재지가 변동되었을 때

해설 **등록의 경정**
시·도지사는 등록을 행한 후에 그 등록에 관하여 착오 또는 누락이 있음을 발견한 때에는 부기로써 경정등록을 하고, 그 뜻을 지체 없이 등록명의인 및 그 건설기계의 검사대행자에게 통보하여야 한다.

11 **소유자의 신청이나 시·도지사의 직권으로 건설기계의 등록을 말소할 수 있는 경우가 아닌 것은?**

① 건설기계를 수출하는 경우
② 건설기계를 도난당한 경우
③ 건설기계 정기검사에 불합격된 경우
④ 건설기계의 차대가 등록 시의 차대와 다른 경우

해설 **소유자의 신청이나 시·도지사의 직권으로 등록을 말소할 수 있는 경우**
- 거짓이나 그 밖의 부정한 방법으로 등록을 한 경우
- 건설기계가 천재지변 또는 이에 준하는 사고 등으로 사용할 수 없게 되거나 멸실된 경우
- 건설기계의 차대(車臺)가 등록 시의 차대와 다른 경우
- 건설기계가 건설기계안전기준에 적합하지 아니하게 된 경우
- 정기검사 명령, 수시검사 명령 또는 정비명령에 따르지 아니한 경우
- 건설기계를 수출하는 경우
- 건설기계를 도난당한 경우
- 건설기계를 폐기한 경우
- 건설기계해체재활용업을 등록한 자에게 폐기를 요청한 경우
- 구조적 제작 결함 등으로 건설기계를 제작자 또는 판매자에게 반품한 경우
- 건설기계를 교육·연구 목적으로 사용하는 경우
- 대통령령으로 정하는 내구연한을 초과한 건설기계
- 건설기계를 횡령 또는 편취당한 경우

12 **건설기계 소유자는 건설기계를 도난당한 날로부터 얼마 이내에 등록말소를 신청해야 하는가?**

① 30일 이내 ② 2개월 이내
③ 3개월 이내 ④ 6개월 이내

해설 건설기계를 도난당한 경우 사유가 발생한 날부터 2개월 이내에 등록말소를 신청해야 한다.

13 **건설기계 등록말소 신청서의 첨부서류가 아닌 것은?**

① 건설기계등록증
② 건설기계검사증
③ 건설기계운행증
④ 건설기계의 멸실·도난·수출·폐기·폐기요청·반품 및 교육·연구 목적 사용 등 등록말소사유를 확인할 수 있는 서류

해설 **등록말소 신청서의 첨부서류**
- 건설기계등록증
- 건설기계검사증
- 멸실·도난·수출·폐기·폐기요청·반품 및 교육·연구 목적 사용 등 등록말소사유를 확인할 수 있는 서류

15 **건설기계관리법령상 건설기계사업의 종류가 아닌 것은?**

① 건설기계매매업
② 건설기계대여업
③ 건설기계해체재활용업
④ 건설기계제작업

해설 건설기계 사업의 종류에는 매매업, 대여업, 해체재활용업, 정비업이 있다.

16 **건설기계사업을 영위하고자 하는 자는 누구에게 등록하여야 하는가?**

① 시장·군수 또는 자치구의 구청장
② 전문 건설기계정비업자
③ 국토교통부장관
④ 건설기계 폐기업자

해설 건설기계사업을 하려는 자(지방자치단체는 제외한다)는 대통령령으로 정하는 바에 따라 사업의 종류별로 특별자치시장·특별자치도지사·시장·군수 또는 자치구의 구청장에게 등록하여야 한다.

14 **시·도지사는 건설기계 등록원부를 건설기계의 등록을 말소한 날부터 몇 년간 보존하여야 하는가?**

① 1년　② 3년
③ 5년　✔ 10년

해설 시·도지사는 건설기계등록원부를 건설기계의 등록을 말소한 날부터 10년간 보존하여야 한다.

17 **건설기계대여업의 등록 시 필요 없는 서류는?**

① 주기장시설 보유확인서
② 건설기계 소유사실을 증명하는 서류
③ 사무실의 소유권 또는 사용권이 있음을 증명하는 서류
✔ 모든 종업원의 신원증명서

해설 **건설기계대여업의 등록 시 필요한 서류**
- 건설기계 소유사실을 증명하는 서류
- 사무실의 소유권 또는 사용권이 있음을 증명하는 서류
- 주기장소재지를 관할하는 시장·군수·구청장이 발급한 주기장시설보유확인서
- 2인 이상의 법인 또는 개인이 공동으로 건설기계대여업을 영위하려는 경우에는 각 구성원은 그 영업에 관한 권리·의무에 관하여 국토교통부령이 정하는 바에 따른 계약서 사본

18 **건설기계 폐기인수증명서는 누가 교부하는가?**

① 시·도지사
② 국토교통부장관
③ 시장·군수
✔ 건설기계해체재활용업자

해설 건설기계해체재활용업자는 건설기계의 폐기요청을 받은 때에는 폐기대상 건설기계를 인수한 후 폐기요청을 한 건설기계소유자에게 폐기대상건설기계 인수증명서를 발급하여야 한다.

19 **건설기계 매매업의 등록을 하고자 하는 자의 구비서류로 맞는 것은?**

① 건설기계 매매업 등록필증
② 건설기계보험증서
③ 건설기계등록증
✔ 5천만 원 이상의 하자보증금예치증서 또는 보증보험증서

해설 **매매업의 등록을 하고자 하는 자의 구비서류**
- 사무실의 소유권 또는 사용권이 있음을 증명하는 서류
- 주기장소재지를 관할하는 시장·군수·구청장이 발급한 주기장시설보유 확인서
- 5천만 원 이상의 하자보증금예치증서 또는 보증보험증서

20 **건설기계소유자에게 등록번호표제작 등을 할 것을 통지하거나 명령을 할 수 있는 기관의 장은?**

① 국토교통부장관
② 행정안전부장관
③ 경찰청장
✔ 시·도지사

해설 시·도지사는 건설기계소유자에게 등록번호표제작 등을 할 것을 통지하거나 명령해야 한다.

21 **시·도지사로부터 등록번호표 제작통지 등에 관한 통지서를 받은 건설기계소유자는 받은 날로부터 며칠 이내에 등록번호표 제작자에게 제작 신청을 하여야 하는가?**

✔ 3일　② 10일
③ 20일　④ 30일

해설 시·도지사로부터 등록번호표 제작통지를 받은 건설기계 소유자는 3일 이내에 등록번호표 제작자에게 제작신청을 하여야 한다.

22 **건설기계 등록번호표에 표시되지 않는 것은?**

① 기종 ② 등록번호
③ 등록관청 ④ 건설기계 연식

해설 건설기계 등록번호표에는 기종, 등록관청, 등록번호, 용도 등이 표시된다.

23 **건설기계등록번호표의 색상으로 틀린 것은?**

① 자가용 – 흰색 바탕에 검은색 문자
② 대여사업용 – 주황색 바탕에 검은색 문자
③ 관용 – 흰색 바탕에 검은색 문자
④ 수입용 – 적색 바탕에 흰색 문자

해설 **등록번호표의 색상**
- 비사업용(관용 또는 자가용) : 흰색 바탕에 검은색 문자
- 대여사업용 : 주황색 바탕에 검은색 문자
- 임시운행 번호표 : 흰색 페인트 판에 검은색 문자

24 **건설기계 등록번호표 중 관용에 해당하는 것은?**

① 6000~9999 ② 6001~8999
③ 0001~0999 ④ 1000~5999

해설 **건설기계 등록번호표**
- 관용 : 0001~0999
- 자가용 : 1000~5999
- 대여사업용 : 6000~9999

25 **건설기계관리법령상 건설기계 검사의 종류가 아닌 것은?**

① 구조변경검사 ② 임시검사
③ 수시검사 ④ 신규 등록검사

해설 건설기계 검사의 종류에는 신규 등록검사, 정기검사, 구조변경검사, 수시검사가 있다.

26 **건설기계 등록번호표의 봉인이 없어지거나 헐어 못쓰게 된 경우에 조치방법으로 올바른 것은?**

① 운전자가 즉시 수리한다.
② 관할 시·도지사에게 봉인을 신청한다.
③ 관할 검사소에 봉인을 신청한다.
④ 가까운 카센터에서 신속하게 봉인한다.

해설 건설기계소유자가 등록번호표나 봉인이 없어지거나 헐어 못쓰게 되어 이를 다시 부착하거나 봉인하려는 경우에는 건설기계등록번호표제작등신청서에 등록번호표(헐어 못쓰게 된 경우에 한한다)를 첨부하여 시 · 도지사에게 제출해야 한다.

27 **건설기계등록을 말소한 때에는 등록번호표를 며칠 이내에 시·도지사에게 반납하여야 하는가?**

① 10일 ② 15일
③ 20일 ④ 30일

해설 등록된 건설기계의 소유자는 10일 이내에 등록번호표의 봉인을 떼어낸 후 그 등록번호표를 국토교통부령으로 정하는 바에 따라 시·도지사에게 반납하여야 한다.

28 **건설기계관리법령상 건설기계를 검사유효기간이 끝난 후에 계속 운행하고자 할 때는 어느 검사를 받아야 하는가?**

① 신규등록검사 ② 계속검사
③ 수시검사 ④ 정기검사

해설 **정기검사**
- 건설공사용 건설기계로서 3년의 범위에서 국토교통부령으로 정하는 검사유효기간이 끝난 후에 계속하여 운행하려는 경우에 실시하는 검사
- 대기환경보전법 및 소음·진동관리법에 따른 운행차의 정기검사

29 **성능이 불량하거나 사고가 자주 발생하는 건설기계의 안전성 등을 점검하기 위하여 실시하는 검사와 건설기계 소유자의 신청을 받아 실시하는 검사는?**

① 예비검사 ② 구조변경검사
③ 수시검사 ④ 정기검사

해설 **수시검사**
- 성능이 불량하거나 사고가 자주 발생하는 건설기계의 안전성 등을 점검하기 위하여 수시로 실시하는 검사
- 건설기계 소유자의 신청을 받아 실시하는 검사

30 **정기검사대상 건설기계의 정기검사 신청기간으로 옳은 것은?**

① 건설기계의 정기검사 유효기간 만료일 전후 45일 이내에 신청한다.
② 건설기계의 정기검사 유효기간 만료일 전 91일 이내에 신청한다.
③ 건설기계의 정기검사 유효기간 만료일 전후 각각 31일 이내에 신청한다.
④ 건설기계의 정기검사 유효기간 만료일 후 61일 이내에 신청한다.

해설 정기검사를 받으려는 자는 검사유효기간의 만료일 전후 각각 31일 이내의 기간에 정기검사신청서를 시·도지사에게 제출해야 한다.

31 **정기검사신청을 받은 검사대행자는 며칠 이내에 검사일시 및 장소를 신청인에게 통지하여야 하는가?**

① 20일 ② 15일
③ 5일 ④ 3일

해설 정기검사신청을 받은 검사대행자는 5일 이내에 검사일시 및 장소를 신청인에게 통지하여야 한다. 검사신청을 받은 시·도지사 또는 검사대행자는 신청을 받은 날부터 5일 이내에 검사일시와 검사장소를 지정하여 신청인에게 통지해야 한다.

32 **건설기계의 정기검사 신청기간 내에 정기검사를 받은 경우 정기검사 유효기간 시작일을 바르게 설명한 것은?**

① 유효기간에 관계없이 검사를 받은 다음 날부터
② 유효기간 내에 검사를 받은 것은 유효기간 만료일부터
③ 유효기간 내에 검사를 받은 것은 종전 검사유효기간 만료일 다음 날부터
④ 유효기간에 관계없이 검사를 받은 날부터

해설 유효기간의 산정은 정기검사신청기간까지 정기검사를 신청한 경우에는 종전 검사유효기간 만료일의 다음 날부터, 그 외의 경우에는 검사를 받은 날의 다음 날부터 기산한다.

33 **건설기계의 검사를 연장 받을 수 있는 기간을 잘못 설명한 것은?**

① 해외임대를 위하여 일시 반출된 경우 – 반출기간 이내
② 압류된 건설기계의 경우 – 압류기간 이내
③ 사업의 휴업을 신고한 경우 – 해당 사업의 개시신고를 하는 때까지
④ 장기간 수리가 필요한 경우 – 소유자가 원하는 기간

해설 **검사를 연장 받을 수 있는 기간**
- 해외임대를 위하여 일시 반출되는 건설기계의 경우에는 반출기간 이내
- 압류된 건설기계의 경우에는 그 압류기간 이내
- 타워크레인 또는 천공기(터널보링식 및 실드굴진식으로 한정)가 해체된 경우에는 해체되어 있는 기간 이내
- 당해 사업의 휴지를 신고한 경우에는 당해 사업의 개시신고를 하는 때까지

34 건설기계의 정기검사 연기사유에 해당되지 않는 것은?

✔① 7일 이내의 건설기계 정비
② 건설기계의 도난
③ 건설기계의 사고 발생
④ 천재지변

해설 연기사유는 천재지변, 건설기계의 도난, 사고 발생, 압류, 31일 이상에 걸친 정비 또는 그 밖의 부득이한 사유 등이 있다.

35 건설기계 소유자는 건설기계의 도난, 사고 발생 등 부득이한 사유로 정기검사 신청기간 내에 검사를 신청할 수 없는 경우에 연기신청은 언제까지 하여야 하는가?

① 신청기간 만료일 10일 전까지
② 검사유효기간 만료일까지
✔③ 신청기간 만료일까지
④ 검사신청기간 만료일로부터 10일 이내

해설 신청기간 내에 검사를 신청할 수 없는 경우에는 정기검사 등의 신청기간 만료일까지 검사·명령이행 기간 연장신청서에 연장사유를 증명할 수 있는 서류를 첨부하여 시·도지사에게 제출해야 한다.

36 건설기계의 소유자는 건설기계검사기준의 부적합판정을 받은 항목에 대하여 부적합판정을 받은 날부터 며칠 이내에 이를 보완하여 보완항목에 대한 재검사를 신청할 수 있는가?

✔① 10일 ② 20일
③ 30일 ④ 60일

해설 건설기계의 소유자는 부적합판정을 받은 항목에 대하여 부적합판정을 받은 날부터 10일(이하 "재검사기간") 이내에 이를 보완하여 보완항목에 대한 재검사를 신청할 수 있다.

37 검사소 이외의 장소에서 출장검사를 받을 수 있는 건설기계에 해당하는 것은?

① 덤프트럭
② 콘크리트믹서트럭
③ 아스팔트살포기
✔④ 지게차

해설 **검사소에서 검사를 받아야 하는 건설기계**
- 덤프트럭
- 콘크리트믹서트럭
- 콘크리트펌프(트럭적재식)
- 아스팔트살포기
- 트럭지게차

38 건설기계의 출장검사가 허용되는 경우가 아닌 것은?

① 도서지역에 있는 건설기계
✔② 너비가 2.0미터를 초과하는 건설기계
③ 최고속도가 시간당 35킬로미터 미만인 건설기계
④ 자체중량이 40톤을 초과하거나 축하중이 10톤을 초과하는 건설기계

해설 **건설기계가 위치한 장소에서 검사 가능한 경우**
- 도서지역에 있는 경우
- 자체중량이 40톤을 초과하거나 축하중이 10톤을 초과하는 경우
- 너비가 2.5미터를 초과하는 경우
- 최고속도가 시간당 35킬로미터 미만인 경우

39 건설기계의 정비명령은 누구에게 하여야 하는가?

① 해당 건설기계 운전자
② 해당 건설기계 검사업자
③ 해당 건설기계 정비업자
✔④ 해당 건설기계 소유자

해설 정비명령은 검사에 불합격한 해당 건설기계 소유자에게 한다.

40 **건설기계관리법령상 건설기계의 구조를 변경할 수 있는 범위에 해당되는 것은?**

① 원동기의 형식변경
② 건설기계의 기종변경
③ 육상작업용 건설기계의 규격을 증가시키기 위한 구조변경
④ 육상작업용 건설기계의 적재함 용량을 증가시키기 위한 구조변경

해설 **건설기계의 구조변경을 할 수 없는 범위**
- 건설기계의 기종변경
- 육상작업용 건설기계의 규격을 증가시키기 위한 구조변경
- 육상작업용 건설기계의 적재함 용량을 증가시키기 위한 구조변경

41 **건설기계조종사면허의 결격사유에 해당되지 않는 것은?**

① 18세 미만인 사람
② 정신질환자 또는 뇌전증환자
③ 마약·대마·향정신성의약품 또는 알코올 중독자
④ 파산자로서 복권되지 않은 사람

해설 **건설기계조종사면허의 결격사유**
- 18세 미만인 사람
- 건설기계 조종상의 위험과 장해를 일으킬 수 있는 정신질환자 또는 뇌전증환자로서 국토교통부령으로 정하는 사람
- 앞을 보지 못하는 사람, 듣지 못하는 사람, 그 밖에 국토교통부령으로 정하는 장애인
- 건설기계 조종상의 위험과 장해를 일으킬 수 있는 마약·대마·향정신성의약품 또는 알코올중독자로서 국토교통부령으로 정하는 사람
- 건설기계조종사면허가 취소된 날부터 1년(거짓이나 그 밖의 부정한 방법으로 건설기계조종사면허를 받은 경우와 건설기계조종사면허의 효력정지기간 중 건설기계를 조종한 경우의 사유로 취소된 경우에는 2년)이 지나지 아니하였거나 건설기계조종사면허의 효력정지처분 기간 중에 있는 사람

42 **건설기계의 제동장치에 대한 정기검사를 면제 받고자 하는 경우 첨부하여야 하는 서류는?**

① 건설기계 매매업 신고서
② 건설기계 대여업 신고서
③ 건설기계 제동장치 정비확인서
④ 건설기계 해체재활용업 신고서

해설 건설기계의 제동장치에 대한 정기검사를 면제 받으려는 자는 정기검사 신청 시에 해당 건설기계 정비업자가 발행한 건설기계제동장치정비확인서를 시·도지사 또는 검사대행자에게 제출해야 한다.

43 **건설기계조종사면허증 발급신청 시 첨부하는 서류와 가장 거리가 먼 것은?**

① 신체검사서
② 국가기술자격 수첩
③ 주민등록표 등본
④ 소형건설기계 조종교육 이수증

해설 **면허증 발급신청 할 때 첨부하는 서류**
- 신체검사서
- 소형건설기계조종교육이수증(소형건설기계조종사면허증을 발급 신청하는 경우에 한정한다)
- 건설기계조종사면허증(건설기계조종사면허를 받은 자가 면허의 종류를 추가하고자 하는 때에 한한다)
- 신청일 전 6개월 이내에 모자 등을 쓰지 않고 촬영한 천연색 상반신 정면사진 1장
- 국가기술자격증 정보(소형건설기계조종사면허증을 발급신청하는 경우는 제외한다)
- 자동차운전면허 정보(3톤 미만의 지게차를 조종하려는 경우에 한정한다)

44 **건설기계조종사면허가 취소되었을 경우 그 사유가 발생한 날부터 며칠 이내에 면허증을 반납하여야 하는가?**

① 7일 이내 ② 10일 이내
③ 14일 이내 ④ 30일 이내

해설 건설기계조종사면허를 받은 사람은 그 사유가 발생한 날부터 10일 이내에 시장·군수 또는 구청장에게 그 면허증을 반납해야 한다.

45 도로교통법상 규정한 운전면허를 받아 조종할 수 있는 건설기계가 아닌 것은?

① 타워크레인
② 덤프트럭
③ 콘크리트펌프
④ 콘크리트믹서트럭

해설 **운전면허를 받아 조종하여야 하는 건설기계**
덤프트럭, 아스팔트살포기, 노상안정기, 콘크리트믹서트럭, 콘크리트펌프, 천공기(트럭적재식을 말한다), 특수건설기계 중 국토교통부장관이 지정하는 건설기계

46 건설기계조종사의 면허적성검사 기준으로 틀린 것은?

① 두 눈의 시력이 각각 0.3 이상
② 두 눈을 동시에 뜨고 측정한 시력이 0.7 이상
③ 시각은 150도 이상
④ 청력은 10데시벨의 소리를 들을 수 있을 것

해설 **건설기계조종사의 적성검사의 기준**
- 두 눈을 동시에 뜨고 잰 시력(교정시력을 포함한다. 이하 이호에서 같다)이 0.7 이상이고 두 눈의 시력이 각각 0.3 이상일 것
- 55데시벨(보청기를 사용하는 사람은 40데시벨)의 소리를 들을 수 있고, 언어분별력이 80퍼센트 이상일 것
- 시각은 150도 이상일 것
- 건설기계 조종상의 위험과 장해를 일으킬 수 있는 정신질환자 또는 뇌전증환자로서 국토교통부령으로 정하는 사람의 규정에 의한 사유에 해당되지 아니할 것
- 건설기계 조종상의 위험과 장해를 일으킬 수 있는 마약·대마·향정신성의약품 또는 알코올중독자로서 국토교통부령으로 정하는 사람의 규정에 의한 사유에 해당되지 아니할 것

47 건설기계관리법령상 건설기계정비업의 등록구분으로 옳은 것은?

① 종합건설기계정비업, 부분건설기계정비업, 전문건설기계정비업
② 종합건설기계정비업, 단종건설기계정비업, 전문건설기계정비업
③ 부분건설기계정비업, 전문건설기계정비업, 개별건설기계정비업
④ 종합건설기계정비업, 특수건설기계정비업, 전문건설기계정비업

해설 건설기계정비업의 구분에는 종합건설기계정비업, 부분건설기계정비업, 전문건설기계정비업 등이 있다.

48 건설기계관리법령상 건설기계조종사면허 취소 또는 효력정지를 시킬 수 있는 자는?

① 대통령
② 경찰서장
③ 시장·군수 또는 구청장
④ 국토교통부장관

해설 시장·군수 또는 구청장은 건설기계조종사면허를 취소하거나 1년 이내의 기간을 정하여 건설기계조종사면허의 효력을 정지시킬 수 있다.

49 건설기계조종사면허증의 반납사유에 해당하지 않는 것은?

① 면허가 취소된 때
② 면허의 효력이 정지된 때
③ 건설기계 조종을 하지 않을 때
④ 면허증의 재교부를 받은 후 잃어버린 면허증을 발견한 때

해설 **건설기계조종사면허증의 반납**
- 면허가 취소된 때
- 면허의 효력이 정지된 때
- 면허증의 재교부를 받은 후 잃어버린 면허증을 발견한 때

50 **건설기계관리법령상 건설기계조종사면허의 취소사유가 아닌 것은?**

① 고의로 인명피해(사망, 중상, 경상 등)를 입힌 경우
② 건설기계조종사면허증을 다른 사람에게 빌려 준 경우
③ 등록이 말소된 건설기계를 조종한 경우
④ 부정한 방법으로 건설기계조종사 면허를 받은 경우

해설 등록이 말소된 건설기계를 조종한 자는 2년 이하의 징역 또는 2천만 원 이하의 벌금에 처한다.

51 **건설기계운전 면허의 효력정지 사유가 발생한 경우, 건설기계관리법상 효력정지 기간으로 옳은 것은?**

① 1년 이내 ② 6월 이내
③ 5년 이내 ④ 3년 이내

해설 시장·군수 또는 구청장은 국토교통부령으로 정하는 바에 따라 건설기계조종사면허를 취소하거나 1년 이내의 기간을 정하여 건설기계조종사면허의 효력을 정지시킬 수 있다.

52 **건설기계의 조종 중 고의 또는 과실로 가스공급시설을 손괴할 경우 조종사면허의 처분기준은?**

① 면허효력정지 10일
② 면허효력정지 15일
③ 면허효력정지 25일
④ 면허효력정지 180일

해설 건설기계의 조종 중 고의 또는 과실로 「도시가스사업법」에 따른 가스공급시설을 손괴하거나 가스공급시설의 기능에 장애를 입혀 가스의 공급을 방해한 경우 면허효력정지 180일이다.

53 **건설기계의 조종 중 사망 1명의 인명피해를 입힌 때 조종사면허 처분기준은?**

① 면허취소
② 면허효력정지 60일
③ 면허효력정지 45일
④ 면허효력정지 30일

해설 **인명피해에 따른 면허정지기간**
- 사망 1명마다 : 면허효력정지 45일
- 중상 1명마다 : 면허효력정지 15일
- 경상 1명마다 : 면허효력정지 5일

54 **등록되지 아니한 건설기계를 사용하거나 운행한 자에 대한 벌칙은?**

① 50만 원 이하의 벌금
② 100만 원 이하의 벌금
③ 1년 이하의 징역 또는 1천만 원 이하의 벌금
④ 2년 이하의 징역 또는 2천만 원 이하의 벌금

해설 등록되지 아니한 건설기계를 사용하거나 운행한 자는 2년 이하의 징역 또는 2천만 원 이하의 벌금에 처한다.

55 **건설기계조종사면허를 받지 아니하고 건설기계를 조종한 자에 대한 벌칙 기준은?**

① 2년 이하의 징역 또는 1천만 원 이하의 벌금
② 1년 이하의 징역 또는 1천만 원 이하의 벌금
③ 200만 원 이하의 벌금
④ 100만 원 이하의 벌금

해설 건설기계조종사면허를 받지 아니하고 건설기계를 조종한 자는 1년 이하의 징역 또는 1,000만 원 이하의 벌금에 처한다.

56 건설기계를 도로나 타인의 토지에 버려둔 자에 대해 적용하는 벌칙은?

① 1천만 원 이하의 벌금
② 2천만 원 이하의 벌금
③ 1년 이하의 징역 또는 1천만 원 이하의 벌금
④ 2년 이하의 징역 또는 2천만 원 이하의 벌금

해설 건설기계를 도로나 타인의 토지에 버려둔 자는 1년 이하의 징역 또는 1천만 원 이하의 벌금에 처한다.

57 폐기요청을 받은 건설기계를 폐기하지 아니하거나 등록번호표를 폐기하지 아니한 자에 대한 벌칙은?

① 2년 이하의 징역 또는 2천만 원 이하의 벌금
② 1년 이하의 징역 또는 1천만 원 이하의 벌금
③ 2백만 원 이하의 벌금
④ 1백만 원 이하의 벌금

해설 폐기요청을 받은 건설기계를 폐기하지 아니하거나 등록번호표를 폐기하지 아니한 자는 1년 이하의 징역 또는 1천만 원 이하의 벌금에 처한다.

58 건설기계관리법상 건설기계 정비명령을 이행하지 아니한 자의 벌칙은?

① 3년 이하의 징역 또는 1천만 원 이하의 벌금에 처한다.
② 2년 이하의 징역 또는 2천만 원 이하의 벌금에 처한다.
③ 500만 원 이하의 벌금에 처한다.
④ 1년 이하의 징역 또는 1천만 원 이하의 벌금에 처한다.

해설 정비명령을 이행하지 아니한 자는 1년 이하의 징역 또는 1천만 원 이하의 벌금에 처한다.

59 건설기계 등록번호표를 가리거나 훼손하여 알아보기 곤란하게 한 자 또는 그러한 건설기계를 운행한 자에게 부과하는 과태료로 옳은 것은?

① 50만 원 이하 ② 100만 원 이하
③ 300만 원 이하 ④ 1,000만 원 이하

해설 등록번호표를 가리거나 훼손하여 알아보기 곤란하게 한 자 또는 그러한 건설기계를 운행한 자는 100만 원 이하의 과태료를 부과한다.

60 건설기계관리법령상 구조변경검사 또는 수시검사를 받지 아니한 자에 대한 처벌은?

① 1년 이하의 징역 또는 1천만 원 이하의 벌금
② 2년 이하의 징역 또는 2천만 원 이하의 벌금
③ 3년 이하의 징역 또는 3천만 원 이하의 벌금
④ 5년 이하의 징역 또는 5천만 원 이하의 벌금

해설 구조변경검사 또는 수시검사를 받지 아니한 자는 1년 이하의 징역 또는 1천만 원 이하의 벌금에 처한다.

61 건설기계의 등록번호를 부착·봉인하지 아니하거나 등록번호를 새기지 아니한 자에게 부가하는 법규상의 과태료로 맞는 것은?

① 30만 원 이하의 과태료
② 50만 원 이하의 과태료
③ 100만 원 이하의 과태료
④ 20만 원 이하의 과태료

해설 등록번호표를 부착 및 봉인하지 아니한 건설기계를 운행한 자는 100만 원 이하의 과태료를 부과한다.

62 **건설기계를 주택가 주변에 세워 두어 교통소통을 방해하거나 소음 등으로 주민의 생활환경을 침해한 자에 대한 벌칙은?**

① 200만 원 이하의 벌금
② 100만 원 이하의 벌금
③ 100만 원 이하의 과태료
✔④ 50만 원 이하의 과태료

해설 건설기계를 주택가 주변에 세워 두어 교통소통을 방해하거나 소음 등으로 주민의 생활환경을 침해한 자는 50만 원 이하의 과태료를 부과한다.

63 **건설기계조종사면허의 취소·정지 처분 기준 중 "경상"의 인명 피해를 구분하는 판단 기준으로 가장 옳은 것은?**

① 1주 미만의 치료를 요하는 진단 시
② 2주 이하의 치료를 요하는 진단 시
✔③ 3주 미만의 치료를 요하는 진단 시
④ 4주 이하의 치료를 요하는 진단 시

해설 중상은 3주 이상의 치료를 요하는 진단이 있는 경우를 말하며, 경상은 3주 미만의 치료를 요하는 진단이 있는 경우를 말한다.

64 **건설기계관리법에 따라 최고주행속도 15km/h 미만의 타이어식 건설기계가 필히 갖추어야 할 조명장치가 아닌 것은?**

① 전조등 ② 후부반사기
✔③ 비상점멸 표시등 ④ 제동등

해설 **최고주행속도가 시간당 15킬로미터 미만인 건설기계에 설치해야 하는 조명장치**
- 전조등
- 제동등(다만, 유량 제어로 속도를 감속하거나 가속하는 건설기계는 제외)
- 후부반사기
- 후부반사판 또는 후부반사지

65 **대형건설기계 범위에 해당하지 않는 것은?**

① 높이가 4미터를 초과하는 건설기계
✔② 길이가 10미터를 초과하는 건설기계
③ 총중량이 40톤을 초과하는 건설기계
④ 최소회전반경이 12미터를 초과하는 건설기계

해설 **대형건설기계 범위**
- 길이가 16.7미터를 초과하는 건설기계
- 너비가 2.5미터를 초과하는 건설기계
- 높이가 4.0미터를 초과하는 건설기계
- 최소회전반경이 12미터를 초과하는 건설기계
- 총중량이 40톤을 초과하는 건설기계. 다만, 굴착기, 로더 및 지게차는 운전중량이 40톤을 초과하는 경우를 말한다.
- 총중량 상태에서 축하중이 10톤을 초과하는 건설기계. 다만, 굴착기, 로더 및 지게차는 운전중량 상태에서 축하중이 10톤을 초과하는 경우를 말한다.

66 **대형건설기계의 경고표지판 부착위치는?**

① 작업인부가 쉽게 볼 수 있는 곳
✔② 조종실 내부의 조종사가 보기 쉬운 곳
③ 교통경찰이 쉽게 볼 수 있는 곳
④ 특별 번호판 옆

해설 대형건설기계에는 조종실 내부의 조종사가 보기 쉬운 곳에 경고표지판을 부착하여야 한다.

67 **지게차, 전복보호구조 또는 전도보호구조를 장착한 건설기계와 시간당 몇 킬로미터 이상의 속도를 낼 수 있는 타이어식 건설기계에는 좌석안전띠를 설치하여야 하는가?**

✔① 시간당 30킬로미터
② 시간당 40킬로미터
③ 시간당 50킬로미터
④ 시간당 60킬로미터

해설 지게차, 전복보호구조 또는 전도보호구조를 장착한 건설기계와 시간당 30킬로미터 이상의 속도를 낼 수 있는 타이어식 건설기계에는 좌석안전띠를 설치하여야 한다.

Part
2

실전 모의고사

1회 실전 모의고사

01 운전자가 작업 전에 로더의 점검과 관련된 내용 중 거리가 먼 것은?

① 타이어 및 궤도 차륜상태
② 브레이크 및 클러치의 작동상태
③ 낙석, 낙하물 등의 위험이 예상되는 작업 시 견고한 헤드 가이드 설치상태
④ 정격용량보다 높은 회전으로 수차례 모터를 구동시켜 내구성 상태 점검

02 작업복에 대한 설명으로 적합하지 않은 것은?

① 작업복은 몸에 알맞고 동작이 편해야 한다.
② 착용자의 연령, 성별 등에 관계없이 일률적인 스타일을 선정해야 한다.
③ 작업복은 항상 깨끗한 상태로 입어야 한다.
④ 주머니가 너무 많지 않고, 소매가 단정한 것이 좋다.

03 공기(air)기구 사용 작업에서 적당하지 않은 것은?

① 공기기구의 섭동부위에 윤활유를 주유하면 안 된다.
② 규정에 맞는 토크를 유지하면서 작업한다.
③ 공기를 공급하는 고무호스가 꺾이지 않도록 한다.
④ 공기기구의 반동으로 생길 수 있는 사고를 미연에 방지한다.

04 작업할 때 일반적인 안전에 대한 설명으로 틀린 것은?

① 회전되는 물체에 손을 대지 않는다.
② 장비는 취급자가 아니어도 사용한다.
③ 장비는 사용 전에 점검한다.
④ 장비 사용법은 사전에 숙지한다.

05 산소가스 용기의 색칠로 맞는 것은?

① 녹색 ② 노란색
③ 흰색 ④ 갈색

06 작업장에 대한 안전관리상 설명으로 틀린 것은?

① 항상 청결하게 유지한다.
② 작업대 사이 또는 기계 사이의 통로는 안전을 위한 일정한 너비가 필요하다.
③ 공장 바닥은 폐유를 뿌려 먼지가 일어나지 않도록 한다.
④ 전원 콘센트 및 스위치 등에 물을 뿌리지 않는다.

07 산업공장에서 재해의 발생을 줄이기 위한 방법으로 틀린 것은?

① 폐기물은 정해진 위치에 모아둔다.
② 공구는 소정의 장소에 보관한다.
③ 소화기 근처에 물건을 적재한다.
④ 통로나 창문 등에 물건을 세워 놓아서는 안 된다.

08 금속나트륨이나 금속칼륨 화재의 소화재로서 가장 적합한 것은?

① 물
② 포소화기
③ 건조사
④ 이산화탄소 소화기

09 화재예방 조치로서 적합하지 않은 것은?

① 가연성물질을 인화 장소에 두지 않는다.
② 유류취급 장소에는 방화수를 준비한다.
③ 흡연은 정해진 장소에서만 한다.
④ 화기는 정해진 장소에서만 취급한다.

10 사고원인으로서 작업자의 불안전한 행위는?

① 안전조치 불이행
② 작업장의 환경 불량
③ 물적 위험상태
④ 기계의 결함상태

11 무한궤도형 로더의 운전특성에 대한 설명으로 옳지 않은 것은?

① 조향은 허리꺾기 방식이다.
② 레버를 당겨 방향전환을 한다.
③ 기동성이 낮아 장거리 작업에는 불리하다.
④ 강력한 견인력과 접지압력이 낮아 습지작업이 가능하다.

12 기계방식 스키드 로더로 덤프작업을 할 때 올바른 버킷 조종법은?

① 페달의 뒷부분을 누른다.
② 페달의 앞부분을 누른다.
③ 레버를 앞으로 민다.
④ 레버를 뒤로 당긴다.

13 타이어형 로더로 바위가 있는 현장에서 작업할 때 주의사항 중 틀린 것은?

① 슬립이 일어나지 않도록 한다.
② 타이어 공기압력을 높여준다.
③ 컷 방지용 타이어를 사용한다.
④ 홈이 깊은 타이어를 사용한다.

14 로더를 사용하여 적재물을 운반할 때의 유의사항으로 옳은 것은?

① 버킷을 1.5m 이상 올려 운행한다.
② 하중을 버킷의 한 곳에 집중시킨다.
③ 고압선 아래에서는 버킷을 최대한 올려 차실을 보호하며 운행한다.
④ 로더가 전방으로 전도되면 즉시 버킷을 하강시켜 균형을 유지하도록 한다.

15 타이어형 로더의 허브에 있는 유성기어장치 기능에 대한 설명으로 맞는 것은?

① 바퀴 회전 정지
② 바퀴 회전속도의 감속, 구동력의 감속
③ 바퀴 회전속도의 감속, 구동력의 증가
④ 바퀴 회전속도의 증속, 구동력의 증가

16 로더의 엔진을 시동할 때 유의사항으로 잘못된 것은?

① 붐 및 버킷은 중립위치에 놓는다.
② 연료, 타이어 등을 점검 후 엔진시동을 건다.
③ 각부의 윤활유 누출상태를 점검 후 시동을 건다.
④ 가속페달을 완전히 밟고 시동스위치를 작동시킨다.

17 작업 장치에 투스를 부착하여 사용하는 건설기계는?

① 로더와 천공기
② 굴착기와 로더
③ 불도저와 지게차
④ 기중기와 모터그레이더

18 타이어식 로더의 추진축 구성부품이 아닌 것은?

① 요크　② 실린더
③ 평형추　④ 센터베어링

19 무한궤도형 로더의 특징에 대한 설명으로 틀린 것은?

① 비교적 기동성이 떨어진다.
② 접지압력이 낮아 습지나 모래지형에서 작업하기 힘들다.
③ 먼 거리를 이동할 때 트레일러와 같은 운반 장비가 필요하다.
④ 견인력이 크고 트랙 깊이의 수중에서도 작업이 가능하다.

20 타이어식 로더의 조향방식과 관계가 없는 것은?

① 전륜조향 방식
② 후륜조향 방식
③ 피벗회전 방식
④ 허리꺾기 방식

21 로더의 버킷에 한국산업표준에 따른 비중의 토사를 산적한 상태에서 버킷을 가장 안쪽으로 기울이고 버킷의 밑면을 로더의 최저지상고까지 올린 상태를 무엇이라고 하는가?

① 덤프거리
② 기준무부하상태
③ 버킷상승 전높이
④ 기준부하상태

22 로더작업의 종료 후, 주차할 때 조치사항으로 틀린 것은?

① 주차 브레이크를 작동시킨다.
② 변속레버를 중립 위치에 놓는다.
③ 버킷을 지면에서 약 40cm를 유지한다.
④ 기관의 가동을 정지시키고 반드시 시동키를 뽑는다.

23 휠 로더 붐 제어레버의 작동위치가 아닌 것은?

① 상승　② 하강
③ 부동　④ 틸트

24 **로더로 퇴적 토사를 작업하는 방법으로 틀린 것은?**

① 토사에 파고들기 어려울 때는 버킷의 투스 부분을 상하로 움직이며 전진한다.
② 버킷이 토사에 충분히 파고들면 전진하면서 붐을 상승시킨다. 이때 버킷을 수평으로 유지하면서 토사를 담는다.
③ 흙을 퍼 실으면서 전진을 하면 하중이 증가하여 타이어가 헛돌기 시작한다. 이때 버킷을 조금 올려서 하중을 줄여준다.
④ 앞바퀴가 들린 상태에서는 구동력이 저하되고, 뒷바퀴 파손의 위험이 크기 때문에 이런 상태로는 작업을 진행하지 않는다.

25 **타이어형 로더의 휠 허브(wheel hub)에 있는 유성기어장치의 동력전달 순서로 맞는 것은?**

① 선 기어 → 유성기어 → 유성기어 캐리어 → 바퀴
② 유성기어 캐리어 → 유성기어 → 선 기어 → 바퀴
③ 링 기어 → 유성기어 → 선 기어 → 바퀴
④ 선 기어 → 링 기어 → 유성기어 캐리어 → 바퀴

26 **로더의 작업 시작 전 점검 및 준비사항이 아닌 것은?**

① 운전자 매뉴얼의 숙지
② 공사의 내용 및 절차 파악
③ 엔진오일 교환 및 연료의 보충
④ 작동유 누유와 냉각수 누수 점검

27 **로더로 제방이나 쌓여있는 흙더미에서 작업할 때 버킷의 날을 지면과 어떻게 유지하는 것이 가장 효과적인가?**

① 20° 정도 전경시킨 각
② 30° 정도 전경시킨 각
③ 버킷과 지면이 수평으로 나란하게
④ 90° 직각을 이룬 전경각과 후경을 교차로

28 **타이어식 로더의 엔진 시동 순서로 맞는 것은?**

① 파일럿 컷 오프 스위치 잠금 확인 → 주차 브레이크 위치 확인 → 기어레버 중립 확인 → 시동
② 기어레버 중립 확인 → 파일럿 컷 오프 스위치 잠금 확인 → 주차 브레이크 위치 확인 → 시동
③ 주차 브레이크 위치 확인 → 파일럿 컷 오프 스위치 잠금 확인 → 기어레버 중립 확인 → 시동
④ 주차 브레이크 위치 확인 → 기어레버 중립 확인 → 파일럿 컷 오프 스위치 잠금 확인 → 시동

29 **로더의 올바른 작업방법이 아닌 것은?**

① 로더를 운전하기 전에 경적을 울려 주위를 환기시킨다.
② 10° 이상의 경사지에서는 작업이 위험하므로 작업하지 않는다.
③ 주행할 때에는 버킷을 지면에서 120~150cm 정도 위로 올리고 주행한다.
④ 경사지에서 방향전환은 경사가 완만하고 지반이 견고한 위치에서 실시한다.

30 로더 작업 장치에 대한 설명으로 틀린 것은?

① 붐 실린더는 붐의 상승, 하강 작용을 해준다.
② 버킷 실린더는 버킷의 오므림, 벌림 작용을 해준다.
③ 로더의 규격은 표준 버킷의 산적용량(m^3)으로 표시한다.
④ 작업 장치를 작동하게 하는 실린더 형식은 주로 단동식이다.

31 반드시 건설기계정비업체에서 정비하여야 하는 것은?

① 오일의 보충
② 배터리의 교환
③ 창유리의 교환
④ 엔진 탈·부착 정비

32 건설기계관리법상 건설기계의 소유자는 건설기계를 취득한 날부터 얼마 이내에 건설기계 등록신청을 해야 하는가?

① 2개월 이내 ② 3개월 이내
③ 6개월 이내 ④ 1년 이내

33 건설기계제동장치에 대한 정기검사를 면제 받기 위한 건설기계제동장치정비확인서를 발행 받을 수 있는 곳은?

① 건설기계대여회사
② 건설기계정비업자
③ 건설기계부품업자
④ 건설기계매매업자

34 건설기계의 조종 중 고의 또는 과실로 가스공급시설을 손괴할 경우 조종사면허의 처분기준은?

① 면허효력정지 10일
② 면허효력정지 15일
③ 면허효력정지 25일
④ 면허효력정지 180일

35 건설기계관리법령상 조종사면허를 받은 자가 면허의 효력이 정지된 때에는 그 사유가 발생한 날부터 며칠 이내에 주소지를 관할하는 시장·군수 또는 구청장에게 그 면허증을 반납해야 하는가?

① 10일 이내 ② 30일 이내
③ 60일 이내 ④ 100일 이내

36 건설기계에서 구조변경 및 개조를 할 수 없는 항목은?

① 원동기의 형식변경
② 제동장치의 형식변경
③ 유압장치의 형식변경
④ 적재함의 용량증가를 위한 구조변경

37 건설기계등록신청을 할 때 첨부하지 않아도 되는 서류는?

① 호적등본
② 건설기계 소유자임을 증명하는 서류
③ 건설기계제작증
④ 건설기계제원표

38 **건설기계의 검사를 연장 받을 수 있는 기간을 잘못 설명한 것은?**

① 해외임대를 위하여 일시 반출된 경우 - 반출기간 이내
② 압류된 건설기계의 경우 - 압류기간 이내
③ 건설기계 대여업을 휴지한 경우 - 사업의 개시신고를 하는 때까지
④ 장기간 수리가 필요한 경우 - 소유자가 원하는 기간

39 **폐기요청을 받은 건설기계를 폐기하지 아니하거나 등록번호표를 폐기하지 아니한 자에 대한 벌칙은?**

① 2년 이하의 징역 또는 2천만 원 이하의 벌금
② 1년 이하의 징역 또는 1천만 원 이하의 벌금
③ 2백만 원 이하의 벌금
④ 1백만 원 이하의 벌금

40 **건설기계 등록이 말소되는 사유에 해당하지 않는 것은?**

① 건설기계를 폐기한 때
② 건설기계의 구조변경을 했을 때
③ 건설기계가 멸실되었을 때
④ 건설기계를 수출할 때

41 **기관에 사용되는 시동모터가 회전이 안되거나 회전력이 약한 원인이 아닌 것은?**

① 시동스위치의 접촉이 불량하다.
② 배터리 단자와 터미널의 접촉이 나쁘다.
③ 브러시가 정류자에 잘 밀착되어 있다.
④ 축전지 전압이 낮다.

42 **예열플러그를 빼서 보았더니 심하게 오염되어 있다. 그 원인으로 가장 적합한 것은?**

① 불완전 연소 또는 노킹
② 기관의 과열
③ 플러그의 용량 과다
④ 냉각수 부족

43 **교류발전기에서 교류를 직류로 바꾸어주는 것은?**

① 계자　② 슬립링
③ 브러시　④ 다이오드

44 **기관의 크랭크축 베어링의 구비조건으로 틀린 것은?**

① 마찰계수가 클 것
② 내피로성이 클 것
③ 매입성이 있을 것
④ 추종유동성이 있을 것

45 **전압(voltage)에 대한 설명으로 적당한 것은?**

① 자유전자가 도선을 통하여 흐르는 것을 말한다.
② 전기적인 높이, 즉 전기적인 압력을 말한다.
③ 물질에 전류가 흐를 수 있는 정도를 나타낸다.
④ 도체의 저항에 의해 발생되는 열을 나타낸다.

46 축전지의 구비조건으로 가장 거리가 먼 것은?

① 축전지의 용량이 클 것
② 전기적 절연이 완전할 것
③ 가급적 크고, 다루기 쉬울 것
④ 전해액의 누출 방지가 완전할 것

47 디젤기관 냉각장치에서 냉각수의 비등점을 높여주기 위해 설치된 부품으로 알맞은 것은?

① 코어 ② 냉각핀
③ 보조탱크 ④ 압력식 캡

48 기관의 오일펌프 유압이 낮아지는 원인이 아닌 것은?

① 윤활유 점도가 너무 높을 때
② 베어링의 오일 간극이 클 때
③ 윤활유의 양이 부족할 때
④ 오일 스트레이너가 막힐 때

49 디젤기관의 노킹 발생 원인과 가장 거리가 먼 것은?

① 착화지연기간 중 연료분사량이 많다.
② 분사노즐의 분무상태가 불량하다.
③ 세탄가가 높은 연료를 사용하였다.
④ 기관이 과도하게 냉각되어 있다.

50 로더의 일상점검 내용에 속하지 않는 것은?

① 기관 윤활유량
② 브레이크 오일량
③ 라디에이터 냉각수량
④ 연료분사량

51 유압실린더에서 숨 돌리기 현상이 생겼을 때 일어나는 현상이 아닌 것은?

① 작동 지연 현상이 생긴다.
② 피스톤 동작이 정지된다.
③ 오일의 공급이 과대해진다.
④ 작동이 불안정하게 된다.

52 유압장치 내의 압력을 일정하게 유지하고 최고압력을 제한하여 회로를 보호해주는 밸브는?

① 릴리프 밸브 ② 체크밸브
③ 제어밸브 ④ 로터리 밸브

53 유압유의 점도에 대한 설명으로 틀린 것은?

① 온도가 상승하면 점도는 낮아진다.
② 점성의 정도를 표시하는 값이다.
③ 점도가 낮아지면 유압이 떨어진다.
④ 점성계수를 밀도로 나눈 값이다.

54 유압실린더를 교환 후 우선적으로 시행하여야 할 사항은?

① 엔진을 저속 공회전 시킨 후 공기빼기 작업을 실시한다.
② 엔진을 고속 공회전 시킨 후 공기빼기 작업을 실시한다.
③ 유압장치를 최대한 부하상태로 유지한다.
④ 시험작업을 실시한다.

55 그림의 유압 기호는 무엇을 표시하는가?

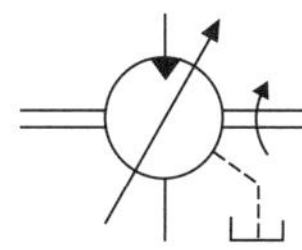

① 가변 유압모터
② 유압펌프
③ 가변 토출밸브
④ 가변 흡입밸브

56 로더의 유압장치에서 유압유 온도를 알맞게 유지하기 위해 오일을 냉각하는 부품은?

① 어큐뮬레이터
② 오일쿨러
③ 방향제어밸브
④ 유압밸브

57 유압장치의 단점에 대한 설명 중 틀린 것은?

① 관로를 연결하는 곳에서 작동유가 누출될 수 있다.
② 고압 사용으로 인한 위험성이 존재한다.
③ 작동유 누유로 인해 환경오염을 유발할 수 있다.
④ 전기·전자의 조합으로 자동제어가 곤란하다.

58 유압모터의 속도를 감속하는 데 사용하는 밸브는?

① 체크밸브
② 디셀러레이션 밸브
③ 변환밸브
④ 압력스위치

59 유압작동부에서 오일이 새고 있을 때 일반적으로 먼저 점검하여야 하는 것은?

① 밸브(valve)
② 기어(gear)
③ 플런저(plunger)
④ 실(seal)

60 유압장치의 구성요소가 아닌 것은?

① 제어밸브
② 오일탱크
③ 유압펌프
④ 차동장치

2회 실전 모의고사

01 유압유의 압력을 제어하는 밸브가 아닌 것은?

① 릴리프 밸브
② 체크밸브
③ 리듀싱 밸브
④ 시퀀스 밸브

02 중량물 운반 작업할 때 착용하여야 할 안전화로 가장 적절한 것은?

① 중작업용
② 보통작업용
③ 경작업용
④ 절연용

03 작업할 때 보안경 착용에 대한 설명으로 틀린 것은?

① 가스용접을 할 때는 보안경을 착용해야 한다.
② 절단하거나 깎는 작업을 할 때는 보안경을 착용해서는 안 된다.
③ 아크용접을 할 때는 보안경을 착용해야 한다.
④ 특수용접을 할 때는 보안경을 착용해야 한다.

04 작업장에서 작업복을 착용하는 이유로 가장 옳은 것은?

① 작업장의 질서를 확립시키기 위해서
② 작업자의 직책과 직급을 알리기 위해서
③ 재해로부터 작업자의 몸을 보호하기 위해서
④ 작업자의 복장통일을 위해서

05 재해 발생 원인이 아닌 것은?

① 잘못된 작업방법
② 관리감독 소홀
③ 방호장치의 기능 제거
④ 작업 장치 회전반경 내 출입 금지

06 안전모에 대한 설명으로 바르지 못한 것은?

① 알맞은 규격으로 성능시험에 합격품이어야 한다.
② 구멍을 뚫어서 통풍이 잘되게 하여 착용한다.
③ 각종 위험으로부터 보호할 수 있는 종류의 안전모를 선택해야 한다.
④ 가볍고 성능이 우수하며 머리에 꼭 맞고 충격흡수성이 좋아야 한다.

07 안전수칙을 지킴으로 발생될 수 있는 효과로 가장 거리가 먼 것은?

① 기업의 신뢰도를 높여준다.
② 기업의 이직률이 감소된다.
③ 기업의 투자경비가 늘어난다.
④ 상하 동료 간의 인간관계가 개선된다.

08 **구동벨트를 점검할 때 기관의 상태는?**

① 공회전 상태 ② 급가속 상태
③ 정지 상태 ④ 급감속 상태

09 **공구 및 장비 사용에 대한 설명으로 틀린 것은?**

① 공구는 사용 후 공구상자에 넣어 보관한다.
② 볼트와 너트는 가능한 소켓렌치로 작업한다.
③ 토크렌치는 볼트와 너트를 푸는 데 사용한다.
④ 마이크로미터를 보관할 때는 직사광선에 노출시키지 않는다.

10 **안전하게 공구를 취급하는 방법으로 적합하지 않은 것은?**

① 공구를 사용한 후 제자리에 정리하여 둔다.
② 끝부분이 예리한 공구 등을 주머니에 넣고 작업을 하여서는 안 된다.
③ 공구를 사용 전에 손잡이에 묻은 기름 등은 닦아내어야 한다.
④ 숙달이 되면 옆 작업자에게 공구를 던져서 전달하여 작업능률을 올린다.

11 **사고를 일으킬 수 있는 직접적인 재해의 원인은?**

① 기술적 원인
② 교육적 원인
③ 작업관리의 원인
④ 불안전한 행동의 원인

12 **로더에 관한 설명으로 옳은 것은?**

① 붐 리프트 레버는 전경과 후경의 2가지 위치가 있다.
② 버킷 틸트 레버는 전진과 후진 2가지 위치가 있다.
③ 버킷 레버에는 버킷 벌림양이 적당하도록 미리 설정해 두는 포지션 장치가 있다.
④ 붐 실린더에는 자동적으로 상승의 위치에서 유지 위치로 돌아가도록 하는 킥 아웃 장치가 있다.

13 **로더를 경사지에서 주행할 때 주의해야 할 사항으로 틀린 것은?**

① 방향 전환을 위해 급선회하지 않는다.
② 주행속도 스위치를 저속으로 하여 서행한다.
③ 불가피한 정차를 할 때에는 버킷을 지면에 내리고 고임목을 받쳐 준다.
④ 경사지에서의 작업은 위험하므로 작업허용 운전경사각 30°를 초과하면 안 된다.

14 **로더가 버킷에 토사를 채운 후 후진을 하고 나면 덤프트럭이 로더와 토사더미의 사이에 들어와서 상차하는 방법은?**

① 90° 회전방법(T형)
② 직진·후진방법(I형)
③ 비트 상차방법
④ V형 상차방법

15 **로더를 트레일러에 상·하차하는 방법으로 틀린 것은?**

① 언덕을 이용한다.
② 기중기를 이용한다.
③ 상·하차대를 이용한다.
④ 타이어를 받침으로 이용한다.

16 **무한궤도형 로더의 하부구동장치의 점검 및 정비 조치사항으로 적합하지 않은 것은?**

① 트랙 슈의 마모가 심하면 교환해야 한다.
② 스프로킷에 균열이 있을 때에는 교환해야 한다.
③ 트랙의 장력이 느슨하면 그리스를 주입하여 조절한다.
④ 트랙의 장력이 너무 팽팽하면 벗겨질 위험이 있기 때문에 조정해야 한다.

17 **허리꺾기 방식(차체굴절방식) 타이어 로더의 조향장치에 대한 설명으로 올바른 것은?**

① 협소한 장소에서의 작업은 어렵다.
② 앞차체가 굴절되어 방향을 전환하여 안정성이 나쁘다.
③ 조행핸들을 작동시키면 뒷바퀴가 방향을 변환하여 선회한다.
④ 뒷바퀴는 선회축이 되고 앞바퀴가 굴절되어 작동하며 회전반경이 크다.

18 **로더의 토사 깎기 작업방법으로 잘못된 것은?**

① 로더의 무게가 버킷과 함께 작용되도록 한다.
② 깎이는 깊이 조정은 버킷을 복귀시키면서 할 수 있다.
③ 깎이는 깊이 조정은 붐을 조금씩 상승시키면서 할 수 있다.
④ 버킷의 각도를 35°~45°로 깎기 시작하는 것이 좋다.

19 **타이어식 로더의 운전 전 점검사항이 아닌 것은?**

① 유압 작동유 레벨 점검
② 타이어 공기압 점검
③ 트랜스미션 오일압력 점검
④ 버킷 투스 상태 점검

20 **로더를 사용하는 작업으로 거리가 먼 것은?**

① 적재작업 ② 굴착작업
③ 송토작업 ④ 브레이커 작업

21 **무한궤도형 로더의 운전특성을 설명한 것 중 틀린 것은?**

① 조향은 허리꺾기 방식이다.
② 레버를 당겨 방향전환을 한다.
③ 기동성이 낮아 장거리 작업에는 불리하다.
④ 강력한 견인력과 접지압력이 낮아 습지작업이 가능하다.

22 로더의 일일 점검항목이 아닌 것은?

① 종 감속기어 오일량
② 연료탱크 연료량
③ 엔진오일량
④ 냉각수량

23 로더의 전경각은?

① 가 ② 나
③ 다 ④ 라

24 버킷을 조작하는 틸트 레버(tilt lever)의 3가지 위치가 아닌 것은?

① 유지 ② 가속
③ 전경 ④ 후경

25 로더의 버킷 용도별 분류 중 나무뿌리 뽑기, 제초, 제석 등 지반이 매우 굳은 땅의 굴삭 등에 적합한 버킷은?

① 스켈리턴 버킷
② 사이드 덤프 버킷
③ 래크 블레이드 버킷
④ 암석용 버킷

26 타이어형 로더의 주차방법으로 틀린 것은?

① 전기장치를 OFF시킨다.
② 기어 선택레버를 중립(N)위치로 한다.
③ 사이드 브레이크를 체결하고 고임목을 받친다.
④ 버킷을 지면에서 10cm 정도 올린 상태로 둔다.

27 브레이크 페달을 밟으면 변속 클러치가 떨어져 엔진의 동력이 차축까지 전달되지 않게 하는 것은?

① 브레이크 밸브
② 메인 컨트롤 밸브
③ 프라이어리티 밸브
④ 클러치 컷 오프밸브

28 무한궤도형 로더의 장점이 아닌 것은?

① 강력한 견인력을 가지고 있다.
② 출력이 높아 장거리 이동성이 좋다.
③ 노면 상태가 험한 지형에서 이동이 용이하다.
④ 접지면적이 넓어서 습지, 사지에서의 이동이 용이하다.

29 타이어식 로더에 자동제한 차동기어장치가 있을 때의 장점으로 가장 알맞은 것은?

① 변속이 용이하다.
② 충격이 완화된다.
③ 조향이 원활해진다.
④ 미끄러운 노면에서 운행이 용이하다.

30 로더의 작업 장치에 해당하지 않는 것은?

① 백호 셔블
② 아우트리거
③ 스켈리턴 버킷
④ 사이드 덤프 버킷

31 4행정 사이클 기관의 행정순서로 맞는 것은?

① 압축 → 동력 → 흡입 → 배기
② 흡입 → 동력 → 압축 → 배기
③ 압축 → 흡입 → 동력 → 배기
④ 흡입 → 압축 → 동력 → 배기

32 기관의 동력을 전달하는 계통의 순서를 바르게 나타낸 것은?

① 피스톤 → 커넥팅로드 → 클러치 → 크랭크축
② 피스톤 → 클러치 → 크랭크축 → 커넥팅로드
③ 피스톤 → 크랭크축 → 커넥팅로드 → 클러치
④ 피스톤 → 커넥팅로드 → 크랭크축 → 클러치

33 타이어형 로더 작업 후 탱크에 연료를 가득 채워주는 이유와 가장 관련이 적은 것은?

① 다음의 작업을 준비하기 위해서
② 연료의 기포 방지를 위해서
③ 연료탱크에 수분이 생기는 것을 방지하기 위해서
④ 연료의 압력을 높이기 위해서

34 가압식 라디에이터의 장점으로 틀린 것은?

① 방열기를 적게 할 수 있다.
② 냉각수의 비등점을 높일 수 있다.
③ 냉각수의 순환속도가 빠르다.
④ 냉각장치의 효율을 높일 수 있다.

35 실린더와 피스톤 사이에 유막을 형성하여 압축 및 연소가스가 누설되지 않도록 기밀을 유지하는 작용으로 옳은 것은?

① 밀봉작용 ② 감마작용
③ 냉각작용 ④ 방청작용

36 기관에 사용되는 여과장치가 아닌 것은?

① 공기청정기
② 오일필터
③ 오일 스트레이너
④ 인젝션 타이머

37 퓨즈에 대한 설명 중 틀린 것은?

① 퓨즈는 정격용량을 사용한다.
② 퓨즈용량은 A로 표시한다.
③ 퓨즈는 가는 구리선으로 대용된다.
④ 퓨즈는 표면이 산화되면 끊어지기 쉽다.

38 축전지 내부의 충·방전작용으로 가장 알맞은 것은?

① 화학작용 ② 탄성작용
③ 물리작용 ④ 기계작용

39 로더에서 주로 사용되는 기동전동기로 맞는 것은?

① 직류분권 전동기
② 직류직권 전동기
③ 직류복권 전동기
④ 교류 전동기

40 교류발전기의 부품이 아닌 것은?

① 다이오드
② 슬립링
③ 스테이터 코일
④ 전류 조정기

41 타이어형 로더에서 타이어의 과다마모를 일으키는 운전방법이 아닌 것은?

① 부하를 걸지 않은 주행
② 빈번한 급출발과 급제동
③ 과도한 브레이크 사용
④ 도랑 등 홈이 파여진 곳에 타이어 측면이 닿은 상태로 작업

42 건설기계의 정기검사 유효기간이 1년이 되는 것은 신규등록일로부터 몇 년을 초과한 경우인가?

① 5년 ② 10년
③ 15년 ④ 20년

43 건설기계의 등록을 말소할 수 있는 경우가 아닌 것은?

① 건설기계를 수출하는 경우
② 건설기계를 도난당한 경우
③ 건설기계 정기검사에 불합격된 경우
④ 건설기계의 차대가 등록 시의 차대와 다른 경우

44 건설기계의 정기검사신청기간 내에 정기검사를 받은 경우, 다음 정기검사유효기간의 산정방법으로 옳은 것은?

① 정기검사를 받은 날부터 기산한다.
② 정기검사를 받은 날의 다음 날부터 기산한다.
③ 종전 검사유효기간 만료일부터 기산한다.
④ 종전 검사유효기간 만료일의 다음 날부터 기산한다.

45 건설기계관리법령상 대형건설기계의 범위에 해당하지 않는 것은?

① 높이가 4미터를 초과하는 건설기계
② 길이가 10미터를 초과하는 건설기계
③ 총중량이 40톤을 초과하는 건설기계
④ 최소회전반경이 12미터를 초과하는 건설기계

46 건설기계등록사항변경이 있을 때, 소유자는 건설기계등록사항 변경신고서를 누구에게 제출하여야 하는가?

① 관할검사소장
② 고용노동부장관
③ 행정안전부장관
④ 시·도지사

47 건설기계관리법령상 구조변경검사를 받지 아니한 자에 대한 처벌은?

① 1년 이하의 징역 또는 1,000만 원 이하의 벌금
② 1년 이하의 징역 또는 1,500만 원 이하의 벌금
③ 2년 이하의 징역 또는 2,000만 원 이하의 벌금
④ 2년 이하의 징역 또는 2,500만 원 이하의 벌금

48 건설기계관리법령상 건설기계의 구조를 변경할 수 있는 범위에 해당되는 것은?

① 원동기의 형식변경
② 건설기계의 기종변경
③ 육상작업용 건설기계의 규격을 증가시키기 위한 구조변경
④ 육상작업용 건설기계의 적재함 용량을 증가시키기 위한 구조변경

49 건설기계조종사의 면허취소사유에 해당되지 않는 것은?

① 건설기계의 조종 중 고의로 인명피해를 입힌 때
② 건설기계조종사면허증을 다른 사람에게 빌려 준 경우
③ 정기검사를 받은 건설기계를 조정한 때
④ 술에 만취한 상태(혈중 알코올농도 0.08% 이상)에서 건설기계를 조종한 때

50 건설기계조종사면허를 받지 아니하고 건설기계를 조종한 자에 대한 벌칙 기준은?

① 2년 이하의 징역 또는 1천만 원 이하의 벌금
② 1년 이하의 징역 또는 1천만 원 이하의 벌금
③ 200만 원 이하의 벌금
④ 100만 원 이하의 벌금

51 건설기계조종사면허가 취소되었을 경우 그 사유가 발생한 날부터 며칠 이내에 면허증을 반납하여야 하는가?

① 7일 이내　② 10일 이내
③ 14일 이내　④ 30일 이내

52 유압유 관내에 공기가 혼입되었을 때 일어날 수 있는 현상이 아닌 것은?

① 공동현상　② 기화현상
③ 열화현상　④ 숨 돌리기 현상

53 축압기(어큐뮬레이터)의 기능과 관계가 없는 것은?

① 충격압력 흡수
② 유압 에너지 축적
③ 릴리프 밸브 제어
④ 유압펌프 맥동흡수

54 유압장치 내부에 국부적으로 높은 압력이 발생하여 소음과 진동이 발생하는 현상은?

① 노이즈
② 벤트포트
③ 캐비테이션
④ 오리피스

55 유압장치에서 오일여과기에 걸러지는 오염물질의 발생 원인으로 가장 거리가 먼 것은?

① 유압장치의 조립과정에서 먼지 및 이물질 혼입
② 작동 중인 기관의 내부마찰에 의하여 생긴 금속가루 혼입
③ 유압장치를 수리하기 위하여 해체하였을 때 외부로부터 이물질 혼입
④ 유압유를 장기간 사용함에 있어 고온·고압 하에서 산화생성물이 생김

56 유압유 온도가 과열되었을 때 유압 계통에 미치는 영향으로 틀린 것은?

① 온도 변화에 의해 유압기기가 열 변형되기 쉽다.
② 오일의 점도 저하에 의해 누유되기 쉽다.
③ 유압펌프의 효율이 높아진다.
④ 오일의 열화를 촉진한다.

57 유압장치에서 일일 점검사항이 아닌 것은?

① 필터의 오염여부 점검
② 탱크의 오일량 점검
③ 호스의 손상여부 점검
④ 이음부분의 누유 점검

58 유압장치에 주로 사용하는 펌프형식이 아닌 것은?

① 베인 펌프　② 플런저 펌프
③ 분사펌프　④ 기어펌프

59 유체 에너지를 이용하여 외부에 기계적인 일을 하는 유압기기는?

① 유압모터
② 근접 스위치
③ 유압탱크
④ 기동전동기

60 유압실린더 등의 중력에 의한 자유낙하를 방지하기 위해 배압을 유지하는 압력제어 밸브는?

① 감압밸브
② 시퀀스 밸브
③ 언로드 밸브
④ 카운터밸런스 밸브

3회 실전 모의고사

01 안전작업 사항으로 잘못된 것은?

① 전기장치는 접지를 하고 이동식 전기기구는 방호장치를 설치한다.
② 엔진에서 배출되는 일산화탄소에 대비한 통풍장치를 한다.
③ 담뱃불은 발화력이 약하므로 제한장소 없이 흡연해도 무방하다.
④ 주요장비 등은 조작자를 지정하여 아무나 조작하지 않도록 한다.

02 현장에서 작업자가 작업안전상 꼭 알아두어야 할 사항은?

① 장비의 가격
② 종업원의 작업환경
③ 종업원의 기술정도
④ 안전규칙 및 수칙

03 전장품을 안전하게 보호하는 퓨즈의 사용법으로 틀린 것은?

① 퓨즈가 없으면 임시로 철사를 감아서 사용한다.
② 회로에 맞는 전류 용량의 퓨즈를 사용한다.
③ 오래되어 산화된 퓨즈는 미리 교환한다.
④ 과열되어 끊어진 퓨즈는 과열된 원인을 먼저 수리한다.

04 망치(hammer)작업을 할 때 옳은 것은?

① 망치자루의 가운데 부분을 잡아 놓치지 않도록 할 것
② 손은 다치지 않게 장갑을 착용할 것
③ 타격할 때 처음과 마지막에 힘을 많이 가하지 말 것
④ 열처리된 재료는 반드시 해머작업을 할 것

05 유류화재에서 소화용으로 가장 거리가 먼 것은?

① 물 ② 소화기
③ 모래 ④ 흙

06 산업체에서 안전을 지킴으로써 얻을 수 있는 이점과 가장 거리가 먼 것은?

① 직장의 신뢰도를 높여준다.
② 직장 상하 동료 간 인간관계 개선효과도 기대된다.
③ 기업의 투자경비가 늘어난다.
④ 사내 안전수칙이 준수되어 질서 유지가 실현된다.

07 먼지가 많은 장소에서 착용하여야 하는 마스크는?

① 방독마스크
② 산소마스크
③ 방진마스크
④ 일반마스크

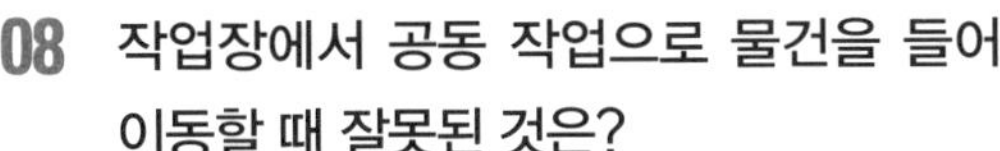

08 작업장에서 공동 작업으로 물건을 들어 이동할 때 잘못된 것은?

① 힘을 균형을 유지하여 이동할 것
② 불안전한 물건은 드는 방법에 주의할 것
③ 보조를 맞추어 들도록 할 것
④ 운반도중 상대방에게 무리하게 힘을 가할 것

09 아크용접에서 눈을 보호하기 위한 보안경 선택으로 맞는 것은?

① 도수 안경
② 방진안경
③ 차광용 안경
④ 실험실용 안경

10 정비작업을 할 때 안전에 가장 위배되는 것은?

① 깨끗하고 먼지가 없는 작업환경을 조정한다.
② 회전부분에 옷이나 손이 닿지 않도록 한다.
③ 연료를 채운 상태에서 연료통을 용접한다.
④ 가연성 물질을 취급할 때에는 소화기를 준비한다.

11 로더에서 복합적인 기계장치에 유압장치를 첨부하여 강력한 견인력을 구비하고 수행하는 작업이 아닌 것은?

① 지면 포장하기
② 트럭과 호퍼에 퍼 싣기
③ 배수로 같은 홈 파내기
④ 부피가 큰 재료를 끌어 모으기

12 로더에서 적재방법이 아닌 것은?

① 프런트 엔드형
② 사이드 덤프형
③ 백호 셔블형
④ 허리꺾기형

13 로더의 동력전달 순서로 맞는 것은?

① 엔진 → 토크컨버터 → 유압변속기 → 종 감속장치 → 구동륜
② 엔진 → 유압변속기 → 종 감속장치 → 토크컨버터 → 구동륜
③ 엔진 → 유압변속기 → 토크컨버터 → 종 감속장치 → 구동륜
④ 엔진 → 토크컨버터 → 종 감속장치 → 유압변속기 → 구동륜

14 로더에서 자동변속기가 동력전달을 하지 못한다면 그 원인으로 가장 적합한 것은?

① 연속하여 덤프트럭에 토사상차작업을 하였다.
② 다판 클러치가 마모되었다.
③ 오일의 압력이 과대하다.
④ 오일이 규정량 이상이다.

15 로더의 작업 장치에 대한 설명이 잘못된 것은?

① 붐 실린더는 붐의 상승·하강 작용을 해 준다.
② 버킷실린더는 버킷의 오므림·벌림 작용을 해준다.
③ 로더의 규격은 표준 버킷의 산적용량(m^3)으로 표시한다.
④ 작업 장치를 작동하게 하는 실린더 형식은 주로 단동식이다.

16 조향조작을 하지 않고도 버킷의 흙을 덤프트럭에 상차할 수 있는 버킷은?

① 스켈리턴 버킷 ② 사이드 덤프버킷
③ 다목적 버킷 ④ 일반 버킷

17 휠 로더의 휠 허브에 있는 유성기어장치의 동력전달 순서로 옳은 것은?

① 선 기어 → 유성기어 → 유성기어캐리어 → 바퀴
② 유성기어캐리어 → 유성기어 → 선 기어 → 바퀴
③ 링 기어 → 유성기어 → 선 기어 → 바퀴
④ 선 기어 → 링 기어 → 유성기어캐리어 → 바퀴

18 타이어형 로더의 조향(환향)장치 방식에 속하지 않는 것은?

① 유압방식
② 허리꺾기 방식
③ 뒷바퀴 조향방식
④ 스티어링 클러치 방식

19 휠 로더의 붐 조정레버의 작동 위치가 아닌 것은?

① 상승 ② 하강
③ 부동 ④ 틸트

20 로더의 유압장치에서 유압실린더의 귀환(복귀) 행정이 느릴 때의 원인은?

① 유압제어밸브의 작동이 불량하다.
② 유압실린더 내부에서 누설이 있다.
③ 체크밸브의 작동이 불량하다.
④ 작동유의 온도가 정상이다.

21 로더의 버킷 레벨러(bucket leveller)의 역할은?

① 유압실린더의 로드행정을 제한한다.
② 유압실린더의 유압을 일정하게 유지시킨다.
③ 컨트롤 밸브의 마모를 방지한다.
④ 거버너의 작용을 도와준다.

22 로더로 상차작업 방법이 아닌 것은?

① 좌우 옆으로 진입방법(N형)
② 직진·후진방법(I형)
③ 90° 회전방법(T형)
④ V형 상차방법(V형)

23 로더의 작업방법으로 맞는 것은?

① 굴착작업을 할 때에는 버킷을 올려세우고 작업을 하며, 적재를 할 때에는 전경각 35도를 유지해야 한다.
② 굴착작업을 할 때에는 버킷을 수평 또는 약 5도 정도 앞으로 기울이는 것이 좋다.
③ 작업할 때에는 변속기의 단수를 높이면 작업효율이 좋아진다.
④ 단단한 땅을 굴착할 때에는 그라인더로 버킷 끝을 날카롭게 만든 후 작업을 하며, 굴착할 때에는 후경각 45도를 유지해야 한다.

24 로더로 굴착 면에 진입하는 방법으로 틀린 것은?

① 옆으로 진입한다.
② 돌출된 부분의 진입은 피하도록 한다.
③ 직각으로 진입한다.
④ 급가속, 급선회, 급제동을 하지 않는다.

25 **타이어형 로더의 앞 타이어를 손쉽게 교환할 수 있는 방법은?**

① 뒤 타이어를 빼고 로더를 기울여서 교환한다.
② 버킷을 들고 작업을 한다.
③ 잭으로만 고인다.
④ 버킷을 이용하여 차체를 들고 잭을 고인다.

26 **무한궤도형 로더로 진흙탕이나 수중작업을 할 때 관련된 사항으로 틀린 것은?**

① 작업 전에 기어실과 클러치 실 등의 드레인 플러그 조임 상태를 확인한다.
② 습지용 슈를 사용했으면 주행 장치의 베어링에 주유하지 않는다.
③ 작업 후에는 세차를 하고 각 베어링에 주유를 한다.
④ 작업 후 기어실과 클러치실의 드레인 플러그를 열어 물의 침입을 확인한다.

27 **타이어형 로더 사용에 따른 주의사항으로 틀린 것은?**

① 로더를 주차할 때에는 버킷을 반드시 지면에 내려놓는다.
② 경사지에서는 작동 중에 변속레버를 중립에 놓는다.
③ 버킷에 적재 후 주행할 때에는 버킷을 가능한 낮게 한다.
④ 버킷에 사람을 태우지 않는다.

28 **로더로 발파된 돌을 덤프트럭에 상차작업을 할 때 주의사항으로 틀린 것은?**

① 발파 후 작업시작을 즉시 하지 말 것
② 불안정한 돌무더기는 무너뜨리고 굴착 및 상차작업을 할 것
③ 암석지에서는 고속으로, 모래땅에서는 저속으로 진입할 것
④ 암석지에서는 고속진입을 금할 것

29 **휠 로더의 붐과 버킷레버를 동시에 당기면 작동은?**

① 붐만 상승한다.
② 버킷만 오므려진다.
③ 붐은 상승하고 버킷은 오므려진다.
④ 작동이 안 된다.

30 **로더의 자동유압 붐 킥아웃의 기능은?**

① 붐이 일정한 높이에 이르면 자동적으로 멈추어 작업능률과 안전성을 기하는 장치
② 버킷 링크를 조정하여 덤프 실린더가 수평이 되게 하는 장치
③ 가끔 침전물이나 물을 뽑아내고 이물질을 걸러내는 장치
④ 로더의 고속 작동 시 자동적으로 버킷의 수평을 조정하는 장치

31 건설기계관련법상 건설기계의 정의를 가장 올바르게 한 것은?

① 건설공사에 사용할 수 있는 기계로서 대통령령이 정하는 것을 말한다.
② 건설현장에서 운행하는 장비로서 대통령령이 정하는 것을 말한다.
③ 건설공사에 사용할 수 있는 기계로서 국토교통부령이 정하는 것을 말한다.
④ 건설현장에서 운행하는 장비로서 국토교통부령이 정하는 것을 말한다.

32 제1종 대형자동차 면허로 조종할 수 없는 건설기계는?

① 콘크리트 펌프
② 노상안정기
③ 아스팔트 살포기
④ 타이어식 기중기

33 대여사업용 건설기계등록번호표의 색상으로 맞는 것은?

① 흰색 바탕에 검은색 문자
② 녹색 바탕에 흰색 문자
③ 청색 바탕에 흰색 문자
④ 주황색 바탕에 검은색 문자

34 건설기계를 주택가 주변에 세워두어 교통소통을 방해하거나 소음 등으로 주민의 생활환경을 침해한 자에 대한 벌칙은?

① 200만 원 이하의 벌금
② 100만 원 이하의 벌금
③ 100만 원 이하의 과태료
④ 50만 원 이하의 과태료

35 건설기계 운전중량을 산정할 때 조종사 1명의 체중으로 맞는 것은?

① 50kg ② 55kg
③ 60kg ④ 65kg

36 건설기계의 수시검사 대상이 아닌 것은?

① 소유자가 수시검사를 신청한 건설기계
② 사고가 자주 발생하는 건설기계
③ 성능이 불량한 건설기계
④ 구조를 변경한 건설기계

37 정기검사대상 건설기계의 정기검사신청기간으로 옳은 것은?

① 건설기계의 정기검사 유효기간 만료일 전후 45일 이내에 신청한다.
② 건설기계의 정기검사 유효기간 만료일 전 91일 이내에 신청한다.
③ 건설기계의 정기검사 유효기간 만료일 전후 각각 31일 이내에 신청한다.
④ 건설기계의 정기검사 유효기간 만료일 후 61일 이내에 신청한다.

38 건설기계 등록신청에 대한 설명으로 맞는 것은? (단, 전시·사변 등 국가비상사태하의 경우 제외)

① 시·군·구청장에게 취득한 날로부터 10일 이내 등록신청을 한다.
② 시·도지사에게 취득한 날로부터 15일 이내 등록신청을 한다.
③ 시·군·구청장에게 취득한 날로부터 1월 이내 등록신청을 한다.
④ 시·도지사에게 취득한 날로부터 2월 이내 등록신청을 한다.

39 건설기계소유자는 건설기계를 도난당한 날로부터 얼마 이내에 등록말소를 신청해야 하는가?

① 30일 이내　② 2개월 이내
③ 3개월 이내　④ 6개월 이내

40 대형건설기계 경고표지판 부착위치는?

① 작업인부가 쉽게 볼 수 있는 곳
② 조종실 내부의 조종사가 보기 쉬운 곳
③ 교통경찰이 쉽게 볼 수 있는 곳
④ 특별 번호판 옆

41 습식 공기청정기에 대한 설명이 아닌 것은?

① 청정효율은 공기량이 증가할수록 높아지며, 회전속도가 빠르면 효율이 좋아진다.
② 흡입공기는 오일로 적셔진 여과망을 통과시켜 여과시킨다.
③ 공기청정기 케이스 밑에는 일정한 양의 오일이 들어 있다.
④ 공기청정기는 일정시간 사용 후 무조건 신품으로 교환해야 한다.

42 디젤기관에서 연료분사펌프로부터 보내진 고압의 연료를 미세한 안개 모양으로 연소실에 분사하는 부품은?

① 분사노즐　② 커먼레일
③ 분사펌프　④ 공급펌프

43 납산축전지에서 격리판의 역할은?

① 전해액의 증발을 방지한다.
② 과산화납으로 변화되는 것을 방지한다.
③ 전해액의 화학작용을 방지한다.
④ 음극판과 양극판의 절연성을 높인다.

44 기관에서 사용되는 일체형 실린더의 특징이 아닌 것은?

① 냉각수 누출우려가 적다.
② 라이너 형식보다 내마모성이 높다.
③ 부품 수가 적고 중량이 가볍다.
④ 강성 및 강도가 크다.

45 기동전동기에서 전기자 철심을 여러 층으로 겹쳐서 만드는 이유는?

① 자력선 감소
② 소형 경량화
③ 맴돌이 전류 감소
④ 온도 상승 촉진

46 디젤기관에 사용되는 연료의 구비조건으로 옳은 것은?

① 점도가 높고 약간의 수분이 섞여 있을 것
② 황의 함유량이 클 것
③ 착화점이 높을 것
④ 발열량이 클 것

47 기관의 윤활장치에서 엔진오일의 여과방식이 아닌 것은?

① 전류식　　② 샨트식
③ 합류식　　④ 분류식

48 직류발전기 구성부품이 아닌 것은?

① 로터코일과 실리콘 다이오드
② 전기자 코일과 정류자
③ 계철과 계자철심
④ 계자코일과 브러시

49 기관 과열의 원인이 아닌 것은?

① 히터스위치 고장
② 수온조절기의 고장
③ 헐거워진 냉각팬 벨트
④ 물 통로 내의 물 때(scale)

50 전조등 형식 중 내부에 불활성 가스가 들어 있으며, 광도의 변화가 적은 것은?

① 로우 빔 형식
② 하이 빔 형식
③ 실드 빔 형식
④ 세미실드 빔 형식

51 유압모터의 회전속도가 규정 속도보다 느릴 경우, 그 원인이 아닌 것은?

① 유압펌프의 오일 토출유량 과다
② 각 작동부의 마모 또는 파손
③ 유압유의 유입량 부족
④ 오일의 내부누설

52 유압유(작동유)의 온도 상승 원인에 해당하지 않는 것은?

① 작동유의 점도가 너무 높을 때
② 유압모터 내에서 내부마찰이 발생될 때
③ 유압회로 내의 작동압력이 너무 낮을 때
④ 유압회로 내에서 공동현상이 발생될 때

53 유압장치의 장점이 아닌 것은?

① 속도제어가 용이하다.
② 힘의 연속적 제어가 용이하다.
③ 온도의 영향을 많이 받는다.
④ 윤활성, 내마멸성, 방청성이 좋다.

54 작동유에 수분이 혼입되었을 때 나타나는 현상이 아닌 것은?

① 윤활능력 저하
② 작동유의 열화 촉진
③ 유압기기의 마모 촉진
④ 오일탱크의 오버플로

55 유압회로 내의 압력이 설정압력에 도달하면 유압펌프에서 토출된 오일을 전부 오일탱크로 회송시켜 유압펌프를 무부하로 운전시키는 데 사용하는 밸브는?

① 체크밸브(check valve)
② 시퀀스 밸브(sequence valve)
③ 언로드 밸브(unloader valve)
④ 카운터밸런스 밸브(count balance valve)

56 축압기(accumulator)의 사용 목적이 아닌 것은?

① 압력보상
② 유체의 맥동감쇠
③ 유압회로 내의 압력제어
④ 보조동력원으로 사용

57 유체의 압력에 영향을 주는 요소로 가장 관계가 적은 것은?

① 유체의 점도
② 관로의 직경
③ 유체의 흐름량
④ 작동유 탱크 용량

58 유압펌프의 종류에 포함되지 않는 것은?

① 기어펌프
② 진공펌프
③ 베인 펌프
④ 플런저 펌프

59 로더로 작업 중 유압회로 내의 유압이 상승되지 않을 때의 점검사항으로 적합하지 않은 것은?

① 오일탱크의 오일량 점검
② 오일이 누출되었는지 점검
③ 유압펌프로부터 유압이 발생되는지 점검
④ 자기탐상법에 의한 작업장치의 균열 점검

60 유압회로에서 오일을 한쪽 방향으로만 흐르도록 하는 밸브는?

① 릴리프 밸브(relief valve)
② 파일럿 밸브(pilot valve)
③ 체크밸브(check valve)
④ 오리피스 밸브(orifice valve)

4회 실전 모의고사

01 해머를 사용할 때 안전에 주의해야 될 사항으로 틀린 것은?

① 해머 사용 전 주위를 살펴본다.
② 담금질한 것은 무리하게 두들기지 않는다.
③ 해머를 사용하여 작업할 때에는 처음부터 강한 힘을 사용한다.
④ 대형해머를 사용할 때는 자기의 힘에 적합한 것으로 한다.

02 안전·보건표지의 구분에 해당하지 않는 것은?

① 금지표지　② 성능표지
③ 지시표지　④ 안내표지

03 무거운 물건을 들어 올릴 때의 주의사항에 관한 설명으로 가장 적합하지 않은 것은?

① 장갑에 기름을 묻히고 든다.
② 가능한 이동식 크레인을 이용한다.
③ 힘센 사람과 약한 사람과의 균형을 잡는다.
④ 약간씩 이동하는 것은 지렛대를 이용할 수도 있다.

04 장갑을 끼고 작업할 경우 안전상 가장 적합하지 않은 작업은?

① 전기용접 작업
② 타이어 교체 작업
③ 건설기계운전 작업
④ 선반 등의 절삭가공 작업

05 전기설비 화재에 가장 적합하지 않은 소화기는?

① 포말소화기
② 이산화탄소 소화기
③ 무상강화액 소화기
④ 할로겐화합물 소화기

06 사용구분에 따른 차광보안경의 종류에 해당하지 않는 것은?

① 자외선용　② 적외선용
③ 용접용　④ 비산방지용

07 안전작업 사항으로 잘못된 것은?

① 전기장치는 접지를 하고 이동식 전기기구는 방호장치를 설치한다.
② 엔진에서 배출되는 일산화탄소에 대비한 통풍장치를 한다.
③ 담뱃불은 발화력이 약하므로 제한장소 없이 흡연해도 무방하다.
④ 주요장비 등은 조작자를 지정하여 아무나 조작하지 않도록 한다.

08 **산업안전보건법상 산업재해의 정의로 옳은 것은?**

① 고의로 물적 시설을 파손한 것을 말한다.
② 운전 중 본인의 부주의로 교통사고가 발생된 것을 말한다.
③ 일상 활동에서 발생하는 사고로서 인적 피해에 해당하는 부분을 말한다.
④ 근로자가 업무에 관계되는 건설물, 설비, 원재료, 가스, 증기, 분진 등에 의하거나 작업 또는 그 밖의 업무로 인하여 사망 또는 부상하거나 질병에 걸리게 되는 것을 말한다.

09 **산업재해 원인은 직접원인과 간접원인으로 구분되는데, 다음 직접원인 중에서 불안전한 행동에 해당되지 않는 것은?**

① 허가 없이 장치를 운전
② 불충분한 경보시스템
③ 결함 있는 장치를 사용
④ 개인보호구 미사용

10 **산소결핍의 우려가 있는 장소에서 착용하여야 하는 마스크의 종류는?**

① 방독 마스크 ② 방진 마스크
③ 송기 마스크 ④ 가스 마스크

11 **유압브레이크 장치에서 제동페달이 복귀되지 않는 원인에 해당되는 것은?**

① 진공 체크밸브 불량
② 파이프 내의 공기의 침입
③ 브레이크 오일점도가 낮기 때문
④ 마스터실린더의 리턴구멍 막힘

12 **타이어식 로더의 앞 타이어를 손쉽게 교환할 수 있는 방법은?**

① 뒤 타이어를 빼고 로더를 기울여서 교환한다.
② 버킷을 들고 작업을 한다.
③ 잭으로만 고인다.
④ 버킷을 이용하여 차체를 들고 잭을 고인다.

13 **휠 형식 로더의 동력전달장치에서 슬립이음이 변화를 가능하게 하는 것은?**

① 축의 길이
② 회전속도
③ 드라이브 각
④ 축의 진동

14 **로더에서 그레이딩 작업이란?**

① 트럭에의 적재작업
② 토사 깎아내기 작업
③ 토사 굴착작업
④ 지면 고르기 작업

15 **로더 버킷에 토사를 채울 때 버킷은 지면과 어떻게 놓고 시작하는 것이 좋은가?**

① 45도 경사지게 한다.
② 평행하게 한다.
③ 상향으로 한다.
④ 하향으로 한다.

16 로더의 토사 깎기 작업방법으로 잘못 된 것은?

① 특수상황 외에는 항상 로더가 평행되도록 한다.
② 로더의 무게가 버킷과 함께 작용되도록 한다.
③ 깎이는 깊이 조정은 붐을 약간 상승시키거나 버킷을 복귀시켜서 한다.
④ 버킷의 각도는 35°~45°로 깎기 시작하는 것이 좋다.

17 로더로 지면 고르기 작업을 할 때 한 번의 고르기를 마친 후 로더를 몇 도 회전시켜서 반복하는 것이 가장 좋은가?

① 25° ② 45°
③ 90° ④ 180°

18 로더 작업 중 이동할 때 버킷의 높이는 지면에서 약 몇 m 정도로 유지해야 하는가?

① 0.1 ② 0.6
③ 1 ④ 1.5

19 로더가 버킷에 토사를 채운 후에 덤프트럭이 토사더미와 버킷 사이로 들어오면 상차하는 방법은?

① 직진·후진방법(I형)
② 비트상차방법
③ 90° 회전방법(T형)
④ V형 상차방법

20 로더의 작업방법으로 가장 적절한 것은?

① 버킷이 완전히 복귀된 다음 지면에서 약 0.6m 정도 올려서 주행한다.
② 적재하려는 흙더미 뒤에 트럭을 세워 놓고 로더 작업을 한다.
③ 적재물이나 트럭에 30°의 각도를 유지하면서 접근하도록 한다.
④ 버킷이 트럭 옆 1m 이내에서 방향을 바꾸어 트럭에 적재한다.

21 로더의 시간당 작업량 증대방법에 대한 설명 중 옳지 않은 것은?

① 로더의 버킷 용량이 큰 것을 사용한다.
② 굴착작업이 수반되지 않을 때에는 무한궤도형 로더를 사용한다.
③ 현장조건에 적합한 적재방법을 선택한다.
④ 운반기계의 진입, 회전 및 로더의 적재작업을 할 때 지장이 없도록 한다.

22 타이어식 로더 사용에 따른 주의사항으로 틀린 것은?

① 로더를 주차할 때에는 버킷을 반드시 지면에 내려놓는다.
② 경사지에서는 작업 중에 변속레버를 중립에 놓는다.
③ 버킷에 적재 후 주행할 때에는 버킷을 가능한 낮게 한다.
④ 버킷에 사람을 태우지 않는다.

23 **로더작업의 종료 후, 주차할 때 조치사항으로 틀린 것은?**

① 주차 브레이크를 작동시킨다.
② 변속레버를 중립위치에 놓는다.
③ 버킷을 지면에서 약 40cm를 유지한다.
④ 기관의 가동을 정지시키고 반드시 시동키를 뽑는다.

24 **로더 작업으로 가장 적합한 것은?**

① 지면보다 조금 높은 곳의 토량 상차에 적합하다.
② 운반거리가 먼 곳에 유리하다.
③ 상차 높이가 낮을수록 좋다.
④ 지면보다 낮은 곳의 토량 상차에 적합하다.

25 **골재채취장에서 주로 사용되는 버킷으로 토사와 암석 분리에 효과적인 버킷은?**

① 스켈리턴 버킷 ② 표준버킷
③ 퇴비버킷 ④ 사이드 버킷

26 **타이어형 로더에서 기관 시동 후 동력전달과정 설명으로 틀린 것은?**

① 바퀴는 구동차축에 설치되며 허브에 링 기어가 고정된다.
② 토크변환기는 변속기 앞부분에서 동력을 받고 변속기와 함께 알맞은 회전비와 토크비율을 조정한다.
③ 종 감속기어는 최종감속을 하고 구동력을 증대한다.
④ 차동기어장치의 차동제한장치는 없고 유성기어장치에 의해 차동제한을 한다.

27 **무한궤도형 로더의 장점에 속하지 않는 것은?**

① 강력한 견인력을 가지고 있다.
② 출력이 높아 장거리 이동성이 좋다.
③ 노면 상태가 험한 지형에서 이동이 용이하다.
④ 접지면적이 넓어서 습지, 사지에서의 이동이 용이하다.

28 **로더의 버킷 용도별 분류 중 나무뿌리 뽑기, 제초, 제석 등 지반이 매우 굳은 땅의 굴삭 등에 적합한 버킷은?**

① 스켈리턴 버킷
② 사이드 덤프 버킷
③ 래크 블레이드 버킷
④ 암석용 버킷

29 **로더로 상차작업 방법이 아닌 것은?**

① 좌우 옆으로 진입방법(N형)
② 직진·후진방법(I형)
③ 90° 회전방법(T형)
④ V형 상차방법(V형)

30 **로더의 기관을 시동 목적으로 구동라인이 연결된 상태로 밀거나 끌지 못하는 이유로 틀린 것은?**

① 바퀴로부터의 동력이 회전부분의 마찰을 초래하기 때문이다.
② 토크컨버터나 변속기 부분이 열에 의해 파손을 초래하기 때문이다.
③ 충분한 윤활작용을 할 수 없어 마찰과 열이 발생한다.
④ 구동라인을 차단하면 손상되는 부분이 없어 가능하다.

31 디젤엔진에 사용되는 과급기가 하는 역할로 가장 적합한 것은?

① 출력의 증대
② 윤활성의 증대
③ 냉각효율의 증대
④ 배기의 정화

32 겨울철 냉각수가 빙결되어 기관이 동파되는 원인은?

① 열을 빼앗아가기 때문
② 냉각수가 빙결되면 발전이 어렵기 때문
③ 엔진의 쇠붙이가 얼기 때문
④ 냉각수의 체적이 늘어나기 때문

33 기관에서 크랭크축의 역할은?

① 원활한 직선운동을 하는 장치이다.
② 기관의 진동을 줄이는 장치이다.
③ 직선운동을 회전운동으로 변환시키는 장치이다.
④ 상하운동을 좌우운동으로 변환시키는 장치이다.

34 엔진의 밸브장치 중 밸브가이드 내부를 상하 왕복운동 하며 밸브헤드가 받는 열을 가이드를 통해 방출하고, 밸브의 개폐를 돕는 부품의 명칭은?

① 밸브시트
② 밸브스템
③ 밸브 페이스
④ 밸브스템 엔드

35 디젤엔진 연료장치에서 공기를 뺄 수 있는 부분이 아닌 것은?

① 노즐 상단의 피팅 부분
② 분사펌프의 에어 브리드 스크루
③ 연료여과기의 벤트플러그
④ 연료탱크의 드레인 플러그

36 디젤기관에서 냉각수의 온도에 따라 냉각수 통로를 개폐하는 수온조절기가 설치되는 곳으로 적당한 곳은?

① 라디에이터 상부
② 라디에이터 하부
③ 실린더 블록 물재킷 입구부분
④ 실린더 헤드 물재킷 출구부분

37 교류발전기의 구성부품으로 교류를 직류로 변환하는 구성품은?

① 스테이터 ② 로터
③ 정류기 ④ 콘덴서

38 기관을 시동할 때 전류의 흐름으로 옳은 것은?

① 축전지 → 전기자 코일 → 정류자 → 브러시 → 계자코일
② 축전지 → 계자코일 → 브러시 → 정류자 → 전기자 코일
③ 축전지 → 전기자 코일 →브러시 → 정류자 → 계자코일
④ 축전지 → 계자코일 → 정류자 → 브러시 → 전기자 코일

39 로더에 사용되는 계기의 장점으로 틀린 것은?

① 구조가 복잡할 것
② 소형이고 경량일 것
③ 지침을 읽기가 쉬울 것
④ 가격이 쌀 것

40 예열장치의 고장원인이 아닌 것은?

① 가열시간이 너무 길면 자체발열에 의해 단선된다.
② 접지가 불량하면 전류의 흐름이 적어 발열이 충분하지 못하다.
③ 규정 이상의 전류가 흐르면 단선되는 고장의 원인이 된다.
④ 예열릴레이가 회로를 차단하면 예열플러그가 단선된다.

41 건설기계관리법령상 시·도지사는 건설기계등록원부를 건설기계의 등록을 말소한 날부터 몇 년간 보존하여야 하는가?

① 3　② 5
③ 7　④ 10

42 대형건설기계의 경고표지판 부착위치는?

① 작업인부가 쉽게 볼 수 있는 곳
② 조종실 내부의 조종사가 보기 쉬운 곳
③ 교통경찰이 쉽게 볼 수 있는 곳
④ 특별번호판 옆

43 건설기계 등록·검사증이 헐어서 못쓰게 된 경우 어떻게 하여야 되는가?

① 신규등록신청
② 등록말소신청
③ 정기검사신청
④ 재교부 신청

44 건설기계정비명령은 누구에게 하여야 하는가?

① 해당 건설기계운전자
② 해당 건설기계검사업자
③ 해당 건설기계정비업자
④ 해당 건설기계소유자

45 건설기계 등록번호표 중 관용에 해당하는 것은?

① 5001~8999
② 6000~9999
③ 0001~0999
④ 1000~5999

46 건설기계제동장치에 대한 정기검사를 면제 받고자 하는 경우 첨부하여야 하는 서류는?

① 건설기계매매업신고서
② 건설기계대여업신고서
③ 건설기계제동장치정비확인서
④ 건설기계해체재활용업신고서

47 해당 건설기계 운전의 국가기술자격소지자가 건설기계를 조종할 때 면허를 받지 않고 건설기계를 조종할 경우는?

① 무면허이다.
② 사고가 발생하였을 때에만 무면허이다.
③ 도로주행만 하지 않으면 괜찮다.
④ 면허를 가진 것으로 본다.

48 건설기계의 출장검사가 허용되는 경우가 아닌 것은?

① 도서지역에 있는 건설기계
② 너비가 2.0미터를 초과하는 건설기계
③ 최고속도가 시간당 35킬로미터 미만인 건설기계
④ 자체중량이 40톤을 초과하거나 축중이 10톤을 초과하는 건설기계

49 건설기계 등록번호표가 003-6543인 것은?

① 로더 - 대여사업용
② 덤프트럭 - 대여사업용
③ 지게차 - 자가용
④ 덤프트럭 - 관용

50 건설기계조종사면허를 받은 자는 면허증을 반납하여야 할 사유가 발생한 날로부터 며칠 이내에 반납하여야 하는가?

① 5일 ② 10일
③ 15일 ④ 30일

51 유압실린더 지지방식 중 트러니언형 지지방식이 아닌 것은?

① 캡측 플랜지 지지형
② 헤드측 지지형
③ 캡측 지지형
④ 센터 지지형

52 유압펌프에서 진동과 소음이 발생하고 양정과 효율이 급격히 저하되며, 날개차 등에 부식을 일으키는 등 유압펌프의 수명을 단축시키는 것은?

① 유압펌프의 비속도
② 유압펌프의 공동현상
③ 유압펌프의 채터링 현상
④ 유압펌프의 서징현상

53 유압탱크의 주요 구성요소가 아닌 것은?

① 유면계 ② 주입구
③ 유압계 ④ 격판(배플)

54 유압장치에서 배압을 유지하는 밸브는?

① 릴리프 밸브
② 카운터밸런스 밸브
③ 유량제어밸브
④ 방향제어밸브

55 압력을 표현한 공식으로 옳은 것은?

① 압력=힘÷면적
② 압력=면적×힘
③ 압력=면적÷힘
④ 압력=힘-면적

56 유압오일의 온도가 상승할 때 나타날 수 있는 결과가 아닌 것은?

① 오일누설 발생
② 유압펌프 효율 저하
③ 점도 상승
④ 유압밸브의 기능 저하

57 유압실린더에서 피스톤 행정이 끝날 때 발생하는 충격을 흡수하기 위해 설치하는 장치는?

① 쿠션기구
② 압력보상 장치
③ 서보밸브
④ 스로틀 밸브

58 유압장치에서 방향제어밸브의 설명 중 가장 적절한 것은?

① 오일의 흐름방향을 바꿔주는 밸브이다.
② 오일의 압력을 바꿔주는 밸브이다.
③ 오일의 유량을 바꿔주는 밸브이다.
④ 오일의 온도를 바꿔주는 밸브이다.

59 유압장치의 수명연장을 위해 가장 중요한 요소는?

① 오일탱크의 세척
② 오일냉각기의 점검 및 세척
③ 유압펌프의 교환
④ 오일필터의 점검 및 교환

60 유압 도면기호에서 여과기의 기호 표시는?

① 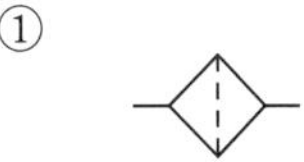

②  

③ 

④  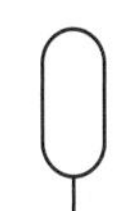

5회 실전 모의고사

01 유압작동부에서 오일이 누출되고 있을 때 가장 먼저 점검하여야 할 곳은?

① 실(seal) ② 피스톤
③ 기어 ④ 펌프

02 유압계통 내의 최대압력을 제어하는 밸브는?

① 체크밸브
② 초크밸브
③ 오리피스 밸브
④ 릴리프 밸브

03 유압에너지를 공급받아 회전운동을 하는 유압기기는?

① 유압실린더 ② 유압모터
③ 유압밸브 ④ 롤러 리미터

04 "밀폐된 용기 속의 유체일부에 가해진 압력은 각부의 모든 부분에 같은 세기로 전달된다."는 원리는?

① 베르누이의 원리
② 렌츠의 원리
③ 파스칼의 원리
④ 보일-샤를의 원리

05 유압장치에서 가장 많이 사용되는 유압회로도는?

① 조합회로도 ② 그림회로도
③ 단면회로도 ④ 기호회로도

06 유압유의 압력이 상승하지 않을 때의 원인을 점검하는 것으로 가장 거리가 먼 것은?

① 유압펌프의 토출유량 점검
② 유압회로의 누유상태 점검
③ 릴리프 밸브의 작동상태 점검
④ 유압펌프 설치고정 볼트의 강도 점검

07 유압회로 내에서 서지압(surge pressure)이란?

① 과도적으로 발생하는 이상 압력의 최댓값
② 정상적으로 발생하는 압력의 최댓값
③ 정상적으로 발생하는 압력의 최솟값
④ 과도적으로 발생하는 이상 압력의 최솟값

08 유압회로 내에 기포가 발생할 때 일어날 수 있는 현상과 가장 거리가 먼 것은?

① 작동유의 누설 저하
② 소음 증가
③ 공동현상 발생
④ 액추에이터의 작동 불량

09 축압기의 용도로 적합하지 않은 것은?

① 유압에너지 저장
② 충격흡수
③ 유량분배 및 제어
④ 압력보상

10 2개 이상의 분기회로를 갖는 회로 내에서 작동순서를 회로의 압력 등에 의하여 제어하는 밸브는?

① 체크밸브 ② 시퀀스 밸브
③ 한계밸브 ④ 서보밸브

11 로더를 이용하여 모래지반에서 작업할 때 주의사항으로 틀린 것은?

① 급선회, 급가속을 하지 말 것
② 급제동을 하지 말 것
③ 슬립 및 고속회전 금지
④ 주행속도를 이용한 돌입력으로 굴착 금지

12 휠 로더로 바위 등이 있는 현장에서 작업할 때 주의사항으로 틀린 것은?

① 홈이 깊은 타이어나 절단방지용 타이어를 사용한다.
② 타이어의 공기압을 규정보다 높게 한다.
③ 타이어의 위치를 교환하여 마멸을 적게 한다.
④ 타이어가 미끄럼을 일으키지 않도록 운전한다.

13 로더의 조종 및 작업할 때 안전수칙 중 틀린 것은?

① 로더에는 운전자 이외는 승차를 금지시킨다.
② 연속으로 사용하는 로더는 일상점검을 생략하도록 한다.
③ 로더를 사용하지 않을 때에는 버킷을 지면에 내려놓는다.
④ 타이어나 차축을 정비할 때에는 고임장치를 확실하게 한다.

14 로더로 굴착작업을 할 때의 방법으로 틀린 것은?

① 지면이 단단하면 버킷에 투스를 부착한다.
② 버킷에 흙을 가득 채웠을 때는 뒤로 오므로 큰 힘을 받을 수 있게 한다.
③ 굴착작업의 밑면은 평탄이 되도록 굴착한다.
④ 붐과 버킷 밑은 지렛대 장치의 받침대 역할을 하므로 오므리지 않아도 된다.

15 로더의 작업방법으로 맞는 것은?

① 굴착작업을 할 때에는 버킷을 올려세우고 작업을 하며, 적재할 때에는 전경각 35도를 유지해야 한다.
② 굴착작업을 할 때에는 버킷을 수평 또는 약 5도 정도 앞으로 기울이는 것이 좋다.
③ 작업할 때에는 변속기의 단수를 높이면 작업효율이 좋아진다.
④ 단단한 땅을 굴착할 때에는 그라인더로 버킷 끝을 날카롭게 만든 후 작업을 하며, 굴착을 할 때에는 후경각 45도를 유지해야 한다.

16 로더의 상차적재 방법 중 좁은 장소에서 주로 이용되는 관계로 비교적 효율이 낮은 상차방법은?

① 비트 상차방법
② 직진·후진 상차방법(I형)
③ 90° 회전방법(T형)
④ V형 상차방법

17 로더의 버킷에 토사를 적재 후 이동할 때 지면과 가장 적당한 간격은?

① 장애물의 식별을 위해 지면으로부터 약 2m 높게 하여 이동한다.
② 작업을 할 때 화물을 적재 후, 후진할 때는 다른 물체와 접촉을 방지하기 위해 약 3m 높이로 이동한다.
③ 작업시간을 고려하여 항시 트럭적재함 높이만큼 위치하고 이동한다.
④ 안정성을 고려하여 지면으로부터 약 60~90cm에 위치하고 이동한다.

18 덤프트럭에 흙을 적재하려고 로더의 방향을 바꾸고자 할 때 버킷과 덤프트럭 옆의 거리는 몇 m 정도에서 방향을 바꾸어야 효과적인가?

① 4.0~4.5m ② 5.0~5.5m
③ 3.0~3.7m ④ 1.0~1.7m

19 로더의 지면 고르기 작업방법을 설명하였다 틀린 것은?

① 모래땅이면 지면 고르기 작업을 하지 않는다.
② 지면 고르기 작업을 하기 전에 파여진 부분을 메운다.
③ 지면 고르기 작업을 한번 마친 후 로더를 45° 회전시켜서 반복한다.
④ 지면 고르지 작업은 북쪽과 남쪽, 동쪽과 서쪽 순서로 한다.

20 로더로 제방이나 쌓여있는 흙더미에서 작업할 때 버킷의 날을 지면과 어떻게 유지하는 것이 가장 좋은가?

① 20° 정도 전경시킨 각
② 30° 정도 전경시킨 각
③ 버킷과 지면이 수평으로 나란하게
④ 90° 직각을 이룬 전경과 후경을 교차로

21 로더의 클러치 컷-오프밸브의 기능이 아닌 것은?

① 변속기의 변속범위에 있을 때 브레이크 페달을 밟으면 순간적으로 변속 클러치가 풀리도록 한다.
② 평지에서 작업을 할 때에는 레버를 하향시켜 변속 클러치가 풀리도록 하여 제동을 용이하게 한다.
③ 경사지에서 작업을 할 때에는 레버를 상향시켜 변속 클러치가 계속 물려있도록 하여 미끄럼을 방지한다.
④ 변속기의 변속을 용이하게 한다.

22 **로더에서 부동위치(floating position)가 설치되어 있는 것은?**

① 붐 컨트롤밸브 ② 버킷 컨트롤밸브
③ 조향 컨트롤밸브 ④ 조향실린더

23 **허리꺾기 방식(차체굴절 방식) 타이어 로더의 조향장치에 대한 설명으로 옳은 것은?**

① 협소한 장소에서의 작업은 어렵다.
② 앞차체가 굴절되어 방향을 전환하여 안정성이 나쁘다.
③ 조행핸들을 작동시키면 뒷바퀴가 방향을 변환하여 선회한다.
④ 뒷바퀴는 선회축이 되고 앞바퀴가 굴절되어 작동하며 회전반경이 크다.

24 **로더의 버킷이 흙속으로 깊이 파고 들어갈 때 취해야 할 조치는?**

① 붐 제어레버를 밀면서 천천히 전진한다.
② 붐 제어레버를 당기면서 천천히 버킷을 복귀시킨다.
③ 붐과 버킷 제어레버를 중립에 놓고 변속레버를 1단으로 하여 전진한다.
④ 버킷 제어레버를 당기면서 후진한다.

25 **로더의 전경각으로 옳은 것은?**

① 가 ② 나
③ 다 ④ 라

26 **로더의 자동유압 붐 킥아웃의 기능은?**

① 붐이 일정한 높이에 이르면 자동적으로 멈추어 작업능률과 안전성을 기하는 장치
② 버킷링크를 조정하여 덤프 실린더가 수평이 되게 하는 장치
③ 가끔 침전물이나 물을 뽑아내고 이물질을 걸러내는 장치
④ 로더의 고속작동 시 자동적으로 버킷의 수평을 조정하는 장치

27 **휠 로더 붐 제어레버의 작동위치가 아닌 것은?**

① 상승 ② 하강
③ 부동 ④ 틸트

28 **차체굴절 방식 로더의 조향장치에 필요한 부품이 아닌 것은?**

① 유압실린더
② 조향펌프
③ 웜 기어
④ 컴프레서

29 **휠 로더의 휠 허브에 있는 유성기어장치의 동력전달순서로 옳은 것은?**

① 선 기어 → 유성기어 → 유성기어캐리어 → 바퀴
② 유성기어캐리어 → 유성기어 → 선 기어 → 바퀴
③ 링 기어 → 유성기어 → 선 기어 → 바퀴
④ 선 기어 → 링 기어 → 유성기어캐리어 → 바퀴

30 변속레버를 작동시켜도 로더가 진행하지 않는다. 고장원인과 관계가 먼 것은?

① 토크컨버터의 오일부족
② 다판 클러치의 작동불량
③ 변속레버 스풀의 작동불량
④ 동력인출 장치의 작동불량

31 교류아크 용접기의 감전방지용 방호장치에 해당하는 것은?

① 2차 권선장치
② 자동전격방지기
③ 전류조절장치
④ 전자계전기

32 가스용접을 할 때 사용하는 봄베의 안전수칙으로 틀린 것은?

① 봄베를 넘어뜨리지 않는다.
② 봄베를 던지지 않는다.
③ 산소 봄베는 40℃ 이하에서 보관한다.
④ 봄베 몸통에는 녹슬지 않도록 그리스를 바른다.

33 작업할 때 준수해야 할 안전사항으로 틀린 것은?

① 대형물건을 기중작업을 할 때에는 신호 확인을 철저히 할 것
② 고장 중인 기기에는 표시를 해 둘 것
③ 정전이 되면 반드시 전원을 차단할 것
④ 자리를 비울 때 장비 작동은 자동으로 할 것

34 사고의 원인 중 가장 많은 부분을 차지하는 것은?

① 불가항력
② 불안전한 환경
③ 불안전한 행동
④ 불안전한 지시

35 6각 볼트, 너트를 조이고 풀 때 가장 적합한 공구는?

① 바이스 ② 플라이어
③ 드라이버 ④ 복스 렌치

36 근로자 1,000명당 1년간에 발생하는 재해자 수를 나타낸 것은?

① 도수율 ② 강도율
③ 연천인율 ④ 사고율

37 장갑을 끼고 작업할 때 가장 위험한 작업은?

① 건설기계운전 작업
② 타이어 교환 작업
③ 해머작업
④ 오일교환 작업

38 안전수칙을 지킴으로 발생될 수 있는 효과로 가장 거리가 먼 것은?

① 기업의 신뢰도를 높여준다.
② 기업의 이직률이 감소된다.
③ 기업의 투자경비가 늘어난다.
④ 상하 동료 간의 인간관계가 개선된다.

39 화재에서 연소의 주요 3요소로 틀린 것은?

① 고압　　② 가연물
③ 점화원　　④ 산소

40 작업환경 개선방법으로 가장 거리가 먼 것은?

① 채광을 좋게 한다.
② 조명을 밝게 한다.
③ 부품을 신품으로 모두 교환한다.
④ 소음을 줄인다.

41 4행정 사이클 기관에서 흡기밸브와 배기밸브가 모두 닫혀 있는 행정은?

① 흡입행정, 압축행정
② 압축행정, 동력행정
③ 폭발행정, 배기행정
④ 배기행정, 흡입행정

42 엔진의 윤활유 소비량이 과대해지는 가장 큰 원인은?

① 기관의 과냉
② 피스톤링 마멸
③ 오일여과기가 불량할 때
④ 냉각펌프 손상

43 실린더 헤드개스킷이 손상되었을 때 일어나는 현상으로 가장 옳은 것은?

① 엔진오일의 압력이 높아진다.
② 피스톤링의 작동이 느려진다.
③ 압축압력과 폭발압력이 낮아진다.
④ 피스톤이 가벼워진다.

44 디젤기관의 분사펌프에 연료를 보내거나 공기빼기 작업을 할 때 필요한 장치는?

① 체크밸브(check valve)
② 프라이밍 펌프(priming pump)
③ 오버플로 파이프(over flow pipe)
④ 드레인 펌프(drain pump)

45 기관에서 수온조절기의 설치 위치로 옳은 것은?

① 실린더 헤드 물재킷 출구부분
② 실린더 블록 물재킷 출구부분
③ 라디에이터 위 탱크 입구부분
④ 라디에이터 아래 탱크 출구부분

46 터보방식 과급기의 작동상태에 대한 설명으로 틀린 것은?

① 디퓨저에서 공기의 압력에너지가 속도에너지로 바뀌게 된다.
② 배기가스가 임펠러를 회전시키면 공기가 흡입되어 디퓨저에 들어간다.
③ 디퓨저에서는 공기의 속도에너지가 압력에너지로 바뀌게 된다.
④ 압축공기가 각 실린더의 밸브가 열릴 때마다 들어가 충전효율이 증대된다.

47 축전지의 용량(전류)에 영향을 주는 요소로 틀린 것은?

① 극판의 수 ② 극판의 크기
③ 전해액의 양 ④ 냉간율

48 한쪽의 방향지시등만 점멸속도가 빠른 원인으로 옳은 것은?

① 전조등 배선접촉 불량
② 플래셔 유닛 고장
③ 한쪽 램프의 단선
④ 비상등 스위치 고장

49 로더에서 사용하는 납산축전지에 대한 설명으로 틀린 것은?

① 화학에너지를 전기에너지로 변환하는 것이다.
② 완전 방전되었을 때에만 재충전 한다.
③ 전압은 셀의 수에 의해 결정된다.
④ 전해액 면이 낮아지면 증류수를 보충하여야 한다.

50 기동전동기의 피니언과 기관의 플라이휠 링 기어가 물리는 방식 중 피니언의 관성과 직류 직권전동기가 무부하에서 고속 회전하는 특성을 이용한 방식은?

① 피니언 섭동방식
② 벤딕스 방식
③ 전기자 섭동방식
④ 전자방식

51 건설기계의 조종 중 고의로 사망의 인명 피해를 입힌 때 조종사면허 처분기준은?

① 면허취소
② 면허효력정지 60일
③ 면허효력정지 45일
④ 면허효력정지 30일

52 건설기계관리법에 따라 최고주행속도 15km/h 미만의 타이어식 건설기계가 필히 갖추어야 할 조명장치가 아닌 것은?

① 전조등
② 후부반사기
③ 비상점멸 표시등
④ 제동등

53 건설기계에서 등록의 경정은 어느 때 하는가?

① 등록을 행한 후에 그 등록에 관하여 착오 또는 누락이 있음을 발견한 때
② 등록을 행한 후에 소유권이 이전되었을 때
③ 등록을 행한 후에 등록지가 이전되었을 때
④ 등록을 행한 후에 소재지가 변동되었을 때

54 건설기계 록말소신청을 할 때 구비서류에 해당되는 것은?

① 건설기계등록증
② 주민등록등본
③ 수입면장
④ 제작증명서

55 건설기계의 수시검사 대상이 아닌 것은?

① 소유자가 수시검사를 신청한 건설기계
② 사고가 자주 발생하는 건설기계
③ 성능이 불량한 건설기계
④ 구조를 변경한 건설기계

56 건설기계관리법상 건설기계에 해당되지 않는 것은?

① 자체중량 2톤 이상의 로더
② 노상안정기
③ 천장크레인
④ 콘크리트살포기

57 건설기계대여업을 하고자 하는 자는 누구에게 등록을 하여야 하는가?

① 읍·면·동장
② 행정안전부장관
③ 국토교통부장치
④ 시장·군수·구청장

58 건설기계 조종사의 면허취소 사유가 아닌 것은?

① 거짓 또는 부정한 방법으로 건설기계 면허를 받은 때
② 면허정지처분을 받은 자가 그 정지기간 중 건설기계를 조종한 때
③ 건설기계의 조종 중 고의로 중대한 사고를 일으킨 때
④ 정기검사를 받은 건설기계를 조종한 때

59 대여사업용 건설기계 번호표의 색상은?

① 주황색 바탕에 검은색 문자
② 붉은색 바탕에 흰색 문자
③ 노란색 바탕에 검정색 문자
④ 흰색 바탕에 검은색 문자

60 등록지를 관할하는 검사대행자가 시행할 수 없는 것은?

① 정기검사 ② 신규등록검사
③ 수시검사 ④ 정비명령

1회 실전 모의고사 정답 및 해설

1	④	2	②	3	①	4	②	5	①	6	③	7	③	8	③	9	②	10	①
11	①	12	②	13	②	14	④	15	③	16	④	17	②	18	②	19	②	20	③
21	④	22	③	23	④	24	②	25	①	26	③	27	③	28	④	29	③	30	④
31	④	32	①	33	②	34	④	35	①	36	④	37	①	38	④	39	②	40	②
41	③	42	①	43	④	44	①	45	②	46	③	47	④	48	①	49	③	50	④
51	③	52	①	53	④	54	①	55	①	56	②	57	④	58	②	59	④	60	④

02 작업복은 착용자의 연령, 성별 등에 알맞은 스타일을 선정해야 한다.

03 공기기구의 섭동(미끄럼 운동) 부위에 윤활유를 주유하여야 한다.

04 장비는 취급자가 사용하여야 한다.

05 산소용기는 녹색으로 도색한다.

06 공장 바닥에는 폐유나 물을 뿌려서는 안 된다.

07 소화기 근처에 물건을 적재해서는 안 된다.

08 D급 화재는 금속나트륨, 금속칼륨 등의 화재로서 일반적으로 건조사를 이용한 질식효과로 소화한다.

09 유류취급 장소에는 소화기나 모래 등을 준비해 두어야 한다.

11 타이어형 로더의 조향방식이 허리꺾기 방식이다.

12 기계방식 스키드 로더로 덤프작업을 할 때에는 페달의 앞부분을 누른다.

13 타이어형 로더로 바위가 있는 현장에서 작업할 때에는 슬립이 일어나지 않도록 하고, 타이어 공기압력은 규정 값으로 하며, 컷 방지용 타이어나 홈이 깊은 타이어를 사용한다.

14 **로더를 사용하여 적재물을 운반할 때의 유의사항**
- 버킷을 0.6~0.9m 정도 올려 운행한다.
- 하중을 버킷의 한 곳에 집중시키지 않는다.
- 고압선 아래에서는 버킷을 최대한 낮춰 차실을 보호하며 운행한다.
- 로더가 전방으로 전도되면 즉시 버킷을 하강시켜 균형을 유지하도록 한다.

15 허브에 있는 유성기어장치 기능은 바퀴 회전속도의 감속, 구동력의 증가이다.

17 굴착기와 로더의 버킷에는 투스(tooth)가 부착되어 있다.

18 추진축은 요크, 평형추, 센터베어링으로 구성되어 있다.

19 무한궤도형은 접지압력이 낮아 습지나 모래지형에서 작업하기 용이하다.

20 타이어식 로더의 조향방식에는 전륜조향 방식, 후륜조향 방식, 허리꺾기 방식 등이 있다.

21 로더의 기준부하상태란 로더의 버킷에 한국산업표준에 따른 비중의 토사를 산적한 상태에서 버킷을 가장 안쪽으로 기울이고 버킷의 밑면을 로더의 최저지상고까지 올린 상태를 말한다.

22 로더작업의 종료 후, 주차할 때에는 버킷을 지면에 내려놓아야 한다.

23 붐 제어레버에는 상승, 유지, 하강, 부동의 4가지 위치가 있다.

24 버킷이 토사에 충분히 파고들면 전진하면서 붐을 상승시키고 이때 버킷을 오므리면서 토사를 담는다.

25 휠 허브의 동력전달 순서는 선 기어 → 유성기어 → 유성기어 캐리어 → 바퀴이다.

26 엔진오일 교환은 월간 점검사항이다.

27 로더로 제방이나 쌓여있는 흙더미에서 작업할 때 버킷의 날을 지면과 수평으로 나란하게 유지하는 것이 가장 좋다.

28 타이어식 로더의 엔진 시동 순서는 주차 브레이크 위치 확인 → 기어레버 중립 확인 → 파일럿 컷 오프 스위치 잠금 확인 → 시동이다.

29 주행할 때에는 버킷을 지면에서 60~90cm 정도 위로 올리고 주행한다.

30 작업 장치를 작동시키는 유압 실린더는 복동식을 사용한다.

32 건설기계 등록신청은 건설기계를 취득한 날로부터 2개월 이내 하여야 한다.

33 건설기계해체재활용업자는 건설기계의 폐기요청을 받은 때에는 폐기대상 건설기계를 인수한 후 폐기요청을 한 건설기계소유자에게 폐기대상 건설기계 인수증명서를 발급하여야 한다.

34 건설기계를 조종 중에 고의 또는 과실로 가스공급시설을 손괴한 경우 면허효력정지 180일이다.

35 건설기계조종사 면허가 취소되었을 경우 그 사유가 발생한 날로부터 10일 이내에 면허증을 반납해야 한다.

36 건설기계의 구조변경을 할 수 없는 경우
- 건설기계의 기종변경
- 육상작업용 건설기계의 규격을 증가시키기 위한 구조변경
- 육상작업용 건설기계의 적재함 용량을 증가시키기 위한 구조변경

37 건설기계를 등록할 때 필요한 서류
- 건설기계제작증(국내에서 제작한 건설기계의 경우)
- 수입면장 기타 수입 사실을 증명하는 서류(수입한 건설기계의 경우)
- 매수증서(행정기관으로부터 매수한 건설기계)
- 건설기계의 소유자임을 증명하는 서류
- 건설기계제원표
- 자동차손해배상보장법에 따른 보험 또는 공제의 가입을 증명하는 서류

38 검사를 연장 받을 수 있는 기간
- 해외임대를 위하여 일시 반출되는 건설기계의 경우에는 반출기간 이내
- 압류된 건설기계의 경우에는 그 압류기간 이내
- 타워크레인 또는 천공기(터널보링식 및 실드굴진식으로 한정)가 해체된 경우에는 해체되어 있는 기간 이내
- 당해 사업의 휴지를 신고한 경우에는 당해 사업의 개시신고를 하는 때까지

39 폐기요청을 받은 건설기계를 폐기하지 아니하거나 등록번호표를 폐기하지 아니한 자의 벌칙은 1년 이하의 징역 또는 1천만 원 이하의 벌금이다.

40 건설기계 등록의 말소 사유
- 거짓이나 그 밖의 부정한 방법으로 등록을 한 경우
- 건설기계가 천재지변 또는 이에 준하는 사고 등으로 사용할 수 없게 되거나 멸실된 경우
- 건설기계의 차대(車臺)가 등록 시의 차대와 다른 경우
- 건설기계가 건설기계안전기준에 적합하지 아니하게 된 경우
- 최고(催告)를 받고 지정된 기한까지 정기검사를 받지 아니한 경우
- 건설기계를 수출하는 경우
- 건설기계를 도난당한 경우
- 건설기계를 폐기한 경우
- 구조적 제작 결함 등으로 건설기계를 제작자 또는 판매자에게 반품한 때
- 건설기계를 교육·연구 목적으로 사용하는 경우

41 기동전동기(시동모터)가 회전이 안 되는 원인
- 시동스위치의 접촉이 불량할 때
- 축전지가 과다 방전되었을 때
- 축전지 단자와 케이블의 접촉이 불량하거나 단선되었을 때
- 기동전동기 브러시스프링 장력이 약해 정류자의 밀착이 불량할 때
- 기동전동기 전기자 코일 또는 계자코일이 단락되었을 때

42 예열플러그가 심하게 오염되는 경우는 불완전 연소 또는 노킹이 발생하였기 때문이다.

43 교류발전기 다이오드의 역할은 교류를 정류하고, 역류를 방지한다.

44 크랭크축 베어링의 구비조건
- 하중 부담능력 및 매입성이 있을 것
- 내부식성 및 내피로성이 있을 것
- 마찰계수가 적고, 추종유동성이 있을 것
- 길들임성이 좋을 것

45 전압(voltage)이란 전기적인 높이, 즉 전기적인 압력을 말한다.

46 축전지의 구비조건
- 소형·경량이고, 수명이 길 것
- 심한 진동에 견딜 수 있을 것
- 용량이 크고, 가격이 쌀 것
- 전기적 절연이 완전할 것
- 전해액의 누출 방지가 완전할 것
- 다루기 쉬울 것

47 냉각장치 내의 비등점(비점)을 높이고, 냉각범위를 넓히기 위하여 압력식 캡을 사용한다.

48 기관의 오일압력이 낮은 원인
- 기관오일의 양이 부족할 때
- 크랭크축 오일 틈새가 클 때
- 오일펌프가 불량할 때
- 유압조절밸브(릴리프 밸브)가 열린 상태로 고장 났을 때
- 커넥팅로드 대단부 베어링과 핀 저널의 간극이 클 때
- 기관오일에 경유가 혼입되었을 때

49 디젤기관 노킹 발생의 원인
- 연료의 세탄가가와 분사압력이 낮을 때
- 착화지연기간 중 연료분사량이 많을 때
- 연소실의 온도가 낮고, 착화지연시간이 길 때
- 압축비가 낮고, 기관이 과냉되었을 때
- 분사노즐의 분무상태가 불량할 때

51 숨 돌리기 현상은 유압유의 공급이 부족할 때 발생한다.

52 릴리프 밸브는 유압장치 내의 압력을 일정하게 유지하고, 최고압력을 제한하며 회로를 보호하며, 과부하 방지와 유압기기의 보호를 위하여 최고 압력을 규제한다.

53 유압유의 점도
- 점성의 정도를 나타내는 척도이다.
- 온도가 상승하면 점도는 저하된다.
- 온도가 내려가면 점도는 높아진다.
- 점도가 낮아지면 유압이 낮아진다.
- 점도가 높으면 유압은 높아진다.

54 유압 실린더를 교환 후 우선적으로 엔진을 저속 공회전 시킨 후 공기빼기 작업을 실시한다.

57 유압의 단점
- 고압 사용으로 인한 위험성 및 이물질에 민감하다.
- 유온의 영향에 따라 정밀한 속도와 제어가 곤란하다.
- 폐유에 의한 주변 환경이 오염될 수 있다.
- 오일은 가연성이 있어 화재에 위험하다.
- 회로 구성이 어렵고 누설되는 경우가 있다.
- 오일의 온도에 따라서 점도가 변하므로 기계의 속도가 변한다.
- 에너지의 손실이 크며, 관로를 연결하는 곳에서 유체가 누출될 우려가 있다.

58 디셀러레이션 밸브는 캠(cam)으로 조작되는 유압밸브이며 액추에이터의 속도를 서서히 감속시킬 때 사용한다.

59 유압작동부에서 오일이 누출되면 가장 먼저 실(seal)을 점검하여야 한다.

60 차동장치는 동력전달장치 부품이다.

2회 실전 모의고사 정답 및 해설

1	②	2	①	3	②	4	③	5	④	6	②	7	③	8	③	9	③	10	④
11	④	12	④	13	④	14	②	15	④	16	④	17	②	18	④	19	③	20	④
21	①	22	①	23	①	24	②	25	③	26	④	27	④	28	②	29	④	30	②
31	④	32	④	33	④	34	③	35	①	36	④	37	③	38	①	39	②	40	④
41	①	42	④	43	③	44	④	45	②	46	④	47	①	48	①	49	③	50	②
51	②	52	②	53	③	54	③	55	②	56	③	57	①	58	③	59	①	60	④

01 압력제어밸브의 종류는 릴리프 밸브, 리듀싱(감압) 밸브, 시퀀스(순차) 밸브, 언로드(무부하) 밸브, 카운터밸런스 밸브가 있다.

02 중량물 운반 작업을 할 때에는 중작업용 안전화를 착용하여야 한다.

03 절단하거나 깎는 작업을 할 때는 보안경을 반드시 착용하여야 한다.

04 작업장에서 작업복을 착용하는 이유는 재해로부터 작업자의 몸을 보호하기 위함이다.

06 안전모에 구멍을 뚫어서는 안 된다.

07 안전을 지킴으로써 얻을 수 있는 이점(산업안전의 중요성)

- 직장의 신뢰도를 높여준다.
- 직장 상하 동료 간 인간관계 개선효과도 기대된다.
- 사내 안전수칙이 준수되어 질서유지가 실현된다.
- 이직률이 감소된다.
- 근로자의 생명과 건강을 지킬 수 있다.

08 구동벨트는 기관의 가동이 정지된 상태에서 점검하여야 한다.

09 토크렌치는 볼트와 너트를 규정토크로 조일 때만 사용하여야 한다.

10 공구를 전달할 때 옆 작업자에게 공구를 던져서 전달해서는 안 된다.

11 사고를 일으킬 수 있는 직접적인 재해의 원인은 불안전한 행동이다.

12 로더에 관한 설명

- 붐 리프트 레버에는 상승, 유지, 하강, 부동의 4가지 위치가 있다.
- 버킷 틸트 레버에는 전경, 후경, 유지의 3가지 위치가 있다.
- 버킷 틸트 레버에는 버킷을 지면에 내려놓았을 때 굴착각도가 적당히 되도록 설정해 주는 포지션 장치가 있다.

13 경사지에서 작업할 때 작업허용 운전경사각 10°를 초과하면 안 된다.

14 로더의 상차방법

- 직진·후진방법(I형) : 로더가 버킷에 토사를 채운 후에 덤프트럭이 토사더미와 버킷 사이로 들어오면 상차하는 방법이다.
- 90° 회전방법(T형) : 주로 좁은 장소에서 사용되며, 비교적 작업효율이 낮다.
- V형 상차방법(V형) : 로더가 토사를 버킷에 담고 후진을 한 후 덤프트럭 쪽으로 방향을 바꾸면서 전진하여 덤프트럭에 상차하는 방법이다.

15 로더를 트레일러에 상·하차하는 방법에는 언덕을 이용하는 방법, 기중기를 이용하는 방법, 상·하차대를 이용하는 방법 등이 있다.

16 트랙의 장력이 너무 느슨하면 벗겨질 위험이 있기 때문에 조정해야 한다.

17 허리꺾기 조향방식은 유압실린더를 사용하여 앞 차체를 굴절하여 조향하며, 선회반경이 작아 좁은 장소에서의 작업에 유리한 장점이 있으나 안정성이 나쁘다.

18 버킷의 각도는 5°로 깎기 시작하는 것이 좋다.

20 로더로 할 수 있는 작업은 토량상차, 토사적재작업, 굴착작업, 송토작업, 홈 파내기, 부피가 큰 재료를 끌어 모으기 등이다.

21 타이어형 로더의 조향방식이 허리꺾기 방식이다.

23 **로더 버킷의 전경각과 후경각**
- 로더의 전경각 : 버킷을 가장 높이 올린 상태에서 버킷만을 가장 아래쪽으로 기울였을 때 버킷의 가장 넓은 바닥면이 수평면과 이루는 각도
- 로더의 후경각 : 버킷의 가장 넓은 바닥면을 지면에 닿게 한 후 버킷만을 가장 안쪽으로 기울였을 때 버킷의 가장 넓은 바닥면이 지면과 이루는 각도
- 로더의 전경각은 45도 이상, 후경각은 35도 이상이어야 한다. 다만, 출입문이 전방에 설치된 로더의 전경각은 35도 이상, 후경각은 25도 이상이어야 하고, 버킷에 적재물배출장치(이젝터)를 설치한 경우에는 전경각 기준은 적용하지 아니한다.

24 틸트 레버(tilt lever)의 3가지 위치는 전경, 후경, 유지이다.

25 래크 블레이드 버킷(rack blade bucket)은 나무뿌리 뽑기, 제초, 제석 등 지반이 매우 굳은 땅의 굴삭 등에 적합하다.

26 로더를 주차할 때에는 버킷을 지면에 내려놓도록 한다.

27 클러치 컷 오프밸브(clutch cut off valve)는 브레이크 페달을 밟으면 변속 클러치가 떨어져 엔진의 동력이 차축까지 전달되지 않도록 하는 장치이다.

28 무한궤도형 로더는 강력한 견인력을 가지고 있으며, 노면 상태가 험한 지형에서 이동이 용이하고, 접지면적이 넓어서 습지, 사지에서의 이동이 용이한 장점이 있으나 이동성이 낮은 단점이 있다.

29 자동제한 차동기어장치가 있으면 미끄러운 노면에서 운행이 용이하다.

30 로더의 작업 장치에는 프런트 엔드형(front end dump type), 사이드 덤프형(side dump type), 오버헤드형(over head dump type), 스윙형(swing dump type), 백호 셔블형(back hoe shovel type) 등이 있다.

31 4행정 사이클 기관의 행정순서는 흡입 → 압축 → 동력(폭발) → 배기이다.

32 실린더 내에서 폭발이 일어나면 피스톤 → 커넥팅로드 → 크랭크축 → 플라이휠(클러치) 순서로 전달된다.

33 **작업 후 탱크에 연료를 가득 채워주는 이유**
- 다음의 작업을 준비하기 위함이다.
- 연료의 기포 방지를 위함이다.
- 연료탱크 내의 공기 중의 수분이 응축되어 물이 생기는 것을 방지하기 위함이다.

34 **가압방식(압력 순환방식) 라디에이터의 장점**
- 라디에이터(방열기)를 작게 할 수 있다.
- 냉각수의 비등점을 높여 비등에 의한 손실을 줄일 수 있다.
- 냉각수 손실이 적어 보충횟수를 줄일 수 있다.
- 기관의 열효율이 향상된다.

35 밀봉작용은 기밀유지 작용이라고도 하며, 실린더와 피스톤 사이에 유막을 형성하여 압축 및 연소가스가 누설되지 않도록 기밀을 유지한다.

38 축전지 내부의 충·방전작용은 화학작용을 이용한다.

39 기관 시동용으로 사용하는 전동기는 직류직권 전동기이다.

40 교류발전기는 전류를 발생하는 스테이터(stator), 전류가 흐르면 전자석이 되는(자계를 발생하는) 로터(rotor), 스테이터 코일에서 발생한 교류를 직류로 정류하는 다이오드, 여자전류를 로터코일에 공급하는 슬립링과 브러시, 엔드 프레임 등으로 되어 있다.

41 타이어형 로더에서 타이어의 과다마모를 일으키는 운전

- 과부하를 건 상태에서의 주행
- 빈번한 급출발과 급제동
- 과도한 브레이크 사용
- 도랑 등 홈이 파여진 곳에 타이어 측면이 닿은 상태로 작업

42 건설기계의 정기검사 유효기간이 1년이 되는 것은 신규등록일로부터 20년을 초과한 경우이다.

43 건설기계등록의 말소사유

- 거짓이나 그 밖의 부정한 방법으로 등록을 한 경우
- 건설기계가 천재지변 또는 이에 준하는 사고 등으로 사용할 수 없게 되거나 멸실된 경우
- 건설기계의 차대(車臺)가 등록 시의 차대와 다른 경우
- 건설기계가 건설기계안전기준에 적합하지 아니하게 된 경우
- 최고(催告)를 받고 지정된 기한까지 정기검사를 받지 아니한 경우
- 건설기계를 수출하는 경우
- 건설기계를 도난당한 경우
- 건설기계를 폐기한 경우
- 구조적 제작 결함 등으로 건설기계를 제작자 또는 판매자에게 반품한 때
- 건설기계를 교육·연구 목적으로 사용하는 경우

44 건설기계의 정기검사신청기간 내에 정기검사를 받은 경우 다음 정기검사유효기간의 산정은 종전 검사유효기간 만료일의 다음 날부터 기산한다.

45 대형건설기계 범위

- 길이가 16.7미터를 초과하는 건설기계
- 너비가 2.5미터를 초과하는 건설기계
- 높이가 4.0미터를 초과하는 건설기계
- 최소회전반경이 12미터를 초과하는 건설기계
- 총중량이 40톤을 초과하는 건설기계(다만, 굴착기, 로더 및 지게차는 운전중량이 40톤을 초과하는 경우)
- 총중량 상태에서 축하중이 10톤을 초과하는 건설기계(다만, 굴착기, 로더 및 지게차는 운전중량 상태에서 축하중이 10톤을 초과하는 경우)

46 건설기계의 등록사항 중 변경사항이 있는 경우에는 그 소유자 또는 점유자는 대통령령으로 정하는 바에 따라 이를 시·도지사에게 신고하여야 한다.

47 구조변경검사 또는 수시검사를 받지 아니한 자는 1년 이하의 징역 또는 1,000만 원 이하의 벌금이다.

48 건설기계의 구조변경을 할 수 없는 경우

- 건설기계의 기종변경
- 육상작업용 건설기계의 규격을 증가시키기 위한 구조변경
- 육상작업용 건설기계의 적재함 용량을 증가시키기 위한 구조변경

49 건설기계조종사의 면허취소사유

- 거짓이나 그 밖의 부정한 방법으로 건설기계조종사면허를 받은 경우
- 건설기계조종사면허의 효력정지기간 중 건설기계를 조종한 경우
- 건설기계 조종상의 위험과 장해를 일으킬 수 있는 정신질환자 또는 뇌전증환자로서 국토교통부령으로 정하는 사람
- 앞을 보지 못하는 사람, 듣지 못하는 사람, 그 밖에 국토교통부령으로 정하는 장애인
- 건설기계 조종 상의 위험과 장해를 일으킬 수 있는 마약·대마·향정신성의약품 또는 알코올중독자로서 국토교통부령으로 정하는 사람
- 고의로 인명피해(사망·중상·경상 등)를 입힌 경우
- 건설기계조종사면허증을 다른 사람에게 빌려 준 경우
- 술에 만취한 상태(혈중 알코올농도 0.08% 이상)에서 건설기계를 조종한 경우
- 술에 취한 상태에서 건설기계를 조종하다가 사고로 사람을 죽게 하거나 다치게 한 경우
- 2회 이상 술에 취한 상태에서 건설기계를 조종하여 면허효력정지를 받은 사실이 있는 사람이 다시 술에 취한 상태에서 건설기계를 조종한 경우
- 약물(마약, 대마, 향정신성 의약품 및 환각물질)을 투여한 상태에서 건설기계를 조종한 경우
- 정기적성검사를 받지 않거나 적성검사에 불합격한 경우

50 건설기계조종사면허를 받지 아니하고 건설기계를 조종한 자는 1년 이하의 징역 또는 1,000만원 이하의 벌금이다.

51 건설기계조종사면허를 받은 사람은 그 사유가 발생한 날부터 10일 이내에 시장·군수 또는 구청장에게 그 면허증을 반납해야 한다.

52 관로에 공기가 침입하면 실린더 숨 돌리기 현상, 열화촉진, 공동현상 등이 발생한다.

53 어큐뮬레이터(축압기)의 용도

- 압력보상 및 체적변화 보상
- 유압에너지 축적
- 유압회로 보호 및 맥동감쇠
- 충격압력 흡수 및 일정압력 유지
- 보조동력원으로 사용

54 캐비테이션(공동현상)은 저압부분의 유압이 진공에 가까워짐으로써 기포가 발생하며, 기포가 파괴되어 국부적인 고압이나 소음과 진동이 발생하고, 양정과 효율이 저하되는 현상이다.

56 유압유가 과열될 경우

- 작동유의 열화를 촉진한다.
- 작동유의 점도의 저하에 의해 누출되기 쉽다.
- 유압장치의 효율이 저하한다.
- 온도 변화에 의해 유압기기가 열 변형되기 쉽다.
- 작동유의 산화작용을 촉진한다.
- 유압장치의 작동불량 현상이 발생한다.
- 기계적인 마모가 발생할 수 있다.

57 필터의 오염여부 점검은 월간 점검사항이다.

58 유압펌프의 종류에는 기어펌프, 베인 펌프, 피스톤(플런저)펌프, 나사펌프, 트로코이드 펌프 등이 있다.

59 유체 에너지를 이용하여 외부에 기계적인 일을 하는 유압기기에는 유압모터와 유압 실린더가 있다.

60 카운터밸런스 밸브는 유압실린더 등이 중력 및 자체중량에 의한 자유낙하를 방지하기 위해 배압을 유지한다.

3회 실전 모의고사 정답 및 해설

1	③	2	④	3	①	4	③	5	①	6	③	7	③	8	④	9	③	10	③
11	①	12	④	13	①	14	②	15	④	16	②	17	①	18	④	19	④	20	①
21	①	22	①	23	②	24	①	25	④	26	②	27	②	28	③	29	③	30	①
31	①	32	④	33	④	34	④	35	④	36	④	37	③	38	④	39	②	40	②
41	④	42	①	43	④	44	②	45	③	46	④	47	③	48	①	49	①	50	③
51	①	52	③	53	③	54	④	55	③	56	③	57	④	58	②	59	④	60	③

01 흡연은 정해진 장소에서 한다.

02 작업자가 작업안전상 꼭 알아두어야 할 사항은 안전규칙 및 수칙이다.

03 퓨즈가 없을 때 철사를 대용해서는 안 된다.

04 **망치(hammer)작업을 할 때 주의사항**
- 망치자루의 손잡이를 잡도록 할 것
- 장갑을 착용하지 말 것
- 타격할 때 처음과 마지막에 힘을 많이 가하지 말 것
- 열처리된 재료는 해머작업을 하지 말 것

05 유류화재에서는 물을 사용해서는 안 된다.

06 **안전을 지킴으로써 얻을 수 있는 이점(산업안전의 중요성)**
- 직장의 신뢰도를 높여준다.
- 직장 상하 동료 간 인간관계 개선효과도 기대된다.
- 사내 안전수칙이 준수되어 질서 유지가 실현된다.
- 이직률이 감소된다.
- 근로자의 생명과 건강을 지킬 수 있다.

07 분진(먼지)이 발생하는 장소에서는 방진마스크를 착용하여야 한다.

08 공동 작업으로 물건을 들어 이동할 때 운반도중 상대방에게 무리하게 힘을 가해서는 안 된다.

09 아크용접에서 눈을 보호하기 위한 보안경은 차광용 안경이다.

10 연료탱크는 폭발할 우려가 있으므로 용접해서는 안 된다.

11 **로더로 할 수 있는 작업**
- 지면보다 조금 높은 곳의 토량상차
- 트럭과 호퍼에 토사적재 작업
- 배수로 같은 홈 파내기
- 부피가 큰 재료를 끌어 모으기

12 로더의 적재방법에는 프런트 엔드형, 사이드 덤프형, 백호 셔블형, 오버헤드형 등이 있다.

13 로더의 동력전달 순서는 엔진 → 토크컨버터 → 유압변속기 → 종 감속장치 → 구동륜이다.

14 다판 클러치가 마모되면 자동변속기가 동력전달을 하지 못한다.

15 유압실린더는 복동식을 사용한다.

16 사이드 덤프버킷(side dump bucket)은 조향조작을 하지 않고도 버킷의 흙을 옆으로 부어 적재할 수 있는 구조의 버킷이다.

17 휠 허브(wheel hub)의 유성기어장치 동력전달 순서는 선 기어 → 유성기어 → 유성기어캐리어 → 바퀴이다.

18 타이어형 로더의 조향방식에는 허리꺾기 방식과 뒷바퀴 조향방식이 있으며, 유압으로 작동된다.

19 붐 조정레버 작동위치에는 상승, 하강, 유지, 부동 등 4가지가 있다.

20 유압제어밸브의 작동이 불량하면 유압실린더의 귀환(복귀) 행정이 느려진다.

21 버킷 레벨러는 유압실린더의 로드행정을 제한하는 역할을 한다.

22 로더의 상차방법에는 직진·후진방법(I형), 90° 회전방법(T형), V형 상차방법(V형), L형 상차방법 등이 있다.

23 **로더의 굴삭작업 방법**

- 로더의 무게가 버킷과 함께 작용되도록 한다.
- 특수상황 외에는 항상 로더가 평행되도록 한다.
- 깎이는 깊이 조정은 붐을 약간 상승시키거나 버킷을 복귀시켜서 한다.
- 버킷을 수평 또는 약 5° 정도 앞으로 기울이는 것이 좋다.

24 로더로 굴착 면에 진입하는 방법은 직각으로 진입하고, 돌출된 부분의 진입은 피하며, 급가속, 급선회, 급제동을 하지 않는다.

25 앞 타이어를 교환할 때에는 버킷을 이용하여 차체를 들고 잭을 고인 후 작업한다.

26 진흙탕이나 수중작업을 할 때 습지용 슈를 사용하였어도 주행 장치의 베어링에 주유를 하여야 한다.

28 암석지에서는 저속으로, 모래땅에서는 고속으로 진입해야 한다.

29 붐과 버킷레버를 동시에 당기면 붐은 상승하고 버킷은 오므려진다.

30 붐 킥아웃(boom kick out)은 붐이 일정한 높이에 이르면 자동적으로 멈추어 작업능률과 안전성을 기하는 장치이다.

31 건설기계라 함은 건설공사에 사용할 수 있는 기계로서 대통령령으로 정한 것이다.

32 **제1종 대형 운전면허로 조종할 수 있는 건설기계**
덤프트럭, 아스팔트살포기, 노상안정기, 콘크리트믹서트럭, 콘크리트펌프, 천공기(트럭적재식)

33 **번호표의 색상**

- 비사업용 : 흰색 바탕에 검은색 문자
- 대여사업용 : 주황색 바탕에 검은색 문자
- 임시운행 번호표 : 흰색 페인트 판에 검은색 문자

34 건설기계를 주택가 주변에 세워두어 교통소통을 방해하거나 소음 등으로 주민의 생활환경을 침해한 자에 대한 벌칙은 50만 원 이하의 과태료이다.

35 운전중량이란 자체중량에 건설기계의 조종에 필요한 최소의 조종사가 탑승한 상태의 중량을 말하며, 조종사 1명의 체중은 65킬로그램으로 본다.

36 수시검사란 성능이 불량하거나 사고가 자주 발생하는 건설기계의 안전성 등을 점검하기 위하여 수시로 실시하는 검사와 건설기계 소유자의 신청을 받아 실시하는 검사이다.

37 정기검사를 받으려는 자는 검사유효기간의 만료일 전후 각각 31일 이내의 기간에 정기검사신청서를 시·도지사에게 제출해야 한다.

38 건설기계 등록신청은 취득한 날로부터 2월 이내 소유자의 주소지 또는 건설기계 사용본거지를 관할하는 시·도지사에게 한다.

39 건설기계를 도난당한 경우에는 도난당한 날부터 2개월 이내에 등록말소를 신청하여야 한다.

40 대형건설기계에는 조종실 내부의 조종사가 보기 쉬운 곳에 경고표지판을 부착하여야 한다.

41 습식 공기청정기의 엘리먼트는 스틸 울이므로 세척하여 다시 사용한다.

42 분사노즐은 분사펌프에 보내준 고압의 연료를 연소실에 안개모양으로 분사하는 부품이다.

43 격리판은 음극판과 양극판의 단락을 방지한다. 즉 절연성을 높인다.

44 일체형 실린더는 강성 및 강도가 크고 냉각수 누출 우려가 적으며, 부품수가 적고 중량이 가볍다.

45 전기자 철심을 두께 0.35~1.0mm의 얇은 철판을 각각 절연하여 겹쳐 만든 이유는 자력선을 잘 통과시키고, 맴돌이 전류를 감소시키기 위함이다.

46 **디젤기관 연료(경유)의 구비조건**

- 자연발화점이 낮을 것(착화가 용이할 것)
- 카본의 발생이 적고, 황의 함유량이 적을 것
- 세탄가가 높고, 발열량이 클 것
- 적당한 점도를 지니며, 온도 변화에 따른 점도 변화가 적을 것
- 연소속도가 빠를 것

47 기관오일의 여과방식에는 분류식, 샨트식, 전류식이 있다.

48 직류발전기는 전기자 코일과 정류자, 계철과 계자철심, 계자코일과 브러시 등으로 구성된다.

49 **기관 과열 원인**

- 팬벨트의 장력이 적거나 파손되었을 때
- 냉각 팬이 파손되었을 때
- 라디에이터 호스가 파손되었을 때
- 라디에이터 코어가 20% 이상 막혔을 때
- 라디에이터 코어가 파손되었거나 오손되었을 때
- 물 펌프의 작동이 불량할 때
- 수온조절기(정온기)가 닫힌 채 고장이 났을 때
- 수온조절기가 열리는 온도가 너무 높을 때
- 물재킷 내에 스케일(물때)이 많이 쌓여 있을 때
- 냉각수 양이 부족할 때

50 실드 빔 형식 전조등은 반사경에 필라멘트를 붙이고 여기에 렌즈를 녹여 붙인 후 내부에 불활성 가스를 넣어 그 자체가 1개의 전구가 되도록 한 것이며, 사용에 따르는 광도의 변화가 적다.

51 유압펌프의 오일 토출유량이 과다하면 유압모터의 회전속도가 빨라진다.

52 **유압장치의 열 발생 원인**

- 작동유의 점도가 너무 높을 때
- 유압장치 내에서 내부마찰이 발생될 때
- 유압회로 내의 작동압력이 너무 높을 때
- 유압회로 내에서 캐비테이션이 발생될 때
- 릴리프 밸브가 닫힌 상태로 고장일 때
- 오일 냉각기의 냉각핀이 오손되었을 때
- 작동유가 부족할 때

53 **유압장치의 장점**

- 작은 동력원으로 큰 힘을 낼 수 있다.
- 과부하 방지가 용이하다.
- 운동방향을 쉽게 변경할 수 있다.
- 속도제어가 용이하다.
- 에너지 축적이 가능하다.
- 힘의 전달 및 증폭이 용이하다.
- 힘의 연속적 제어가 용이하다.
- 윤활성, 내마멸성 및 방청성이 좋다.

54 오일탱크에서 오버플로(overflow, 흘러넘침)가 발생하는 경우는 공기가 혼입된 경우이다.

55 언로드(무부하)밸브는 유압회로 내의 압력이 설정압력에 도달하면 유압펌프에서 토출된 오일을 전부 오일탱크로 회송시켜 유압펌프를 무부하로 운전시키는 데 사용한다.

56 **어큐뮬레이터(축압기)의 용도**

- 압력보상 및 체적 변화 보상
- 유압에너지 축적 및 유압회로 보호
- 맥동감쇠 및 충격압력 흡수
- 일정압력 유지 및 보조동력원으로 사용

57 압력에 영향을 주는 요소는 유체의 흐름량, 유체의 점도, 관로직경의 크기이다.

58 유압펌프의 종류에는 기어펌프, 베인 펌프, 피스톤(플런저)펌프, 나사펌프, 트로코이드 펌프 등이 있다.

59 **갑자기 유압 상승이 되지 않을 경우 점검사항**

- 유압펌프로부터 유압이 발생되는지 점검
- 오일탱크의 오일량 점검
- 릴리프 밸브의 고장인지 점검
- 오일이 누출되었는지 점검

60 체크밸브(check valve)는 역류를 방지하고, 회로 내의 잔류압력을 유지시키며, 오일의 흐름이 한쪽 방향으로만 가능하게 한다.

4회 실전 모의고사 정답 및 해설

1	③	2	②	3	①	4	④	5	①	6	④	7	③	8	④	9	②	10	③
11	④	12	④	13	①	14	④	15	②	16	④	17	②	18	②	19	①	20	①
21	②	22	②	23	③	24	①	25	①	26	④	27	②	28	③	29	①	30	④
31	①	32	④	33	③	34	②	35	④	36	④	37	③	38	②	39	①	40	④
41	④	42	②	43	④	44	④	45	③	46	③	47	①	48	②	49	①	50	②
51	①	52	②	53	③	54	②	55	①	56	③	57	①	58	①	59	④	60	①

01 해머작업을 할 때 주의사항

- 해머로 녹슨 것을 때릴 때에는 반드시 보안경을 쓴다.
- 기름이 묻은 손이나 장갑을 끼고 작업하지 않는다.
- 해머는 작게 시작하여 차차 큰 행정으로 작업한다.
- 타격면은 평탄하고, 손잡이는 튼튼한 것을 사용한다.

02 안전·보건표지의 종류에는 금지표지, 경고표지, 지시표지, 안내표지가 있다.

03 무거운 물건을 들어 올릴 때 장갑에 기름을 묻혀서는 안 된다.

04 선반 등의 절삭가공 작업, 연삭가공, 해머작업 등을 할 때에는 장갑을 착용해서는 안 된다.

05 전기화재의 소화에 포말소화기는 사용해서는 안 된다.

06 차광보안경의 종류에는 자외선 차단용, 적외선 차단용, 용접용, 복합용이 있다.

07 흡연은 정해진 장소에서만 하여야 한다.

08 산업재해란 근로자가 업무에 관계되는 건설물, 설비, 원재료, 가스, 증기, 분진 등에 의하거나 작업 또는 그 밖의 업무로 인하여 사망 또는 부상하거나 질병에 걸리게 되는 것을 말한다.

09 불충분한 경보시스템은 간접원인에 속한다.

10 산소결핍의 우려가 있는 장소에서 착용하여야 하는 마스크는 송기 마스크(송풍 마스크)이다.

11 마스터실린더의 리턴구멍 막히면 제동이 풀리지 않는다.

12 앞 타이어를 교환할 때에는 버킷을 이용하여 차체를 들고 잭을 고인 후 작업한다.

13 슬립이음을 사용하는 이유는 추진축의 길이 변화를 주기 위함이다.

14 그레이딩 작업이란 지면 고르기 작업을 의미한다.

15 로더 버킷에 토사를 채울 때 버킷은 지면과 평행하게 놓고 작업을 시작한다.

16 버킷의 각도는 5°로 깎기 시작하는 것이 좋다.

17 로더로 지면 고르기 작업을 할 때 한 번의 고르기를 마친 후 로더를 45° 회전시켜서 반복하는 것이 가장 좋다.

18 트럭이나 쌓여있는 흙 쪽으로 이동할 때에는 버킷을 지면에서 약 0.6m 정도 위로 하는 것이 좋다.

19 직진·후진방법(I형)

로더가 버킷에 토사를 채운 후에 덤프트럭이 토사 더미와 버킷 사이로 들어오면 상차하는 방법이다.

20 로더의 작업방법

- 버킷을 완전히 복귀시킨 후 버킷을 지면에서 60cm 정도 올린 후 주행한다.
- 토사를 상차할 때 로더는 덤프트럭과 토사 더미사이에 45°를 유지하면서 작업한다.
- 덤프트럭에 토사를 상차하려고 로더가 방향을 바꿀 때에는 버킷과 트럭과 옆의 거리는 3.0~3.7m 정도가 좋다.
- 토사를 상차할 때 덤프트럭은 토사더미 가장자리에 90°로 세워둔다.

21 굴착작업이 수반되지 않을 때에는 타이어형 로더를 사용한다.

22 작업 중에는 변속레버를 중립에 놓아서는 안 된다.

23 주차할 때에는 반드시 버킷을 지면에 내려놓는다.

24 로더로 할 수 있는 작업

- 지면보다 조금 높은 곳의 토량상차
- 트럭과 호퍼에 토사적재 작업
- 배수로 같은 홈 파내기
- 부피가 큰 재료를 끌어 모으기

25 스켈리턴 버킷(skeleton bucket)은 물 등이 배출될 수 있는 구조로 되어 있어 자갈을 채취할 때 적합하다.

26 타이어형 로더의 동력전달 장치의 구조

- 종 감속기어는 각 바퀴에 부착된 유성기어장치를 사용한다.
- 차동기어장치의 동력이 차축을 통하여 유성기어장치로 전달되며 유성기어장치는 동력을 감속하여 바퀴로 전달한다.
- 구조는 선 기어, 유성기어, 링 기어 등으로 되어 있으며 선 기어는 차축 끝에 설치되어 유성기어를 회전시키고, 유성기어는 링 기어를 회전시킨다.
- 바퀴는 링 기어로부터 동력을 받아서 회전한다.

27 무한궤도형 로더는 강력한 견인력을 가지고 있으며, 노면상태가 험한 지형에서 이동이 용이하고, 접지면적이 넓어서 습지, 사지에서의 이동이 용이한 장점이 있으나 이동성이 낮은 단점이 있다.

28 래크 블레이드 버킷(rack blade bucket)은 나무뿌리 뽑기, 제초, 제석 등 지반이 매우 굳은 땅의 굴삭 등에 적합하다.

29 로더의 상차방법에는 직진·후진방법(I형), 90° 회전방법(T형), V형 상차방법(V형), L형 상차방법 등이 있다.

30 기관을 시동 목적으로 구동라인이 연결된 상태로 밀거나 끌지 못하는 이유

- 바퀴로부터의 동력이 회전부분의 마찰을 초래하기 때문이다.
- 토크컨버터나 변속기 부분이 열에 의해 파손을 초래하기 때문이다.
- 충분한 윤활작용을 할 수 없어 마찰과 열이 발생하기 때문이다.

31 과급기는 흡기관과 배기관 사이에 설치되며, 배기가스로 구동된다. 기능은 배기량이 일정한 상태에서 연소실에 강압적으로 많은 공기를 공급하여 흡입효율을 높이고 기관의 출력과 토크를 증대시키기 위한 장치이다.

32 겨울철에 기관이 동파되는 원인은 냉각수가 얼면 체적이 늘어나기 때문이다.

33 크랭크축은 피스톤의 직선운동을 회전운동으로 변환시키는 장치이다.

34 밸브스템은 밸브 가이드 내부를 상하 왕복운동하며 밸브헤드가 받는 열을 가이드를 통해 방출하고, 밸브의 개폐를 돕는다.

35 연료탱크의 드레인 플러그는 오물 및 이물질을 배출하기 것이다.

36 수온조절기는 실린더 헤드 물재킷 출구부분에 설치되어 있다.

37 교류발전기는 정류기(실리콘 다이오드)로 교류를 직류로 정류한다.

38 기관을 시동할 때 기동전동기에 전류가 흐르는 순서

축전지 → 계자코일 → 브러시 → 정류자 → 전기자 코일

39 계기의 구비조건

구조가 간단할 것, 소형이고 경량일 것, 지침을 읽기가 쉬울 것, 가격이 쌀 것

40 예열릴레이는 예열시킬 때에는 예열플러그로만 축전지 전류를 공급하고, 시동할 때에는 기동전동기로만 전류를 공급하는 부품이다.

41 시·도지사는 건설기계등록원부를 건설기계의 등록을 말소한 날부터 10년간 보존하여야 한다.

42 대형건설기계에는 조종실 내부의 조종사가 보기 쉬운 곳에 경고표지판을 부착하여야 한다.

43 등록·검사증이 헐어서 못쓰게 된 경우에는 재교부 신청을 하여야 한다.

44 정비명령은 검사에 불합격한 해당 건설기계소유자에게 한다.

45 등록번호표

- 관용 : 0001~0999
- 자가용 : 1000~5999
- 대여사업용 : 6000~9999

46 건설기계의 제동장치에 대한 정기검사를 면제 받고자 하는 자는 정기검사의 신청 시에 당해 건설기계정비업자가 발행한 건설기계제동장치정비확인서를 시·도지사 또는 검사대행자에게 제출해야 한다.

47 해당 건설기계 운전의 국가기술자격소지자가 면허를 받지 않고 건설기계를 조종하면 무면허이다.

48 출장검사를 받을 수 있는 경우

- 도서지역에 있는 경우
- 자체중량이 40톤 이상 또는 축중이 10톤 이상인 경우
- 너비가 2.5m 이상인 경우
- 최고속도가 시간당 35km 미만인 경우

50 건설기계조종사면허가 취소되었을 경우 그 사유가 발생한 날로부터 10일 이내에 면허증을 반납해야 한다.

51 트러니언형 지지방식의 종류에는 헤드측 지지형, 캡측 지지형, 센터 지지형이 있다.

52 공동현상(캐비테이션)

저압부분의 유압이 진공에 가까워짐으로서 기포가 발생하며, 기포가 파괴되어 국부적인 고압이나 소음과 진동이 발생하고, 양정과 효율이 저하되는 현상이다.

53 오일탱크는 유압펌프로 흡입되는 유압유를 여과하는 스트레이너, 탱크 내의 오일량을 표시하는 유면계, 유압유의 출렁거림을 방지하고 기포발생 방지 및 제거하는 배플 플레이트(격판) 유압유를 배출시킬 때 사용하는 드레인 플러그 등으로 구성된다.

54 카운터밸런스 밸브는 유압실린더 등이 중력 및 자체중량에 의한 자유낙하를 방지하기 위해 배압을 유지한다.

56 유압오일의 온도가 상승하면 점도가 낮아진다.

57 쿠션기구는 유압실린더에서 피스톤 행정이 끝날 때 발생하는 충격을 흡수하기 위해 설치하는 장치이다.

59 유압장치의 수명연장을 위한 가장 중요한 요소는 오일 및 오일필터의 점검 및 교환이다.

실전 모의고사 정답 및 해설

1	①	2	④	3	②	4	③	5	④	6	④	7	①	8	①	9	③	10	②
11	④	12	②	13	②	14	④	15	②	16	③	17	④	18	③	19	①	20	③
21	①	22	①	23	②	24	②	25	①	26	①	27	④	28	④	29	①	30	④
31	②	32	④	33	④	34	③	35	④	36	③	37	③	38	③	39	①	40	③
41	②	42	②	43	③	44	②	45	①	46	①	47	④	48	③	49	②	50	②
51	①	52	③	53	①	54	①	55	④	56	③	57	④	58	④	59	①	60	④

01 유압작동 부분에서 오일이 누출되면 가장 먼저 실(seal)을 점검한다.

02 릴리프 밸브는 유압장치 내의 압력을 일정하게 유지하고, 최고압력을 제한하며 회로를 보호하며, 과부하 방지와 유압기기의 보호를 위하여 최고 압력을 규제한다.

03 유압모터는 유압 에너지에 의해 연속적으로 회전 운동함으로서 기계적인 일을 하는 장치이다.

05 일반적으로 많이 사용하는 유압회로도는 기호회로도이다.

06 유압유 압력이 상승하지 않으면 유압펌프의 토출 유량 점검, 유압회로의 누유상태 점검, 릴리프 밸브의 작동상태 점검 등을 한다.

07 서지압이란 유압회로에서 과도하게 발생하는 이상 압력의 최댓값이다.

08 유압회로 내에 기포가 생기면 공동현상 발생, 오일탱크의 오버플로, 소음 증가, 액추에이터의 작동 불량 등이 발생한다.

09 **어큐뮬레이터(축압기)의 용도**
- 압력보상 및 체적변화를 보상한다.
- 유압에너지 축적 및 유압회로를 보호한다.
- 맥동감쇠 및 충격압력을 흡수한다.
- 일정압력 유지 및 보조동력원으로 사용한다.

10 시퀀스 밸브는 두 개 이상의 분기회로에서 실린더나 모터의 작동순서를 결정한다.

11 **모래지반에서 작업할 때 주의사항**
- 급선회, 급가속을 하지 말 것
- 급제동을 하지 말 것
- 슬립 및 고속회전 금지
- 주행속도를 이용한 돌입력으로 굴착할 것

12 바위 등이 있는 현장에서 작업할 때에는 타이어의 공기압을 규정 값으로 한다.

13 연속으로 사용하는 로더는 일상점검을 철저히 하여야 한다.

15 **로더의 굴착작업 방법**
- 로더의 무게가 버킷과 함께 작용되도록 한다.
- 특수상황 외에는 항상 로더가 평행되도록 한다.
- 깎이는 깊이 조정은 붐을 약간 상승시키거나 버킷을 복귀시켜서 한다.
- 버킷을 수평 또는 약 5° 정도 앞으로 기울이는 것이 좋다.

16 로더의 상차방법에는 직진·후진방법(I형), 90° 회전방법(T형), V형 상차방법(V형) 등이 있다.

17 덤프트럭이나 쌓여있는 흙 쪽으로 이동할 때에는 버킷을 지면에서 약 0.6m 정도 위로하는 것이 좋다.

18 덤프트럭에 흙을 적재하려고 로더의 방향을 바꾸고자 할 때 버킷과 덤프트럭 옆의 거리는 3.0~3.7m 정도에서 방향을 바꾸어야 효과적이다.

19 모래땅이라도 지면 고르기 작업을 하여야 한다.

20 로더로 제방이나 쌓여있는 흙더미에서 작업할 때 버킷의 날을 지면과 수평으로 나란하게 유지하는 것이 가장 좋다.

21 **클러치 컷-오프밸브(cut-off valve)의 기능**

- 평지에서 작업을 할 때에는 레버를 하향시켜 변속 클러치가 풀리도록 하여 제동을 용이하게 한다.
- 경사지에서 작업을 할 때에는 레버를 상향시켜 변속 클러치가 계속 물려 있도록 하여 미끄럼을 방지한다.
- 변속기의 변속을 용이하게 한다.

22 붐 컨트롤 밸브에는 상승, 유지, 하강, 부동의 4가지 위치가 있다.

23 허리꺾기 조향방식은 유압 실린더를 사용하여 앞 차체를 굴절하여 조향하며, 선회반경이 작아 좁은 장소에서의 작업에 유리한 장점이 있으나 안정성이 나쁘다.

24 버킷이 흙속으로 깊이 파고 들어가면 붐 제어레버를 당기면서 천천히 버킷을 복귀시킨다.

25 **로더 버킷의 전경각과 후경각**

- 로더의 전경각 : 버킷을 가장 높이 올린 상태에서 버킷만을 가장 아래쪽으로 기울였을 때 버킷의 가장 넓은 바닥면이 수평면과 이루는 각도를 말한다.
- 로더의 후경각 : 버킷의 가장 넓은 바닥면을 지면에 닿게 한 후 버킷만을 가장 안쪽으로 기울였을 때 버킷의 가장 넓은 바닥면이 지면과 이루는 각도를 말한다.
- 로더의 전경각은 45도 이상, 후경각은 35도 이상이어야 한다. 다만, 출입문이 전방에 설치된 로더의 전경각은 35도 이상, 후경각은 25도 이상이어야 하고, 버킷에 적재물배출장치(이젝터)를 설치한 경우에는 전경각 기준은 적용하지 아니한다.

26 붐 킥아웃 장치는 붐이 일정한 높이에 이르면 자동적으로 멈추어 작업능률과 안전성을 기하는 장치이다.

27 붐 리프트 레버에는 상승, 유지, 하강, 부동의 4가지 위치가 있다.

29 **휠 허브(wheel hub)의 유성기어장치 동력전달 순서**

선 기어 → 유성기어 → 유성기어캐리어 → 바퀴

30 동력인출 장치는 엔진의 동력을 주행 이외의 목적으로 사용하고자 할 때 사용한다.

31 교류아크 용접기에 설치하는 방호장치는 자동전격방지기이다.

32 봄베에 그리스 등 오일을 바르면 폭발할 우려가 있다.

33 자리를 비울 때에는 장비 작동을 정지시켜야 한다.

34 사고의 원인 중 가장 많은 부분을 차지하는 것은 불안전한 행동이다.

35 6각 볼트, 너트를 조이고 풀 때 가장 적합한 공구는 복스 렌치이다.

36 **재해율**

- 도수율: 안전사고 발생 빈도로 근로시간 100만 시간당 발생하는 사고건수
- 강도율: 안전사고의 강도로 근로시간 1,000시간당의 재해에 의한 노동손실 일수
- 연천인율: 1년 동안 1,000명의 근로자가 작업할 때 발생하는 사상자의 비율

37 장갑을 끼고 작업할 때 가장 위험한 작업은 해머 작업이다.

38 **안전을 지킴으로서 얻을 수 있는 이점**

- 직장의 신뢰도를 높여준다.
- 직장 상하 동료 간 인간관계 개선효과도 기대된다.
- 사내 안전수칙이 준수되어 질서유지가 실현된다.
- 이직률이 감소된다.
- 근로자의 생명과 건강을 지킬 수 있다.

39 연소의 3요소는 가연물, 점화원, 산소이다.

40 작업환경 개선방법은 채광을 좋게 하고, 소음을 줄이고, 조명을 밝게 한다.

41 4행정 사이클 기관의 흡입과 배기밸브가 모두 닫혀있는 행정은 압축과 동력(폭발)행정이다.

42 **엔진오일이 많이 소비되는 원인**
- 피스톤 및 피스톤링의 마모가 심할 때
- 실린더의 마모가 심할 때
- 크랭크축 오일 실이 마모되었거나 파손되었을 때
- 밸브 스템(valve stem)과 가이드(guide) 사이의 간극이 클 때
- 밸브 가이드의 오일 실이 불량할 때

43 헤드개스킷이 손상되면 압축가스가 누출되므로 압축압력과 폭발압력이 낮아진다.

44 프라이밍 펌프는 연료공급펌프에 설치되어 있으며, 분사펌프로 연료를 보내거나 연료계통의 공기를 배출할 때 사용한다.

45 수온조절기는 실린더 헤드 물재킷 출구부분에 설치되어 있다.

46 디퓨저는 과급기 케이스 내부에 설치되며, 공기의 속도에너지를 압력에너지로 바꾸는 장치이다.

47 축전지 용량의 크기를 결정하는 요소에는 극판의 크기(또는 면적), 극판의 수, 전해액의 양이다.

48 한쪽 램프가 단선되면 한쪽의 방향지시등만 점멸속도가 빨라진다.

49 엔진을 시동할 때 축전지는 기동전동기로 전원을 공급하고, 엔진이 시동되어 발전기가 작동하면 충전전류를 공급받아 충전된다.

50 벤딕스 방식은 기동전동기 피니언의 관성과 전동기의 고속회전을 이용하여 전동기의 회전력을 엔진에 전달하는 방식으로 오버러닝 클러치가 필요 없다.

51 건설기계의 조종 중 고의로 인명피해(사망, 중상, 경상 등)를 입힌 때에는 면허가 취소된다.

52 **최고주행속도가 시간당 15킬로미터 미만인 건설기계의 조명장치**
- 전조등
- 제동등(다만, 유량제어로 속도를 감속하거나 가속하는 건설기계는 제외)
- 후부반사기
- 후부반사판 또는 후부반사지

53 등록의 경정은 등록을 행한 후에 그 등록에 관하여 착오 또는 누락이 있음을 발견한 때 한다.

54 **등록말소신청을 할 때의 구비서류**
- 건설기계등록증
- 건설기계검사증
- 멸실·도난·수출·폐기·폐기요청·반품 및 교육·연구목적 사용 등 등록말소사유를 확인할 수 있는 서류

55 **수시검사**

성능이 불량하거나 사고가 자주 발생하는 건설기계의 안전성 등을 점검하기 위하여 수시로 실시하는 검사와 건설기계 소유자의 신청을 받아 실시하는 검사

56 천장크레인은 산업용 기계에 속한다.

57 건설기계사업을 하려는 자(지방자치단체는 제외)는 대통령령으로 정하는 바에 따라 사업의 종류별로 특별자치시장·특별자치도지사·시장·군수 또는 자치구의 구청장(이하 "시장·군수·구청장")에게 등록하여야 한다.

58 **건설기계조종사의 면허취소사유**
- 거짓이나 그 밖의 부정한 방법으로 건설기계조종사면허를 받은 경우
- 건설기계조종사면허의 효력정지기간 중 건설기계를 조종한 경우
- 건설기계 조종 상의 위험과 장해를 일으킬 수 있는 정신질환자 또는 뇌전증환자로서 국토교통부령으로 정하는 사람
- 앞을 보지 못하는 사람, 듣지 못하는 사람, 그 밖에 국토교통부령으로 정하는 장애인

- 건설기계 조종상의 위험과 장해를 일으킬 수 있는 마약·대마·향정신성의약품 또는 알코올 중독자로서 국토교통부령으로 정하는 사람
- 고의로 인명피해(사망, 중상, 경상 등)를 입힌 경우
- 건설기계조종사면허증을 다른 사람에게 빌려 준 경우
- 술에 만취한 상태(혈중 알코올농도 0.08% 이상)에서 건설기계를 조종한 경우
- 술에 취한 상태에서 건설기계를 조종하다가 사고로 사람을 죽게 하거나 다치게 한 경우
- 2회 이상 술에 취한 상태에서 건설기계를 조종하여 면허효력정지를 받은 사실이 있는 사람이 다시 술에 취한 상태에서 건설기계를 조종한 경우
- 약물(마약, 대마, 향정신성 의약품 및 환각물질)을 투여한 상태에서 건설기계를 조종한 경우
- 정기적성검사를 받지 않거나 적성검사에 불합격한 경우

59 **번호표의 색상**

- 비사업용(관용 또는 자가용) : 흰색 바탕에 검은색 문자
- 대여사업용 : 주황색 바탕에 검은색 문자
- 임시운행 번호표 : 흰색 페인트 판에 검은색 문자

60 정비명령은 정기검사에서 불합격한 건설기계에 대해 시·도지사가 해당 건설기계 소유자에게 한다.

부록

시험 직전에 보는

핵심 이론 요약

1 장비구조

1 기관구조

1 기관의 개요

(1) 기관(Engine)의 정의

열기관(엔진)이란 열에너지(연료의 연소)를 기계적 에너지(크랭크축의 회전)로 변환시키는 장치이다.

(2) 4행정 사이클 기관의 작동 과정

크랭크축이 2회전 할 때 피스톤은 흡입 → 압축 → 폭발(동력) → 배기의 4행정을 하여 1사이클을 완성한다.

2 기관의 주요 부분

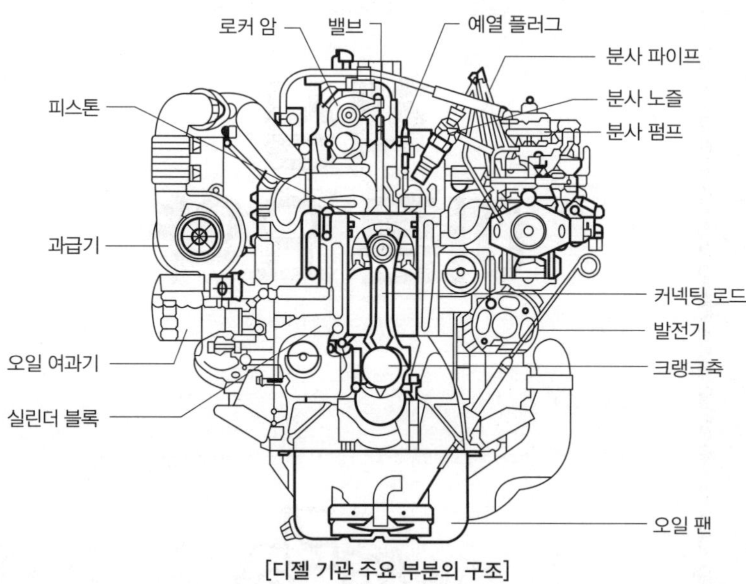

[디젤 기관 주요 부분의 구조]

(1) 실린더 헤드(cylinder head)

실린더 헤드의 구조	헤드 개스킷을 사이에 두고 실린더 블록에 볼트로 설치되며, 피스톤, 실린더와 함께 연소실을 형성한다.
디젤기관의 연소실	연소실의 종류에는 단실식인 직접분사실식과 복실식인 예연소실식, 와류실식, 공기실식 등이 있다.
헤드개스킷 (head gasket)	실린더 헤드와 블록사이에 삽입하여 압축과 폭발가스의 기밀을 유지하고 냉각수와 기관오일의 누출을 방지한다.

(2) 실린더 블록(cylinder block)

일체식 실린더	실린더 블록과 같은 재질로 실린더를 일체로 제작한 형식이며, 부품수가 적고 무게가 가벼우며, 강성 및 강도가 크고, 냉각수 누출 우려가 적다.
실린더 라이너 (cylinder liner)	실린더 블록과 라이너(실린더)를 별도로 제작한 후 라이너를 실린더 블록에 끼우는 형식으로 습식(라이너 바깥둘레가 냉각수와 직접 접촉함)과 건식이 있다.

(3) 피스톤(piston)의 구비조건

① 중량이 작고, 고온, 고압가스에 견딜 수 있을 것

② 블로바이(blow by, 실린더 벽과 피스톤 사이로 가스가 누출되는 현상)가 없을 것

③ 열전도율이 크고, 열팽창률이 적을 것

(4) 피스톤링(piston ring)

피스톤링의 작용	• 기밀작용(밀봉작용) • 오일제어 작용(실린더 벽의 오일 긁어내리기 작용) • 열전도작용(냉각작용)
피스톤링이 마모되었을 때의 영향	오일제어 작용이 원활하지 못해 기관오일이 연소실로 올라와 연소하며, 배기가스 색깔은 회백색이 된다.

(5) 크랭크축(crank shaft)

① 피스톤의 직선운동을 회전운동으로 변환시키는 장치이다.

② 메인저널, 크랭크 핀, 크랭크 암, 밸런스 웨이트(평형추) 등으로 되어있다.

(6) 플라이휠(fly wheel)

기관의 맥동적인 회전을 관성력을 이용하여 원활한 회전으로 바꾸어준다.

(7) 밸브기구(valve train)

캠축과 캠 (cam shaft & cam)	• 기관의 밸브 수와 같은 캠이 배열된 축으로 크랭크축으로부터 동력을 받아 흡입 및 배기밸브를 개폐시키는 작용을 한다. • 4행정 사이클 기관의 크랭크축 기어와 캠축 기어의 지름비율은 1:2이고 회전비율은 2:1이다.
유압식 밸브 리프터 (hydraulic valve lifter)	기관의 작동온도 변화에 관계없이 밸브간극을 0으로 유지시키는 방식으로 특징은 다음과 같다. • 밸브간극 조정이 자동으로 조절된다. • 밸브개폐 시기가 정확하다. • 밸브기구의 내구성이 좋다. • 밸브기구의 구조가 복잡하다.
흡입 및 배기밸브 (intake & exhaust valve)	밸브의 구비조건은 다음과 같다. • 열에 대한 저항력이 크고, 열전도율이 좋을 것 • 무게가 가볍고, 열팽창률이 작을 것 • 고온과 고압가스에 잘 견딜 것

3 기관오일의 작용과 구비조건

(1) 기관오일의 작용

마찰감소·마멸방지 작용, 기밀(밀봉)작용, 열전도(냉각)작용, 세척(청정)작용, 완충(응력분산)작용, 방청(부식방지)작용을 한다.

(2) 기관오일의 구비조건

① 점도지수가 높고, 온도와 점도와의 관계가 적당할 것
② 인화점 및 자연발화점이 높을 것
③ 강인한 유막을 형성할 것
④ 응고점이 낮고 비중과 점도가 적당할 것
⑤ 기포발생 및 카본생성에 대한 저항력이 클 것

4 윤활장치의 구성부품

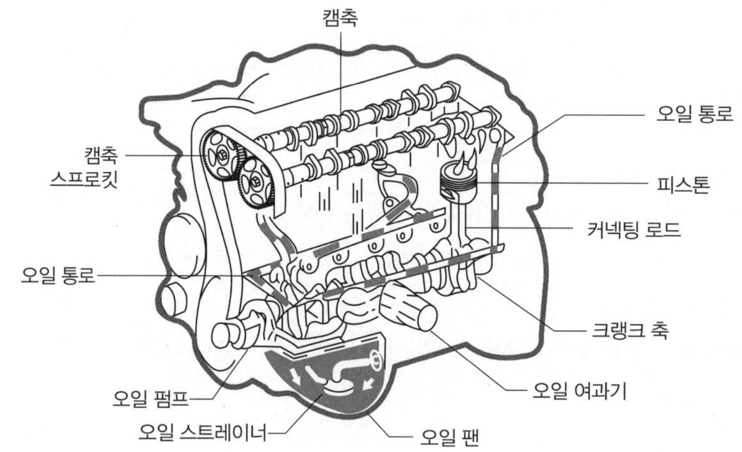

[윤활장치의 구성]

(1) 오일 팬(oil pan) 또는 아래 크랭크 케이스

기관오일 저장용기이며, 오일의 냉각작용도 한다.

(2) 오일 스트레이너(oil strainer)

오일펌프로 들어가는 오일을 유도하며, 철망으로 제작하여 비교적 큰 입자의 불순물을 여과한다.

(3) 오일펌프(oil pump)

① 오일 팬 내의 오일을 흡입 가압하여 오일여과기를 거쳐 각 윤활부분으로 공급한다.
② 종류에는 기어펌프, 로터리펌프, 플런저펌프, 베인펌프 등이 있다.

(4) 오일여과방식

① 분류식(by pass filter), 샨트식(shunt flow filter), 전류식(full-flow filter)이 있다.
② 전류식은 오일펌프에서 나온 기관오일의 모두가 여과기를 거쳐서 여과된 후 윤활부분으로 보내는 방식이며, 오일여과기가 막히는 것에 대비하여 여과기 내에 바이패스 밸브를 둔다.

(5) 유압조절밸브(oil pressure relief valve)

유압이 과도하게 상승하는 것을 방지하여 유압을 일정하게 유지시킨다.

5 디젤기관 연료

(1) 디젤기관 연료의 구비조건

① 연소속도가 빠르고, 점도가 적당할 것
② 자연발화점이 낮을 것(착화가 쉬울 것)
③ 세탄가가 높고, 발열량이 클 것
④ 카본의 발생이 적을 것
⑤ 온도 변화에 따른 점도 변화가 적을 것

(2) 연료의 착화성

디젤기관 연료(경유)의 착화성은 세탄가로 표시한다.

6 디젤기관의 노크(knock or knocking, 노킹)

착화지연기간이 길어져(1/1000~4/1000초 이상) 연소실에 누적된 연료가 많아 일시에 연소되어 실린더 내의 압력 상승이 급격하게 되어 발생하는 현상이다.

7 디젤기관 연료장치(분사펌프 사용)의 구조와 작용

(1) 연료탱크(fuel tank)

겨울철에는 공기 중의 수증기가 응축하여 물이 되어 들어가므로 작업 후 연료를 탱크에 가득 채워 두어야 한다.

(2) 연료여과기(fuel filter)

연료 중의 수분 및 불순물을 걸러주며, 오버플로 밸브, 드레인 플러그, 여과망(엘리먼트), 중심파이프, 케이스로 구성된다.

(3) 연료공급펌프(fuel feed pump)

① 연료탱크 내의 연료를 연료여과기를 거쳐 분사펌프의 저압부분으로 공급한다.
② 연료계통의 공기빼기 작업에 사용하는 프라이밍 펌프(priming pump)가 설치되어 있다.

(4) 분사펌프(injection pump)

연료공급펌프에서 보내준 저압의 연료를 압축하여 분사 순서에 맞추어 고압의 연료를 분사노즐로 압송시키는 것으로 조속기와 타이머가 설치되어 있다.

(5) 분사노즐(injection nozzle)

① 분사펌프에서 보내온 고압의 연료를 미세한 안개 모양으로 연소실 내에 분사한다.
② 연료분사의 3대 조건은 무화(안개 모양), 분산(분포), 관통력이다.

8 전자제어 디젤기관 연료장치(커먼레일 장치)

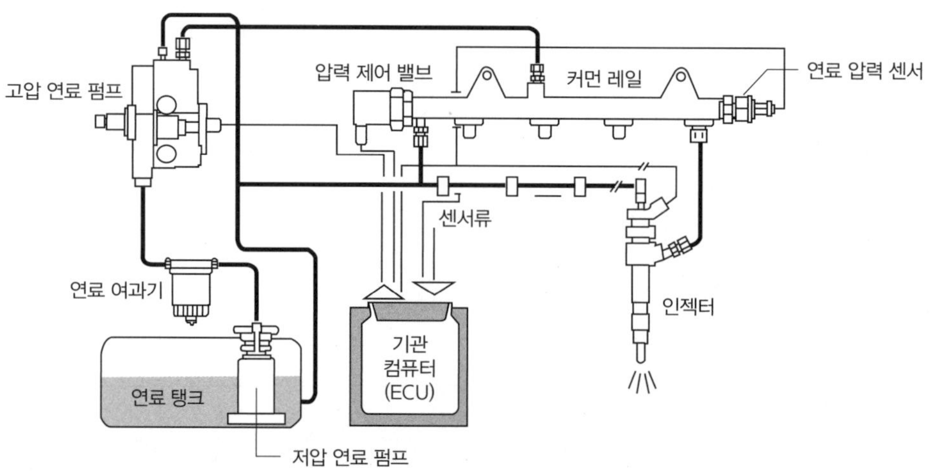

[전자제어 디젤엔진 연료장치의 구성]

(1) ECU(컴퓨터)의 입력요소(각종 센서)

공기유량센서 (AFS, air flow sensor)	• 열막(hot film) 방식을 사용한다. • 주요 기능은 EGR(exhaust gas recirculation, 배기가스 재순환) 피드백(feed back) 제어이며, 또 다른 기능은 스모그(smog) 제한 부스트 압력제어(매연 발생을 감소시키는 제어)이다.
흡기온도센서 (ATS, air temperature sensor)	• 부특성 서미스터를 사용한다. • 연료분사량, 분사시기, 시동 시 연료분사량 제어 등의 보정신호로 사용된다.
연료온도센서 (FTS, fuel temperature sensor)	• 부특성 서미스터를 사용한다. • 연료온도에 따른 연료분사량 보정신호로 사용된다.
수온센서 (WTS, water temperature sensor)	• 부특성 서미스터를 사용한다. • 기관온도에 따른 연료분사량을 증감하는 보정신호로 사용되며, 기관의 온도에 따른 냉각 팬 제어신호로도 사용된다.
크랭크축 위치센서 (CPS, crank position sensor)	크랭크축과 일체로 되어 있는 센서 휠(톤 휠)의 돌기를 검출하여 크랭크축의 각도 및 피스톤의 위치, 기관 회전속도 등을 검출한다.
가속페달 위치센서 (APS, accelerator sensor)	• 운전자가 가속페달을 밟은 정도를 ECU로 전달하는 센서이다. • 센서 1에 의해 연료분사량과 분사시기가 결정되고, 센서 2는 센서 1을 감시하는 기능으로 차량의 급출발을 방지하기 위한 것이다.
연료압력센서 (RPS, rail pressure sensor)	• 반도체 피에조 소자(압전소자)를 사용한다. • 이 센서의 신호를 받아 ECU는 연료분사량 및 분사시기 조정신호로 사용한다.

9 흡기장치(air cleaner, 공기청정기)

연소에 필요한 공기를 실린더로 흡입할 때, 먼지 등의 불순물을 여과하여 피스톤 등의 마모를 방지하는 장치이다.

⑩ 과급기(turbo charger, 터보차저)

① 흡기관과 배기관 사이에 설치되어 기관의 실린더 내에 공기를 압축하여 공급한다.

② 과급기를 설치하면 기관의 중량은 10~15% 정도 증가되고, 출력은 35~45% 정도 증가한다.

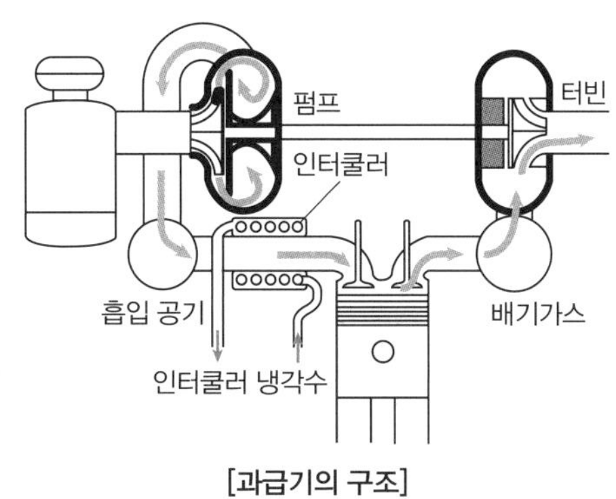

[과급기의 구조]

⑪ 냉각장치의 개요

기관의 정상작동 온도는 실린더 헤드 물재킷 내의 냉각수 온도로 나타내며 약 75~95℃이다.

⑫ 수냉식 기관의 냉각방식

① 기관 내부의 연소를 통해 일어나는 열에너지가 기계적 에너지로 바뀌면서 뜨거워진 기관을 냉각수로 냉각하는 방식이다.

② 자연 순환방식, 강제 순환방식, 압력 순환방식(가압방식), 밀봉 압력방식 등이 있다.

⑬ 수냉식의 주요 구조와 그 기능

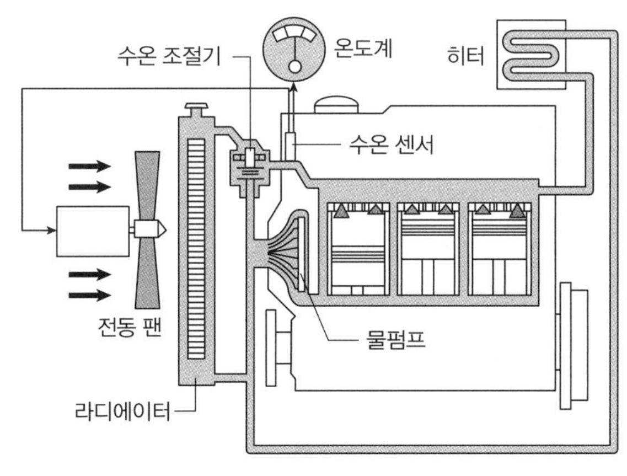

[냉각장치의 구성]

(1) 물 재킷(water jacket)

실린더 헤드 및 블록에 일체 구조로 된 냉각수가 순환하는 물 통로이다.

(2) 물 펌프(water pump)

팬벨트를 통하여 크랭크축에 의해 구동되며, 실린더 헤드 및 블록의 물재킷 내로 냉각수를 순환시키는 원심력 펌프이다.

(3) 냉각 팬(cooling fan)

라디에이터를 통하여 공기를 흡입하여 라디에이터 통풍을 도와주며, 냉각 팬이 회전할 때 공기가 향하는 방향은 라디에이터이다.

(4) 팬벨트(drive belt or fan belt)

크랭크축 풀리, 발전기 풀리, 물 펌프 풀리 등을 연결 구동하며, 팬벨트는 각 풀리의 양쪽 경사진 부분에 접촉되어야 한다.

(5) 라디에이터(radiator, 방열기)

라디에이터의 구비조건	• 가볍고 작으며, 강도가 클 것 • 단위면적 당 방열량이 클 것 • 공기 흐름저항이 적을 것 • 냉각수 흐름저항이 적을 것
라디에이터 캡 (radiator cap)	냉각장치 내의 비등점(비점)을 높이고, 냉각범위를 넓히기 위하여 압력식 캡을 사용하며, 압력밸브와 진공밸브로 되어 있다.

(6) 수온조절기(thermostat, 정온기)

실린더 헤드 물재킷 출구부분에 설치되어 냉각수 온도에 따라 냉각수 통로를 개폐하여 기관의 온도를 알맞게 유지한다.

14 부동액(anti freezer)

메탄올(알코올), 글리세린 에틸렌글리콜이 있으며, 에틸렌글리콜을 주로 사용한다.

2 전기장치

1 전기의 기초사항

전류	• 자유전자의 이동이며, 측정단위는 암페어(A)이다. • 전류는 발열작용, 화학작용, 자기작용을 한다.
전압(전위차)	전류를 흐르게 하는 전기적인 압력이며, 측정단위는 볼트(V)이다.
저항	• 전자의 움직임을 방해하는 요소이며, 측정단위는 옴(Ω)이다. • 전선의 저항은 길이가 길어지면 커지고, 지름이 커지면 작아진다.

2 옴의 법칙(Ohm' Law)

① 도체에 흐르는 전류는 전압에 정비례하고, 그 도체의 저항에는 반비례한다.

② 도체의 저항은 도체 길이에 비례하고 단면적에 반비례한다.

3 퓨즈(fuse)

단락(short)으로 인하여 전선이 타거나 과대전류가 부하로 흐르지 않도록 하는 안전장치이다.

4 반도체 소자

(1) 반도체의 종류

① 다이오드 : P형 반도체와 N형 반도체를 마주 대고 접합한 것으로 정류작용을 한다.
② 포토다이오드 : 빛을 받으면 전류가 흐르지만 빛이 없으면 전류가 흐르지 않는다.
③ 발광다이오드(LED) : 순방향으로 전류를 공급하면 빛이 발생한다.
④ 제너다이오드 : 어떤 전압 하에서는 역방향으로 전류가 흐르도록 한 것이다.

(2) 반도체의 특징

① 내부 전압강하가 적고, 수명이 길다.
② 내부의 전력손실이 적고, 소형·경량이다.
③ 예열시간을 요구하지 않고 곧바로 작동한다.
④ 고전압에 약하고, 150℃ 이상 되면 파손되기 쉽다.

5 기동전동기의 원리

기동전동기의 원리는 플레밍의 왼손 법칙을 이용한다.

6 기동전동기의 종류

(1) 직권전동기

① 전기자 코일과 계자코일을 직렬로 접속한다.
② 장점 : 기동회전력이 크고, 부하가 증가하면 회전속도가 낮아지고 흐르는 전류가 커진다.
③ 단점 : 회전속도 변화가 크다.

(2) 분권전동기

전기자 코일과 계자코일을 병렬로 접속한다.

(3) 복권전동기

전기자 코일과 계자코일을 직·병렬로 접속한다.

7 기동전동기의 구조와 기능

① 전기자 코일 및 철심, 정류자, 계자코일 및 계자철심, 브러시와 브러시 홀더, 피니언, 오버러닝 클러치, 솔레노이드 스위치 등으로 구성된다.
② 기관을 시동할 때 기관 플라이휠의 링 기어에 기동전동기의 피니언을 맞물려 크랭크축을 회전시킨다.
③ 기관의 시동이 완료되면 기동전동기 피니언을 플라이휠 링 기어로부터 분리시킨다.

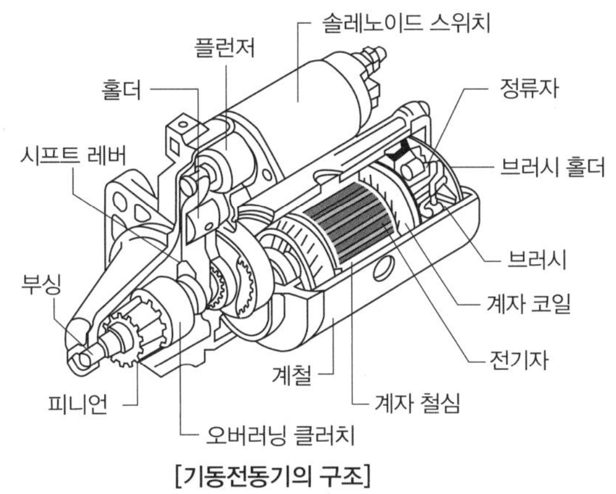

[기동전동기의 구조]

8 기동전동기의 동력전달방식

기동전동기의 피니언을 기관의 플라이휠 링 기어에 물리는 방식에는 벤딕스 방식, 피니언 섭동방식, 전기자 섭동방식 등이 있다.

9 예열장치(Glow System)

겨울철에 주로 사용하는 것으로 흡기다기관이나 연소실 내의 공기를 미리 가열하여 시동을 쉽도록 한다. 즉, 기관에 흡입된 공기온도를 상승시켜 시동을 원활하게 한다.

(1) 예열플러그(glow plug type)

연소실 내의 압축공기를 직접 예열하며 코일형과 실드형이 있다.

(2) 흡기가열 방식

흡기히터와 히트레인지가 있으며, 직접분사실식에서 사용한다.

10 축전지

(1) 축전지의 정의

기관을 시동할 때에는 화학적 에너지를 전기적 에너지로 꺼낼 수 있고(방전), 전기적 에너지를 주면 화학적 에너지로 저장(충전)할 수 있다.

(2) 축전지의 기능

① 기관을 시동할 때 시동장치 전원을 공급하며, 가장 중요한 기능이다.
② 발전기가 고장일 때 일시적인 전원을 공급한다.
③ 발전기의 출력과 부하의 불균형(언밸런스)을 조정한다.

(3) 납산축전지의 구조와 작용

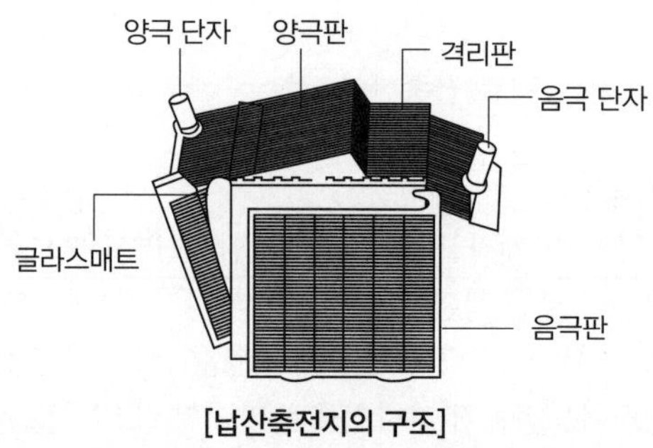

[납산축전지의 구조]

① 극판 : 양극판은 과산화납, 음극판은 해면상납이며 화학적 평형을 고려하여 음극판이 1장 더 많다.
② 극판군 : 셀(cell)이라고도 부르며, 완전충전 되었을 때 약 2.1V의 기전력이 발생한다. 12V 축전지의 경우에는 2.1V의 셀 6개가 직렬로 연결되어 있다.
③ 격리판 : 양극판과 음극판사이에 끼워져 양쪽 극판의 단락을 방지하며, 비전도성이어야 한다.

(4) 전해액(electrolyte)

① 전해액의 비중 : 묽은 황산을 사용하며, 비중은 20℃ 에서 완전 충전되었을 때 1.280 이다.
② 축전지의 설페이션(유화)의 원인 : 납산 축전지를 오랫동안 방전상태로 방치해 두면 극판이 영구 황산납이 되어 사용하지 못하게 되는 현상이다.

(5) 납산축전지의 화학작용

① 방전이 진행되면 양극판의 과산화납과 음극판의 해면상납 모두 황산납이 되고, 전해액의 묽은 황산은 물로 변화한다.

② 충전이 진행되면 양극판의 황산납은 과산화납으로, 음극판의 황산납은 해면상납으로 환원되며, 전해액의 물은 묽은 황산으로 되돌아간다.

(6) 납산축전지의 특성

① 방전종지전압 : 축전지의 방전은 어느 한도 내에서 단자 전압이 급격히 저하하며 그 이후는 방전능력이 없어지는 전압이다.

② 축전지 용량

- 용량의 단위는 AH[전류(Ampere)×시간(Hour)]로 표시한다.
- 용량의 크기를 결정하는 요소는 극판의 크기, 극판의 수, 전해액(황산)의 양 등이다.
- 용량표시 방법에는 20시간율, 25암페어율, 냉간율이 있다.

(7) 납산축전지의 자기방전(자연방전)의 원인

① 음극판의 작용물질이 황산과의 화학작용으로 황산납이 되기 때문에 구조상 부득이하다.

② 전해액에 포함된 불순물이 국부전지를 구성하기 때문이다.

③ 탈락한 극판 작용물질이 축전지 내부에 퇴적되어 단락되기 때문이다.

④ 축전지 커버와 케이스의 표면에서 전기누설 때문이다.

11 충전장치(charging system)

(1) 발전기의 원리

플레밍의 오른손 법칙을 사용하며, 건설기계에서는 주로 3상 교류발전기를 사용한다.

(2) 교류(AC) 충전장치

① 교류발전기의 특징

- 저속에서도 충전 가능한 출력전압이 발생한다.
- 실리콘 다이오드로 정류하므로 정류특성이 좋고 전기적 용량이 크다.
- 속도 변화에 따른 적용범위가 넓고 소형·경량이다.
- 브러시 수명이 길고, 전압조정기만 있으면 된다.
- 정류자를 두지 않아 풀리비를 크게 할 수 있다.

② 교류발전기의 구조 : 전류를 발생하는 스테이터(stator), 전류가 흐르면 전자석이 되는(자계를 발생하는) 로터(rotor), 스테이터 코일에서 발생한 교류를 직류로 정류하는 다이오드, 여자전류를 로터코일에 공급하는 슬립링과 브러시, 엔드프레임 등으로 구성된 타려자 방식(발전초기에 축전지 전류를 공급받아 로터철심을 여자시키는 방식)의 발전기이다.

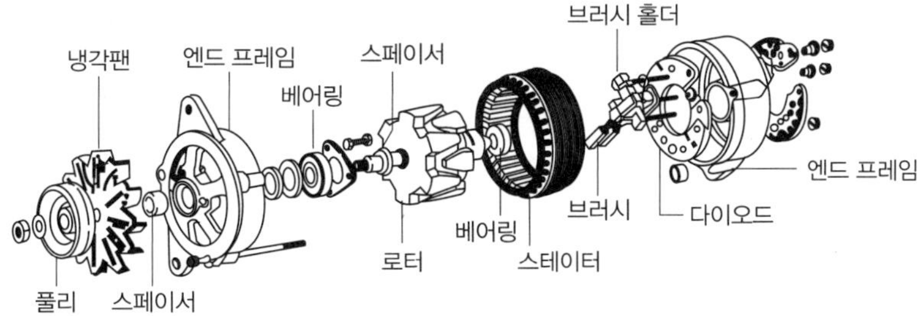

[교류발전기의 구조]

12 전조등(head light or head lamp)과 회로

(1) 실드 빔 방식(shield beam type)

① 실드 빔 방식은 반사경에 필라멘트를 붙이고 여기에 렌즈를 녹여 붙인 후 내부에 불활성 가스를 넣어 그 자체가 1개의 전구가 되도록 한 것이다.

② 대기의 조건에 따라 반사경이 흐려지지 않고, 사용에 따르는 광도의 변화가 적은 장점이 있다.

(2) 세미실드 빔 방식(semi shield beam type)

① 세미실드 빔 방식은 렌즈와 반사경은 녹여 붙였으나 전구는 별개로 설치한 것이다.

② 필라멘트가 끊어지면 전구만 교환하면 된다.

(3) 전조등 회로

양쪽의 전조등은 상향등(high beam)과 하향등(low beam)별로 병렬로 접속되어 있다.

13 계기와 경고등

(1) 계기판의 계기

속도계	연료계	온도계(수온계)
• 로더의 주행속도를 표시한다.	• 연료보유량을 표시하는 계기이다. • 지침이 "E"를 지시하면 연료를 보충한다.	• 엔진 냉각수 온도를 표시하는 계기이다. • 엔진을 시동한 후에는 지침이 작동 범위 내에 올 때까지 공회전시킨다.

(2) 경고등

엔진점검 경고등	브레이크 고장 경고등	축전지 충전 경고등
CHECK		
• 엔진점검 경고등은 엔진이 비정상인 작동을 할 때 점등된다. • 엔진검검 경고등이 점등되면 로더를 주차시킨 후에 정비업체에 문의한다.	• 브레이크 장치의 오일압력이 정상 이하이면 경고등이 점등된다. • 경고등이 점등되면 엔진의 가동을 정리하고 원인을 점검한다.	• 시동스위치를 ON으로 하면 이 경고등이 점등된다. • 엔진이 작동할 때 충전경고등이 점등되어 있으면 충전회로를 점검한다.
연료레벨 경고등	**안전벨트 경고등**	**냉각수 과열 경고등**
• 이 경고등이 점등되면 즉시 연료를 공급한다.	• 엔진 시동 후 초기 5초 동안 경고등이 점등된다.	• 엔진 냉각수의 온도가 104℃ 이상 되었을 때 점등된다. • 이 경고등이 점등되면 냉각계통을 점검한다.

(3) 표시등

주차 브레이크 표시등	엔진예열 표시등	엔진오일 압력 표시등
(P)		
• 주차 브레이크가 작동되면 표시등이 점등된다. • 주행하기 전에 표시등이 OFF 되었는지 확인한다.	• 시동스위치가 ON 위치일 때 표시등이 점등되면 엔진 예열장치가 작동 중이다. • 엔진오일 온도에 따라 약 15~45초 후 예열이 완료되면 표시등이 OFF 된다. • 표시등이 OFF 되면 엔진을 시동한다.	• 엔진오일 펌프에서 유압이 발생하여 각 부분에 윤활작용이 가능하도록 하는데 엔진 가동 전에는 압력이 낮으므로 점등되었다가 엔진이 가동되면 소등된다. • 엔진 가동 후에 표시등이 점등되면 엔진의 가동을 정지시킨 후 오일량을 점검한다.

14 냉매

지구환경 문제로 인하여 기존 냉매의 대체가스로 R-134a를 사용한다.

15 에어컨의 구조

압축기(compressor)	증발기에서 기화된 냉매를 고온·고압가스로 변환시켜 응축기로 보낸다.
응축기(condenser)	고온·고압의 기체냉매를 냉각에 의해 액체냉매 상태로 변화시킨다.
리시버드라이(receiver dryer)	응축기에서 보내온 냉매를 일시 저장하고 항상 액체상태의 냉매를 팽창밸브로 보낸다.
팽창 밸브(expansion valve)	고압의 액체냉매를 분사시켜 저압으로 감압시킨다.
증발기(evaporator)	주위의 공기로부터 열을 흡수하여 기체 상태의 냉매로 변환시킨다.
송풍기(blower)	직류직권 전동기에 의해 구동되며, 공기를 증발기에 순환시킨다.

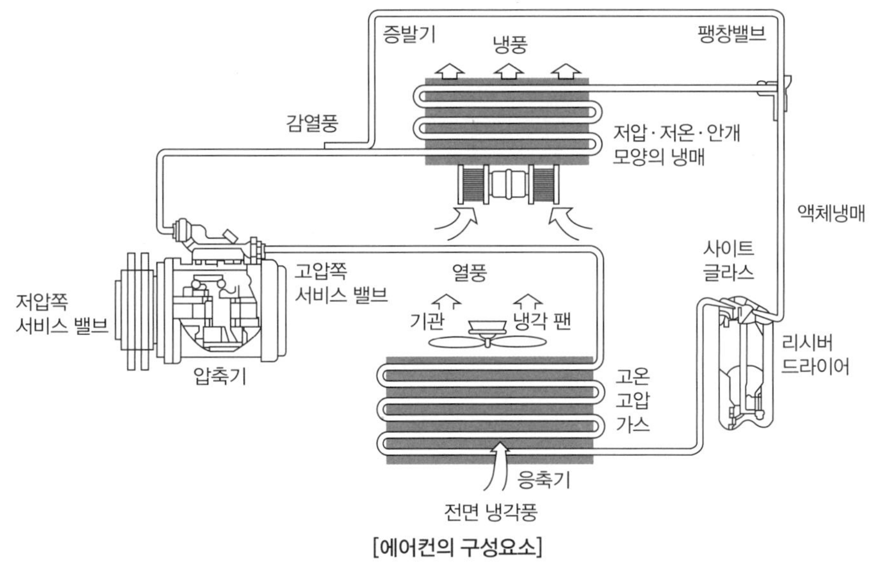

[에어컨의 구성요소]

3 동력전달(차체)장치

1 클러치(clutch)

(1) 클러치의 작용

기관과 변속기 사이에 설치되며, 동력전달장치로 전달되는 기관의 동력을 연결하거나(페달을 놓았을 때) 차단하는(페달을 밟았을 때) 장치이다.

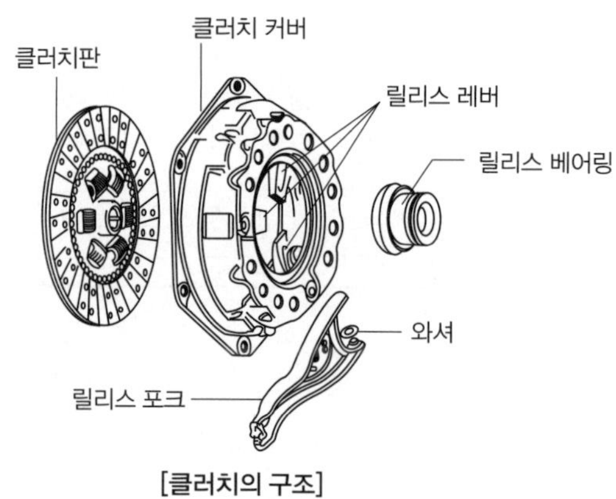

[클러치의 구조]

(2) 클러치의 구조

클러치판 (clutch disc, 클러치 디스크)	기관의 플라이휠과 압력판 사이에 설치되며, 기관의 동력을 변속기 입력축을 통하여 변속기로 전달하는 마찰판이다.
압력판 (pressure plate)	클러치 스프링의 장력으로 클러치판을 플라이휠에 압착시키는 작용을 한다.
클러치 페달(clutch pedal)의 자유간극(유격)	• 자유간격이 너무 적으면 클러치가 미끄러지며, 클러치판이 과열되어 손상된다. • 자유간격이 너무 크면 클러치 차단이 불량하여 변속기의 기어를 변속할 때 소음이 발생하고 기어가 손상된다.
릴리스 베어링 (release bearing)	클러치 페달을 밟으면 릴리스 레버를 눌러 클러치를 분리시키는 작용을 한다.

(3) 클러치 용량

클러치가 전달할 수 있는 회전력의 크기이며, 사용 기관 회전력의 1.5~2.5배 정도이다.

2 변속기(transmission)

(1) 변속기의 필요성

① 회전력을 증대시킨다.
② 기관을 무부하 상태로 한다.
③ 차량을 후진시키기 위하여 필요하다.

(2) 변속기의 구비조건

① 소형·경량이고, 고장이 없을 것
② 조작이 쉽고 신속할 것

③ 단계가 없이 연속적으로 변속이 될 것
④ 전달효율이 좋을 것

(3) 자동변속기(automatic transmission)

토크컨버터 (torque converter)	• 펌프(pump)는 기관 크랭크축과 연결되고, 터빈(turbine)은 변속기 입력축과 연결된다. • 펌프, 터빈, 스테이터(stator) 등이 상호운동 하여 회전력을 변환시킨다. • 회전력 변환비율은 2~3:1이다.
유성기어장치	링 기어(ring gear), 선 기어(sun gear), 유성기어(planetary gear), 유성기어 캐리어(planetary carrier)로 구성된다.

3 드라이브 라인(drive line)

슬립이음(길이 변화), 자재이음(구동각도 변화), 추진축으로 구성된다.

4 종 감속기어와 차동장치

(1) 종 감속기어(final reduction gear)

기관의 동력을 바퀴까지 전달할 때 마지막으로 감속하여 전달한다.

(2) 차동장치(differential gear system)

타이어형 건설기계가 선회할 때 바깥쪽 바퀴의 회전속도를 안쪽 바퀴보다 빠르게 한다. 즉 선회할 때 좌우 구동바퀴의 회전속도를 다르게 한다.

5 동력조향장치(power steering system)의 장점

① 조향 기어비를 조작력에 관계없이 선정할 수 있다.
② 굴곡노면에서의 충격을 흡수하여 조향핸들에 전달되는 것을 방지한다.
③ 작은 조작력으로 조향 조작을 할 수 있어 조향조작이 경쾌하고 신속하다.
④ 조향핸들의 시미(shimmy)현상을 줄일 수 있다.

6 동력조향장치의 구조

유압발생장치(오일펌프), 유압제어장치(제어밸브), 작동장치(유압실린더)로 되어 있다.

7 앞바퀴 얼라인먼트(Front Wheel Alignment)

(1) 앞바퀴 얼라인먼트(정렬)의 개요

캠버, 캐스터, 토인, 킹핀 경사각 등이 있다.

(2) 앞바퀴 얼라인먼트 요소의 정의

캠버(camber)	앞바퀴를 앞에서 보면 바퀴의 윗부분이 아래쪽보다 더 벌어져 있는데, 이 벌어진 바퀴의 중심선과 수선 사이의 각도
캐스터(caster)	앞바퀴를 옆에서 보았을 때 조향축(킹핀)이 수선과 어떤 각도를 두고 설치된 상태
토인(toe-in)	앞바퀴를 위에서 아래로 보았을 때 앞쪽이 뒤쪽보다 좁게 되어 있는 상태

8 타이어의 구조

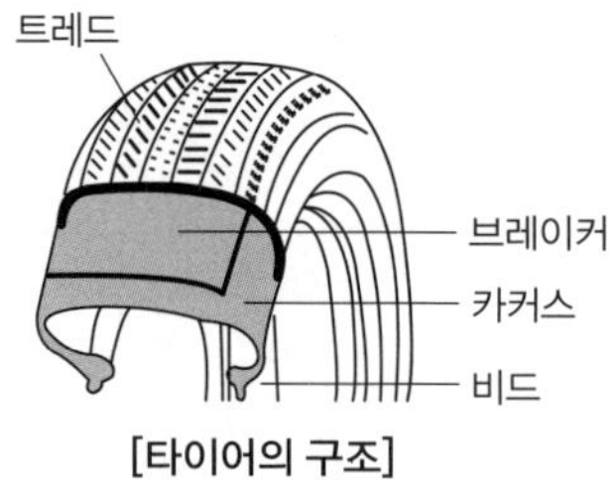

[타이어의 구조]

(1) 트레드(tread)

타이어가 직접 노면과 접촉되어 마모에 견디고 적은 슬립으로 견인력을 증대시키는 부분이다.

(2) 브레이커(breaker)

몇 겹의 코드 층을 내열성의 고무로 싼 구조로 되어있으며, 트레드와 카커스의 분리를 방지하고 노면에서의 완충작용도 한다.

(3) 카커스(carcass)

타이어의 골격을 이루는 부분이며, 공기압력을 견디어 일정한 체적을 유지하고, 하중이나 충격에 따라 변형하여 완충작용을 한다.

(4) 비드부분(bead section)

타이어가 림과 접촉하는 부분이며, 비드부분이 늘어나는 것을 방지하고 타이어가 림에서 빠지는 것을 방지하기 위해 내부에 몇 줄의 피아노선이 원둘레 방향으로 들어 있다.

9 트랙장치(무한궤도, 크롤러)

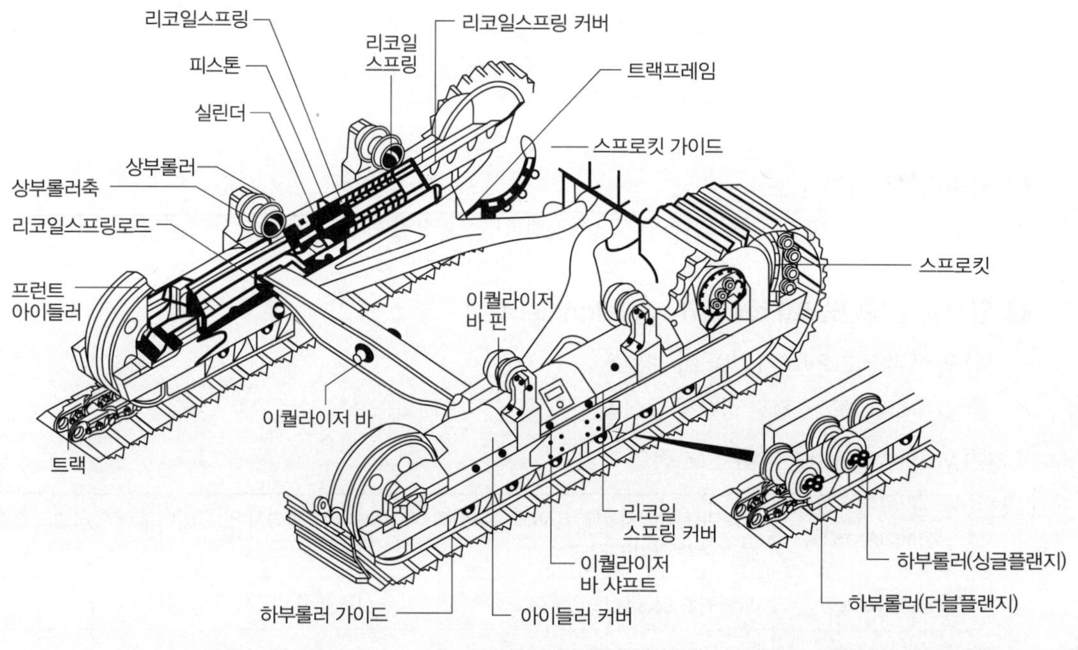

[트랙장치의 구조]

(1) 트랙(track)

① 트랙의 구조 : 트랙은 링크, 핀, 부싱 및 슈 등으로 구성되며, 프런트 아이들러, 상·하부 롤러, 스프로킷에 감겨져 있으며, 스프로킷으로부터 동력을 받아 구동된다.

② 트랙 슈의 종류 : 트랙 슈의 종류에는 단일돌기 슈, 2중 돌기 슈, 3중 돌기 슈, 습지용 슈, 고무 슈, 암반용 슈, 평활 슈 등이 있다.

③ 마스터 핀 : 마스터 핀은 트랙의 분리를 쉽게 하기 위하여 둔 것이다.

(2) 프런트 아이들러(front idler, 전부유동륜)

트랙의 장력을 조정하면서 트랙의 진행방향을 유도한다.

(3) 리코일 스프링(recoil spring)

주행 중 트랙 전방에서 오는 충격을 완화하여 차체 파손을 방지하고 운전을 원활하게 한다.

(4) 상부롤러(carrier roller)

프런트 아이들러와 스프로킷 사이에 1~2개가 설치되며, 트랙이 밑으로 처지는 것을 방지하고, 트랙의 회전을 바르게 유지한다.

(5) 하부롤러(track roller)

트랙 프레임에 3~7개 정도가 설치되며, 건설기계의 전체중량을 지탱하며, 전체중량을 트랙에 균등하게 분배해 주고 트랙의 회전을 바르게 유지한다.

(6) 스프로킷(기동륜)

최종구동 기어로부터 동력을 받아 트랙을 구동한다.

10 유압 브레이크(hydraulic brake)

유압 브레이크는 파스칼의 원리를 응용한다.

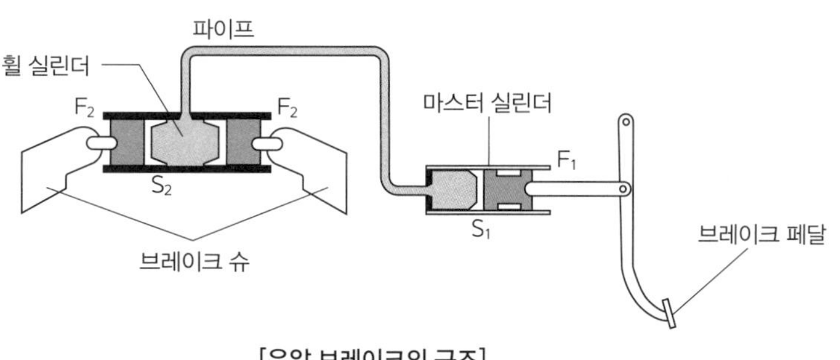

[유압 브레이크의 구조]

(1) 마스터 실린더(master cylinder)

브레이크 페달을 밟으면 유압을 발생시킨다.

(2) 휠 실린더(wheel cylinder)

마스터 실린더에서 압송된 유압에 의하여 브레이크슈를 드럼에 압착시킨다.

(3) 브레이크슈(brake shoe)

휠 실린더의 피스톤에 의해 드럼과 접촉하여 제동력을 발생하는 부품이며, 라이닝이 리벳이나 접착제로 부착되어 있다.

(4) 브레이크 드럼(brake drum)

휠 허브에 볼트로 설치되어 바퀴와 함께 회전하며, 브레이크슈와의 마찰로 제동을 발생시킨다.

11 배력 브레이크(servo brake)

① 진공배력 방식(하이드로 백)은 기관의 흡입행정에서 발생하는 진공(부압)과 대기압 차이를 이용한다.
② 진공배력 장치(하이드로 백)에 고장이 발생하여도 유압 브레이크로 작동한다.

12 공기브레이크(air brake)

(1) 공기브레이크의 장점

① 차량 중량에 제한을 받지 않는다.
② 공기가 다소 누출되어도 제동성능이 현저하게 저하되지 않는다.
③ 베이퍼 록(vapor lock) 발생 염려가 없다.
④ 페달 밟는 양에 따라 제동력이 제어된다.

(2) 공기브레이크 작동

압축공기의 압력을 이용하여 모든 바퀴의 브레이크슈를 드럼에 압착시켜서 제동 작용을 한다.

4 유압장치

1 유압장치의 개요

(1) 유압의 정의

유압유의 압력에너지(유압)를 이용하여 기계적인 일을 하는 장치이다.

(2) 파스칼(Pascal)의 원리

밀폐된 용기 내의 한 부분에 가해진 압력은 액체 내의 모든 부분에 같은 압력으로 전달된다.

(3) 압력

압력=가해진 힘÷단면적(힘/면적)이다. 단위는 kgf/cm^2, PSI, Pa(kPa, MPa), mmHg, bar, mAq, atm(대기압) 등이 있다.

(4) 유량

단위는 GPM(gallon per minute) 또는 LPM(ℓ/min, liter per minute)을 사용한다.

2 유압펌프 구조와 기능

① 원동기(내연기관, 전동기 등)로부터의 기계적인 에너지를 이용하여 유압유에 압력 에너지를 부여해 주는 장치이다.
② 종류에는 기어펌프, 베인 펌프, 피스톤(플런저)펌프, 나사펌프, 트로코이드 펌프 등이 있다.

3 압력제어밸브(pressure control valve)

① 일의 크기를 결정하며, 유압장치의 유압을 일정하게 유지하고 최고압력을 제한한다.
② 종류에는 릴리프 밸브, 감압(리듀싱)밸브, 시퀀스밸브, 무부하(언로드)밸브, 카운터 밸런스 밸브 등이 있다.

4 유량제어밸브(flow control valve)

① 액추에이터의 운동속도를 결정한다.

② 종류에는 속도제어 밸브, 급속배기 밸브, 분류밸브, 니들밸브, 오리피스 밸브, 교축밸브(스로틀 밸브), 스톱밸브, 스로틀 체크밸브 등이 있다.

5 방향제어밸브(direction control valve)

① 유압유의 흐름 방향을 결정한다. 즉 액추에이터의 작동 방향을 바꾸는 데 사용한다.

② 종류에는 스풀밸브, 체크밸브, 셔틀밸브 등이 있다.

6 유압 실린더 및 모터 구조와 기능

액추에이터는 유압펌프에서 송출된 에너지를 직선운동(유압 실린더)이나 회전운동(유압모터)을 통하여 기계적 일을 하는 장치이다.

7 유압실린더(hydraulic cylinder)

① 실린더, 피스톤, 피스톤 로드로 구성되며 직선왕복 운동을 한다.

② 종류에는 단동실린더, 복동실린더(싱글로드형과 더블로드형), 다단실린더, 램형실린더가 있다.

8 유압모터(hydraulic motor)

① 유압 에너지에 의해 연속적으로 회전운동 하여 기계적인 일을 하는 장치이다.

② 종류에는 기어 모터, 베인 모터, 플런저 모터가 있다.

9 유압기호

정용량 유압 펌프	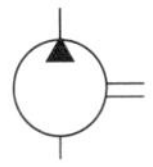	압력 스위치	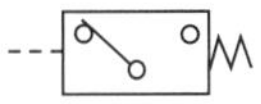
가변용량형 유압 펌프		단동 실린더	
복동 실린더	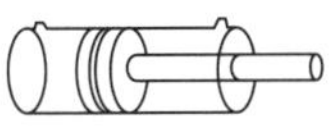	릴리프 밸브	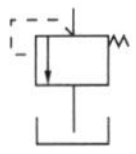
무부하 밸브	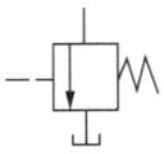	체크 밸브	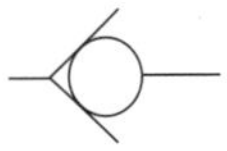
축압기(어큐뮬레이터)		공기·유압 변환기	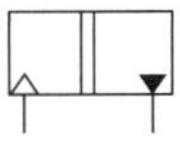
압력계		오일탱크	
유압 동력원		오일 여과기	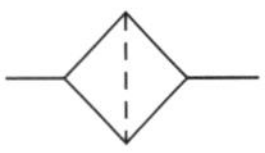

정용량형 펌프·모터	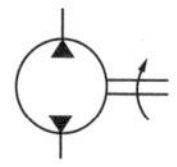	회전형 전기 액추에이터	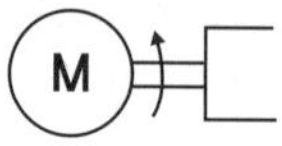
가변용량형 유압 모터		솔레노이드 조작 방식	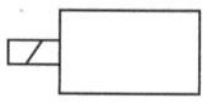
간접 조작 방식	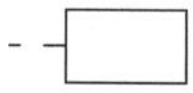	레버 조작 방식	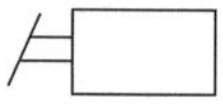
기계 조작 방식	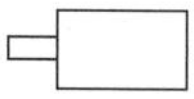	복동 실린더 양로드형	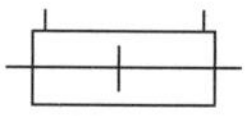
드레인 배출기	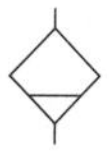	전자·유압 파일럿	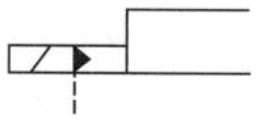

10 유압유(작동유)의 구비조건

① 점도지수 및 체적탄성계수가 클 것
② 적절한 유동성과 점성이 있을 것
③ 화학적 안정성이 클 것. 즉 산화 안정성(방청 및 방식성)이 좋을 것
④ 압축성·밀도 및 열팽창 계수가 작을 것
⑤ 기포분리 성능(소포성)이 클 것
⑥ 인화점 및 발화점이 높고, 내열성이 클 것

11 기타 부속장치

(1) 오일탱크의 구조

유압유를 저장하는 장치이며, 주입구 캡, 유면계(오일탱크 내의 오일량 표시), 격판(배플), 스트레이너, 드레인 플러그 등으로 구성되어 있다.

(2) 어큐뮬레이터(축압기, accumulator)

유압펌프에서 발생한 유압을 저장하고, 맥동을 소멸시키고 유압 에너지의 저장, 충격흡수 등에 이용되는 기구이다.

5 로더 점검

1 일일점검(작업 전·중·후 점검)

① 로더의 외관 점검
② 기관오일 양, 냉각수 양, 연료 양, 유압오일 양 점검
③ 팬벨트 장력 점검
④ 타이어 상태와 타이어 휠 볼 너트 체결 상태 점검
⑤ 각종 계기 작동상태 점검
⑥ 경음기, 후진 경보등 작동상태 점검
⑦ 조향장치 작동상태 점검

⑧ 브레이크 및 주차 브레이크 작동상태 점검
⑨ 작업 장치 작동상태 점검
⑩ 축전지 단자 접속 상태 점검
⑪ 로더 내·외부 청소

2 예방점검(정기점검)

월간점검(200시간)	• 기관오일과 오일여과기 교환 • 변속기 오일의 양 점검 및 보충 • 브레이크 오일 점검 및 보충 • 유압유의 양 점검 및 보충 • 축전지 충전상태 점검
6개월 점검(1,000시간)	변속기 오일교환
1년 점검(2,000시간)	유압유와 유압유 여과기 교환

2 조종 및 작업

1 로더 일반

1 휠 로더(wheel loader) – 타이어형 로더

휠 로더는 화물을 적재하는 버킷과 이것을 들어 올리거나 내리는 붐(boom)과 암(arm)을 갖춘 건설기계이다.

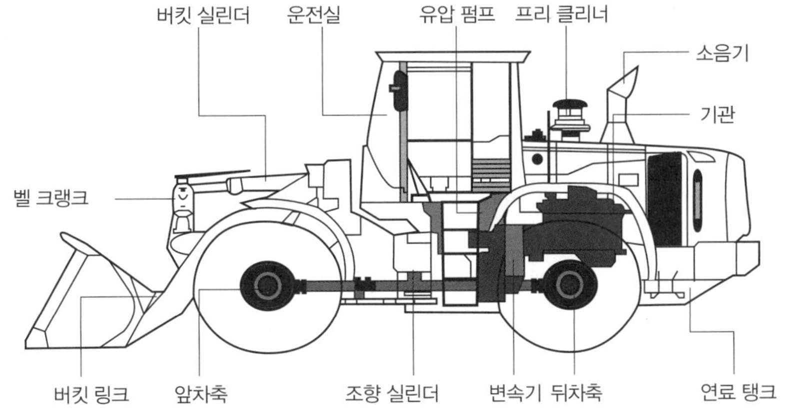

[휠 로더의 구조]

2 무한궤도형 로더 – 크롤러 로더(Crawler loader)

크롤러(트랙)을 장착하며 단단한 지반에서의 작업은 어렵지만 암석 등 불균일한 노면과 터널과 같이 협소한 장소에서 작업하는 데 적당하다.

3 스키드 로더(Skid steer loader)

휠 로더에 비하여 작고 좁은 공간에서 작업이 필요할 경우와 작은 창고 내부라든지 협소한 공간에서도 360° 회전이 가능하다.

4 백호 로더(Back hoe loader)

앞쪽에는 로더 버킷을 장착하고 작업 대상물을 상차하는 작업을 하며 뒤쪽에는 굴착기 버킷을 장착하여 소규모의 굴착작업을 할 수가 있다.

5 프런트 엔드형(front end dump type)

프런트 엔드형은 가장 많이 사용하는 형식이며, 차체 앞쪽에 버킷을 부착하고 굴착·적재 작업을 할 때 주로 사용한다.

6 사이드 덤프형(side dump type)

사이드 덤프형은 버킷을 좌·우 어느 쪽으로나 기울일 수 있어 터널이나 좁은 장소에서 덤프트럭에 적재할 수 있는 형식으로 운반기계와 병렬작업을 할 수 있다.

7 오버 헤드형(over head dump type)

오버 헤드형은 앞부분에서 굴착하여 조종석 위를 넘어 뒷면에 적재할 수 있는 형식으로 터널공사 등에 효과적이다.

8 스윙형(swing dump type)

스윙형은 프런트 엔드형과 오버 헤드형을 복합하여 앞뒤 양쪽으로 적재하는 형식이다.

2 로더 조종 및 기능

1 작업장치 조종 및 기능

① 버킷의 작동은 유압으로 이루어지며, 리프터 암을 올리고 내리는 것은 리프터 실린더에 의해 작동된다.
② 틸트 백 덤핑(tilt back dump)작업은 틸트 실린더에 의하여 이루어진다.
③ 붐 실린더에는 자동적으로 상승의 위치에서 유지위치로 돌아가도록 하는 킥 아웃 장치가 있다. 즉 킥 아웃 장치는 붐이 일정한 높이에 이르면 자동적으로 멈추어 작업능률과 안전성을 기하는 장치이다.
④ 붐 리프트 레버에는 상승·유지·하강 및 부동의 4가지 위치가 있다.
⑤ 버킷 틸트 레버에는 전경·후경 및 유지의 3가지 위치가 있다.
⑥ 버킷 틸트 레버에는 버킷을 지면에 내려놓았을 때 굴착각도가 적당히 되도록 설정해 주는 포지션 장치가 있다.

2 주행장치 조종 및 기능

주행동작이란 로더가 전진(forward)이나 후진(reverse), 그리고 왼쪽이나 오른쪽으로 방향을 바꾸는 조향(steering) 동작을 하는 것이다.

뒷바퀴(후륜) 조향방식	안정성은 좋으나 선회반경이 커 좁은 장소에서의 작업이 불리하다.
허리꺾기 조향방식	• 앞 차체와 뒤 차체를 핀(또는 관절형 이음)으로 연결하고 유압실린더에 의해 굴절시키는 형식이다. • 회전반경이 적어 좁은 장소에서의 작업이 유리하고 작업능률을 향상시킬 수 있기 때문에 최근에는 거의 이 방식을 사용한다.

3장 로더 작업방법

1 적하작업

직진·후진법(I형)	로더가 버킷에 토사를 채운 후에 덤프트럭이 토사 더미와 버킷사이로 들어오면 상차하는 방법이다.
90° 회전법(T형)	주로 좁은 장소에서 사용되며, 비교적 작업효율이 낮다.
V형 상차법(V형)	로더가 토사를 버킷에 담고 후진을 한 후 덤프트럭 쪽으로 방향을 바꾸면서 전진하여 덤프트럭에 상차한다.
로더의 상차작업	• 버킷을 완전히 복귀시킨 후 버킷을 지면에서 60~90cm 정도 올린 후 주행한다. • 토사를 상차할 때 로더는 덤프트럭과 토사더미 사이에 45°를 유지하면서 작업한다. • 토사를 상차하려고 로더가 방향을 바꿀 때에는 버킷과 덤프트럭 옆의 거리는 3.0~3.7m 정도가 좋다. • 토사를 상차할 때 덤프트럭은 토사더미 가장자리에 90°로 세워둔다.

2 운반작업

① 로더의 적하와 운반 작업은 운반 → 적하(Hopper, Dump)의 사이클로 이루어진다.

② 적하작업은 효율을 높이기 위하여 최소의 회전반경과 운반거리를 선택한다.

③ 로더는 흙더미 오른쪽에 위치하여 적하를 한 다음 후진하면 흙더미와 로더 사이로 덤프트럭이 들어오도록 한다. 이 방식이 적하시간을 최소로 줄이는 방식이다.

④ 버킷에 충분히 적재 한 후 쏟아지는 것을 방지하기 위해 버킷을 한번 흔들어 준다.

3 평탄작업

① 버킷에 흙을 적재하고 로더를 천천히 뒤로 움직이면서 흙을 조금씩 뿌린다.

② 흙을 고르기 위해 버킷을 지면에 누르고 천천히 후진한다.

4 밀기(Pushing) 작업

① 밀기 작업을 할 때는 지면에 버킷 밑 부분을 밀착시키고 수행한다.

② 밀기 작업을 할 때는 버킷 위치를 '덤프(Dump)' 위치에 놓지 않도록 한다.

5 버킷의 종류와 기타 선택장치

① 범용버킷 : 모든 종류의 작업용으로 제작된 버킷이다.
② 리 핸들링(re handling) 버킷 : 쇄석, 모래 등 이미 처리 완료된 자재의 취급, 쌓기 및 적재용으로 완벽하게 최적화된 버킷이다.
③ 암석버킷 : 내구성이 강한 헤비 듀티(Heavy duty) 버킷으로 주로 발파된 암석적재용으로 최적화되어 있으며, 최고의 굴착력을 제공하고 스페이드 노즈(Spade nose)형, 스트레이트 에지(Straight edge)형, 사이드 덤프(Side dump)형이 있다.
④ 스켈레톤(skele톤) 버킷 : 굴착된 골재나 암석 중 큰 것만 골라내는 데 사용한다.
⑤ 경량버킷 : 곡물, 목재 칩, 퇴비 등 1톤 이하의 낮은 밀도 자재용 버킷이다.
⑥ 그레이딩(Grading) 버킷 : 표토 제거, 소규모 도저 작업, 조경, 평탄 작업용 버킷이다.
⑦ 블록 핸들링(Block handling) : 블록 인양 및 이동용으로 설계된 헤비 듀티 버킷이다.
⑧ 포크(Fork) : 팔레트(Pallet) 자재작업 등 운반용에 사용한다.
⑨ 그리플(Grapple) : 목재나 원목 취급용이다.
⑩ 스노 블레이드(Snow blade) : 제설작업에 사용한다.

6 적재물의 종류에 따라 버킷 선택

① 톱밥, 석탄용 버킷 : 적재물 재료의 크기가 40mm 이하이고 비중이 1.2톤/m^3 이하인 재료(톱밥, 석탄)의 작업에 사용하는 버킷이다.
② 스노버킷(Snow bucket) : 비중이 0.5톤/m^3 정도로, 눈 전용으로 작업할 때에는 도로의 손상을 방지하기 위해 우레탄 재질이 부착된 것을 이용한다.
③ 루즈 메터리얼 버킷(Loose material bucket) : 적재물 재료의 크기가 40mm 이하이고 비중이 1.6톤/m^3 이하의 작업에 사용한다.
④ 스톡파일 버킷(Stock pile bucket) : 스톡 파일 버킷은 적재물 재료의 크기가 150mm 이하이고 비중이 1.6톤/m^3 이하의 작업에 사용한다.
⑤ 록 버킷(Rock bucket) : 적재물 재료의 크기가 150mm 이상이고 비중이 1.8톤/m^3 이상 암석재료를 적재할 때 사용하며, 버킷에 투스와 팁, 사이드 에지가 부착되어 있다.

3 로더안전·환경관리

1 산업안전보건

1 안전보호구의 구비조건

① 착용이 간단하고 착용 후 작업하기 쉬울 것
② 유해, 위험요소로부터 보호성능이 충분할 것
③ 품질과 끝마무리가 양호할 것
④ 외관 및 디자인이 양호할 것

2 안전보호구를 선택할 때 주의사항

① 사용 목적에 적합하고, 품질이 좋을 것

② 사용하기가 쉬워야 하고, 관리하기 편할 것

③ 작업자에게 잘 맞을 것

3 안전보호구의 종류

안전모 (safety cap)	작업자가 작업할 때 비래하는 물건이나 낙하하는 물건에 의한 위험성으로부터 머리를 보호한다.
안전화 (safety shoe)	• 경작업용 : 금속선별, 전기제품조립, 화학제품 선별, 식품가공업 등 경량의 물체를 취급하는 작업장용이다. • 보통작업용 : 기계공업, 금속가공업, 등 공구부품을 손으로 취급하는 작업 및 차량 사업장, 기계 등을 조작하는 일반작업장용이다. • 중작업용 : 광산에서 채광, 철강업에서 원료 취급, 강재 운반 등 중량물 운반 작업 및 중량이 큰 물체를 취급하는 작업장용이다.
안전작업복 (safety working clothes)	• 작업장에서 안전모, 작업화, 작업복을 착용하도록 하는 이유는 작업자의 안전을 위함이다. • 작업에 따라 보호구 및 그 밖의 물건을 착용할 수 있을 것 • 소매나 바지자락이 조일 수 있을 것 • 화기사용 직장에서는 방염성, 불연성일 것 • 작업복은 몸에 맞고 동작이 편할 것 • 상의의 끝이나 바지자락 등이 기계에 말려 들어갈 위험이 없을 것 • 옷소매는 되도록 폭이 좁게 된 것이나, 단추가 달린 것은 피할 것
보안경	날아오는 물체로부터 눈을 보호하고 유해광선에 의한 시력장해를 방지하기 위해 사용한다.

4 안전장치(safety device)

안전대	• 신체를 지지하는 요소와 구조물 등 걸이설비에 연결하는 요소로 구성된다. • 안전대의 용도의 용도는 작업제한, 작업자세 유지, 추락억제이다.
사다리식 통로	• 견고한 구조로 만들고, 심한 손상, 부식 등이 없는 재료를 사용할 것 • 발판의 간격은 일정하게 만들고, 발판 폭은 30cm 이상으로 만들 것 • 사다리가 넘어지거나 미끄러지는 것을 방지하기 위한 조치를 할 것 • 발판과 벽과의 사이는 15cm 이상의 간격을 유지할 것 • 사다리의 상단(끝)은 걸쳐놓은 지점으로부터 60cm 이상 올라가도록 할 것 • 사다리식 통로의 길이가 10m 이상인 경우에는 5m 이내마다 계단참을 설치할 것 • 사다리식 통로는 90°까지 설치할 수 있다. 다만, 고정식이면서, 75°를 넘고, 사다리 높이가 7m를 넘으면 바닥으로 높이 2m 지점부터 등받이가 있어야 한다.
방호장치	• 격리형 방호장치 : 작업점 외에 직접 사람이 접촉하여 말려들거나 다칠 위험이 있는 장소를 덮어씌우는 방호장치 방법이다. • 덮개형 방호조치 : V-벨트나 평 벨트 또는 기어가 회전하면서 접선방향으로 물려 들어가는 장소에 많이 설치한다. • 접근 반응형 방호장치 : 작업자의 신체부위가 위험한계 또는 그 인접한 거리로 들어오면 이를 감지하여 그 즉시 동작하던 기계를 정지시키거나 스위치가 꺼지도록 하는 방호법이다.

5 화물의 낙하재해 예방

① 화물의 적재상태를 확인한다.
② 허용하중을 초과한 적재를 금지한다.
③ 마모가 심한 타이어를 교체한다.
④ 무자격자는 운전을 금지한다.
⑤ 작업장 바닥의 요철을 확인한다.

6 협착 및 충돌재해 예방

① 전용통로를 확보한다.
② 운행구간별 제한속도 지정 및 표지판을 부착한다.
③ 교차로 등 사각지대에 반사경을 설치한다.
④ 경사진 노면에 건설기계를 방치하지 않는다.
⑤ 불안전한 화물적재 금지 및 시야를 확보하도록 적재한다.

7 안전표지

① 금지표지 : 바탕은 흰색, 기본모형은 빨간색, 관련부호 및 그림은 검정색이다.
② 경고표지 : 노란색 바탕에 기본모형은 검은색, 관련부호와 그림은 검정색이다.
③ 지시표지 : 청색 원형바탕에 백색으로 보호구사용을 지시한다.
④ 안내표지 : 바탕은 흰색, 기본모형 관련부호 및 그림은 녹색 또는 바탕은 녹색, 기본모형 관련부호 및 그림은 흰색이다.

금지표지	출입 금지	보행 금지	차량 통행 금지	사용 금지	탑승 금지	금연	화기 금지	물체 이동 금지
경고표지	인화성물질 경고	산화성물질 경고	폭발성물질 경고	급성독성물질 경고	부식성물질 경고	방사성물질 경고	고압 전기 경고	매달린 물체 경고
경고표지	낙하물 경고	고온 경고	저온 경고	몸균형 상실 경고	레이저 광선 경고	발암성·변이원성·생식독성·전신독성·호흡기과민성물질경고		위험 장소 경고
지시표지	보안경 착용	방독마스크 착용	방진마스크 착용	보안면 착용	안전모 착용	귀마개 착용	안전화 착용	안전장갑 착용
지시표지	안전복 착용							

안내표지	녹십자	응급구호	들것	세안장치	비상용기구	비상구	좌측 비상구	우측 비상구
					비상용 기구			

관계자외 출입금지	허가대상물질 작업장	석면 취급/해체 작업 중	금지대상물질의 취급 실험실 등
	관계자외 출입 금지 (허가물질 명칭) 제조/사용/보관 중 보호구/보호복 착용 흡연 및 음식물 섭취 금지	관계자외 출입 금지 석면 취급/해체 중 보호구/보호복 착용 흡연 및 음식물 섭취 금지	관계자외 출입 금지 발암물질 취급 중 보호구/보호복 착용 흡연 및 음식물 섭취 금지

문자 추가 시 예시문	화기엄금	
		• 내 자신의 건강과 복지를 위하여 안전을 늘 생각한다. • 내 가정의 행복과 화목을 위하여 안전을 늘 생각한다. • 내 자신의 실수로써 동료를 해치지 않도록 안전을 늘 생각한다. • 내 자신이 일으킨 사고로 인한 회사의 재산과 손실을 방지하기 위하여 안전을 늘 생각한다. • 내 자신의 방심과 불안전한 행동이 조국의 번영에 장애가 되지 않도록 하기 위하여 안전을 늘 생각한다.

8 안전수칙

① 안전보호구 지급 착용
② 안전보건표지 부착
③ 안전보건교육 실시
④ 안전작업 절차 준수

2장 작업·장비 안전관리

1 작업 안전관리 및 교육

① 각종 계기점검과 이상소음 및 냄새를 확인한다.
② 전·후진할 때 위험상황을 확인한다.
③ 작업 중 추돌사고를 예방한다.
- 조종사 이외는 로더에 탑승을 금지한다.
- 교통 및 작업자를 통제한다.
- 작업 중 안전표지판을 설치한다.
- 안전거리를 확보한다.
- 신호수를 배치한다.

④ 전도 사고를 예방한다.
- 조종사 이외는 로더의 사용을 금지한다.
- 경사면을 주행할 때 전도위험에 주의한다.
- 태만한 운전을 삼간다.

⑤ 운전석을 이탈할 때의 안전조치
- 조종사가 로더에서 내려오기 전에 모든 작동을 멈춘다.
- 주차 브레이크를 작동시킨다.
- 시동스위치를 뽑고 문을 잠근다.

2 수공구 안전사항

(1) 수공구 사용 시 주의사항

① 수공구를 사용하기 전에 이상 유무를 확인한다.
② 작업자는 필요한 보호구를 착용한다.
③ 용도 이외의 수공구는 사용하지 않는다.
④ 공구를 던져서 전달해서는 안 된다.

(2) 렌치 사용 시 주의사항

① 볼트 및 너트에 맞는 것을 사용, 즉 볼트 및 너트 머리 크기와 같은 조(jaw)의 렌치를 사용한다.
② 볼트 및 너트에 렌치를 깊이 물린다.
③ 렌치를 몸 안쪽으로 잡아 당겨 움직이도록 한다.
④ 힘의 전달을 크게 하기 위하여 파이프 등을 끼워서 사용해서는 안 된다.

(3) 토크렌치(torque wrench) 사용 방법

① 볼트·너트 등을 조일 때 조이는 힘을 측정하기(조임력을 규정 값에 정확히 맞도록) 위하여 사용한다.
② 오른손은 렌치 끝을 잡고 돌리며, 왼손은 지지점을 누르고 눈은 게이지 눈금을 확인한다.

(4) 드라이버(driver) 사용 시 주의사항

① 스크루 드라이버의 크기는 손잡이를 제외한 길이로 표시한다.
② 날 끝의 홈의 폭과 길이가 같은 것을 사용한다.
③ 작은 크기의 부품이라도 경우 바이스(vise)에 고정시키고 작업한다.
④ 전기 작업을 할 때에는 절연된 손잡이를 사용한다.

(5) 해머작업 시 주의사항

① 해머로 녹슨 것을 때릴 때에는 반드시 보안경을 쓴다.
② 기름이 묻은 손이나 장갑을 끼고 작업하지 않는다.
③ 해머는 작게 시작하여 차차 큰 행정으로 작업한다.
④ 타격면은 평탄하고, 손잡이는 튼튼한 것을 사용한다.

3 드릴작업 시 안전대책

① 구멍을 거의 뚫었을 때 일감 자체가 회전하기 쉽다.
② 드릴의 탈·부착은 회전이 멈춘 다음 행한다.
③ 공작물은 단단히 고정시켜 따라 돌지 않게 한다.
④ 드릴 끝이 가공물을 관통 여부를 손으로 확인해서는 안 된다.
⑤ 드릴작업은 장갑을 끼고 작업해서는 안 된다.
⑥ 작업 중 쇳가루를 입으로 불어서는 안 된다.
⑦ 드릴작업을 하고자 할 때 재료 밑의 받침은 나무판을 이용한다.

4 그라인더(연삭숫돌) 작업 시 주의사항

① 숫돌차와 받침대 사이의 표준간격은 2~3mm 정도가 좋다.
② 반드시 보호안경을 착용하여야 한다.
③ 안전커버를 떼고서 작업해서는 안 된다.
④ 숫돌작업은 측면에 서서 숫돌의 정면을 이용하여 연삭한다.

4 건설기계관리법규

1 건설기계등록 및 검사

1 건설기계관리법의 목적

건설기계의 등록·검사·형식승인 및 건설기계사업과 건설기계 조종사 면허 등에 관한 사항을 정하여 건설기계를 효율적으로 관리하고 건설기계의 안전도를 확보하여 건설공사의 기계화를 촉진함을 목적으로 한다.

2 건설기계의 신규 등록

(1) 건설기계 등록 시 필요한 서류

① 건설기계의 출처를 증명하는 서류(건설기계 제작증, 수입면장, 매수증서)
② 건설기계의 소유자임을 증명하는 서류
③ 건설기계 제원표
④ 자동차손해배상보장법에 따른 보험 또는 공제의 가입을 증명하는 서류

(2) 건설기계 등록신청

① 건설기계를 등록하려는 건설기계의 소유자는 건설기계소유자의 주소지 또는 건설기계의 사용본거지를 관할하는 특별시장·광역시장·도지사 또는 특별자치도지사(이하 "시·도지사")에게 제출하여야 한다.
② 건설기계등록신청은 건설기계를 취득한 날(판매를 목적으로 수입된 건설기계의 경우에는 판매한 날)부터 2월 이내에 하여야 한다. 다만, 전시·사변 기타 이에 준하는 국가비상사태하에 있어서는 5일 이내에 신청하여야 한다.

3 등록번호표

(1) 등록번호표에 표시되는 사항

기종, 등록관청, 등록번호, 용도 등이 표시된다.

(2) 번호표의 색상

① 비사업용(관용 또는 자가용) : 흰색 바탕에 검은색 문자
② 대여사업용 : 주황색 바탕에 검은색 문자
③ 임시운행 번호표 : 흰색 페인트 판에 검은색 문자

(3) 건설기계 등록번호

① 관용 : 0001~0999
② 자가용 : 1000~5999
③ 대여사업용 : 6000~9999

4 미등록 건설기계의 임시운행사유

① 등록신청을 하기 위하여 건설기계를 등록지로 운행하는 경우
② 신규등록검사 및 확인검사를 받기 위하여 건설기계를 검사장소로 운행하는 경우
③ 수출을 하기 위하여 건설기계를 선적지로 운행하는 경우
④ 수출을 하기 위하여 등록말소한 건설기계를 점검·정비의 목적으로 운행하는 경우
⑤ 신개발 건설기계를 시험·연구의 목적으로 운행하는 경우
⑥ 판매 또는 전시를 위하여 건설기계를 일시적으로 운행하는 경우

5 건설기계 검사

(1) 건설기계 검사의 종류

① 신규등록검사 : 건설기계를 신규로 등록할 때 실시하는 검사이다.
② 정기검사 : 건설공사용 건설기계로서 3년의 범위에서 국토교통부령으로 정하는 검사유효기간이 끝난 후에 계속하여 운행하려는 경우에 실시하는 검사와 대기환경보전법 및 소음·진동관리법에 따른 운행차의 정기검사이다.
③ 구조변경 검사 : 건설기계의 주요 구조를 변경 또는 개조한 때 실시하는 검사이다.
④ 수시검사 : 성능이 불량하거나 사고가 자주 발생하는 건설기계의 안전성 등을 점검하기 위하여 수시로 실시하는 검사와 건설기계 소유자의 신청을 받아 실시하는 검사이다.

(2) 정기검사 신청기간 및 검사기간 산정

① 정기검사를 받고자 하는 자는 검사유효기간 만료일 전후 각각 31일 이내에 신청한다.
② 유효기간의 산정은 정기검사신청기간까지 정기검사를 신청한 경우에는 종전 검사유효기간 만료일의 다음 날부터, 그 외의 경우에는 검사를 받은 날의 다음 날부터 기산한다.

(3) 검사소에서 검사를 받아야 하는 건설기계

덤프트럭, 콘크리트믹서트럭, 콘크리트펌프(트럭적재식), 아스팔트살포기, 트럭지게차(국토교통부장관이 정하는 특수건설기계인 트럭지게차)

(4) 당해 건설기계가 위치한 장소에서 검사(출장검사)하는 경우

① 도서지역에 있는 경우
② 자체중량이 40톤을 초과하거나 축중이 10톤을 초과하는 경우
③ 너비가 2.5m를 초과하는 경우
④ 최고속도가 시간당 35km 미만인 경우

(5) 정비명령

정기검사에서 불합격한 건설기계로서 재검사를 신청하는 건설기계의 소유자에 대해서는 적용하지 않는다. 다만, 재검사기간 내에 검사를 받지 않거나 재검사에 불합격한 건설기계에 대해서는 31일 이내의 기간을 정하여 해당 건설기계의 소유자에게 정비명령을 할 수 있다.

6 건설기계의 구조변경을 할 수 없는 경우

① 건설기계의 기종변경
② 육상작업용 건설기계의 규격을 증가시키기 위한 구조변경
③ 육상작업용 건설기계의 적재함 용량을 증가시키기 위한 구조변경

2 면허·사업·벌칙

1 건설기계 조종사 면허의 결격사유

① 18세 미만인 사람
② 건설기계 조종 상의 위험과 장해를 일으킬 수 있는 정신질환자 또는 뇌전증환자로서 국토교통부령으로 정하는 사람
③ 앞을 보지 못하는 사람, 듣지 못하는 사람, 그 밖에 국토교통부령으로 정하는 장애인
④ 건설기계 조종상의 위험과 장해를 일으킬 수 있는 마약·대마·향정신성의약품 또는 알코올중독자로서 국토교통부령으로 정하는 사람
⑤ 건설기계조종사면허가 취소된 날부터 1년이 지나지 아니하였거나 건설기계조종사면허의 효력정지처분 기간 중에 있는 사람
⑥ 거짓이나 그 밖의 부정한 방법으로 건설기계조종사면허를 받은 경우와 건설기계조종사면허의 효력정지기간 중 건설기계를 조종한 경우의 사유로 취소된 경우에는 2년이 지나지 아니한 사람

2 자동차 제1종 대형면허로 조종할 수 있는 건설기계

덤프트럭, 아스팔트살포기, 노상안정기, 콘크리트믹서트럭, 콘크리트펌프, 천공기(트럭적재식을 말함), 특수건설기계 중 국토교통부장관이 지정하는 건설기계이다.

3 건설기계 조종사 면허를 반납하여야 하는 사유

① 건설기계 면허가 취소된 때
② 건설기계 면허의 효력이 정지된 때
③ 면허증의 재교부를 받은 후 잃어버린 면허증을 발견한 때

4 건설기계 면허 적성검사 기준

① 두 눈을 동시에 뜨고 잰 시력이 0.7 이상일 것(교정시력을 포함)
② 두 눈의 시력이 각각 0.3 이상일 것(교정시력을 포함)
③ 55데시벨(보청기를 사용하는 사람은 40데시벨)의 소리를 들을 수 있고, 언어 분별력이 80% 이상일 것
④ 시각은 150도 이상일 것
⑤ 마약·알코올 중독의 사유에 해당되지 아니할 것

5 건설기계조종사 면허취소 사유

(1) 면허취소 사유

① 거짓이나 그 밖의 부정한 방법으로 건설기계조종사면허를 받은 경우
② 건설기계조종사면허의 효력정지기간 중 건설기계를 조종한 경우
③ 건설기계 조종상의 위험과 장해를 일으킬 수 있는 정신질환자 또는 뇌전증환자로서 국토교통부령으로 정하는 사람
④ 앞을 보지 못하는 사람, 듣지 못하는 사람, 그 밖에 국토교통부령으로 정하는 장애인
⑤ 건설기계 조종상의 위험과 장해를 일으킬 수 있는 마약·대마·향정신성의약품 또는 알코올중독자로서 국토교통부령으로 정하는 사람
⑥ 고의로 인명피해(사망, 중상, 경상 등)를 입힌 경우
⑦ 건설기계조종사면허증을 다른 사람에게 빌려준 경우
⑧ 술에 만취한 상태(혈중 알코올농도 0.08% 이상)에서 건설기계를 조종한 경우
⑨ 술에 취한 상태에서 건설기계를 조종하다가 사고로 사람을 죽게 하거나 다치게 한 경우
⑩ 2회 이상 술에 취한 상태에서 건설기계를 조종하여 면허효력정지를 받은 사실이 있는 사람이 다시 술에 취한 상태에서 건설기계를 조종한 경우
⑪ 약물(마약, 대마, 향정신성 의약품 및 환각물질)을 투여한 상태에서 건설기계를 조종한 경우
⑫ 정기적성검사를 받지 않거나 적성검사에 불합격한 경우

(2) 면허정지기간

인명 피해를 입힌 경우	• 사망 1명마다 면허효력정지 45일 • 중상 1명마다 면허효력정지 15일 • 경상 1명마다 면허효력정지 5일
재산 피해를 입힌 경우	피해금액 50만 원마다 면허효력정지 1일 (90일을 넘지 못함)
건설기계 조종 중에 고의 또는 과실로 가스공급시설을 손괴하거나 가스공급시설의 기능에 장애를 입혀 가스의 공급을 방해한 경우	면허효력정지 180일
술에 취한 상태(혈중 알코올 농도 0.03% 이상 0.08% 미만)에서 건설기계를 조종한 경우	면허효력정지 60일

6 벌칙

(1) 2년 이하의 징역 또는 2천만 원 이하의 벌금

① 등록되지 아니한 건설기계를 사용하거나 운행한 자
② 등록이 말소된 건설기계를 사용하거나 운행한 자
③ 시·도지사의 지정을 받지 아니하고 등록번호표를 제작하거나 등록번호를 새긴 자

(2) 1년 이하의 징역 또는 1천만 원 이하의 벌금

① 거짓이나 그 밖의 부정한 방법으로 등록을 한 자
② 등록번호를 지워 없애거나 그 식별을 곤란하게 한 자
③ 구조변경검사 또는 수시검사를 받지 아니한 자
④ 정비명령을 이행하지 아니한 자
⑤ 형식승인, 형식변경승인 또는 확인검사를 받지 아니하고 건설기계의 제작 등을 한 자

⑥ 사후관리에 관한 명령을 이행하지 아니한 자
⑦ 내구연한을 초과한 건설기계 또는 건설기계 장치 및 부품을 운행하거나 사용한 자
⑧ 내구연한을 초과한 건설기계 또는 건설기계 장치 및 부품의 운행 또는 사용을 알고도 말리지 아니하거나 운행 또는 사용을 지시한 고용주
⑨ 부품인증을 받지 아니한 건설기계 장치 및 부품을 사용한 자
⑩ 부품인증을 받지 아니한 건설기계 장치 및 부품을 건설기계에 사용하는 것을 알고도 말리지 아니하거나 사용을 지시한 고용주
⑪ 매매용 건설기계를 운행하거나 사용한 자
⑫ 폐기인수 사실을 증명하는 서류의 발급을 거부하거나 거짓으로 발급한 자
⑬ 폐기요청을 받은 건설기계를 폐기하지 아니하거나 등록번호표를 폐기하지 아니한 자
⑭ 건설기계조종사면허를 받지 아니하고 건설기계를 조종한 자
⑮ 건설기계조종사면허를 거짓이나 그 밖의 부정한 방법으로 받은 자
⑯ 소형 건설기계의 조종에 관한 교육과정의 이수에 관한 증빙서류를 거짓으로 발급한 자
⑰ 술에 취하거나 마약 등 약물을 투여한 상태에서 건설기계를 조종한 자와 그러한 자가 건설기계를 조종하는 것을 알고도 말리지 아니하거나 건설기계를 조종하도록 지시한 고용주
⑱ 건설기계조종사면허가 취소되거나 건설기계조종사면허의 효력정지처분을 받은 후에도 건설기계를 계속하여 조종한 자
⑲ 건설기계를 도로나 타인의 토지에 버려둔 자

(3) 100만 원 이하의 과태료

① 수출의 이행 여부를 신고하지 아니하거나 폐기 또는 등록을 하지 아니한 자
② 등록번호표를 부착·봉인하지 아니하거나 등록번호를 새기지 아니한 자
③ 등록번호표를 부착 및 봉인하지 아니한 건설기계를 운행한 자
④ 등록번호표를 가리거나 훼손하여 알아보기 곤란하게 한 자 또는 그러한 건설기계를 운행한 자
⑤ 등록번호의 새김명령을 위반한 자
⑥ 건설기계안전기준에 적합하지 아니한 건설기계를 도로에서 운행하거나 운행하게 한 자
⑦ 조사 또는 자료제출 요구를 거부·방해·기피한 자
⑧ 특별한 사정없이 건설기계임대차 등에 관한 계약과 관련된 자료를 제출하지 아니한 자
⑨ 건설기계사업자의 의무를 위반한 자
⑩ 안전교육 등을 받지 아니하고 건설기계를 조종한 자

교통안전표지일람표

주의 표지		101 +자형교차로	102 T자형교차로	103 Y자형교차로	104 ㅏ자형교차로	105 ㅓ자형교차로	106 우선도로	107 우합류도로	108 좌합류도로	109 회전형교차로	110 철길건널목	110의2 노면전차	111 우로굽은도로	112 좌로굽은도로	113 우좌로 이중굽은도로	114 좌우로 이중굽은도로	115 2방향통행	116 오르막경사	117 내리막경사
118 도로폭이 좁아짐	119 우측차로없어짐	120 좌측차로없어짐	121 우측방통행	122 양측방통행	123 중앙분리대시작	124 중앙분리대끝남	125 신 호 기	126 미끄러운도로	127 강변도로	128 노면고르지못함	129 과속방지턱	130 낙석도로	132 횡단보도	133 어린이보호	134 자 전 거	135 도로공사중	136 비 행 기	137 횡 풍	138 터 널
138의 2 교 량	139 야생동물보호	140 위 험 (위험 DANGER)	141 상습정체구간	규제 표지	201 통행금지 (통행금지)	202 자동차통행금지	203 화물자동차 통행금지	204 승합자동차 통행금지	205 이륜자동차및원동기 장치자전거통행금지	205의2 개인형이동장치 통행금지	206 자동차·이륜자동차및 원동기장치자전거통행금지	206의2 이륜자동차·원동기장치자전거 및개인형이동장치 통행금지	207 경운기·트랙터및 손수레통행금지	210 자전거통행금지	211 진입금지 (진입금지)	212 직진금지	213 우회전금지	214 좌회전금지	216 유턴금지
217 앞지르기 금지	218 정차·주차금지 (주정차금지)	219 주차금지 (주차금지)	220 차중량제한 (5.5 t)	221 차높이제한 (3.5m)	222 차폭제한 (2.2 m)	223 차간거리확보 (50m)	224 최고속도제한 (50)	225 최저속도제한 (30)	226 서 행 (천천히 SLOW)	227 일시정지 (정지 STOP)	228 양 보 (양보 YIELD)	230 보행자보행금지	231 위험물적재차량 통행금지	지시 표지	301 자동차전용도로 (전용)	302 자전거전용도로 (자전거 전용)	303 자전거 및 보행자 겸용도로	303의2 노면전차 전용도로 (전용)	304 회전교차로
305 직 진	306 우 회 전	307 좌 회 전	308 직진 및 우회전	309 직진 및 좌회전	309의 2 좌회전 및유턴	310 좌우회전	311 유 턴	312 양측방통행	313 우측면통행	314 좌측면통행	315 진행방향별 통행구분	316 우 회 로	317 자전거 및 보행자 통행구분	318 자전거전용차로 (자전거 전용)	319 주차장 (주차 P)	320 자전거주차장 (P 자전거주차)	320의2 개인형이동장치 주차장 (P 개인형이동장치주차)	320의3 어린이통학버스 승하차 (P 5분 통학버스 승하차)	320의4 어린이 승하차 (P 5분 어린이 승하차)
321 보행자전용도로 (보행자전용도로)	321의2 보행자우선도로 (보행자우선도로)	322 횡단보도 (횡단보도)	323 노인보호 (노인보호구역안) (노인보호)	324 어린이보호 (어린이보호구역안) (어린이보호)	324 의 2 장애인보호 (장애인보호구역안) (장애인보호)	325 자전거횡단도 (자전거횡단)	326 일방통행 (일방통행)	327 일방통행 (일방통행)	328 일방통행 (일방통행)	329 비보호좌회전 (비보호)	330 버스전용차로 (전용)	331 다인승차량 전용차로 (다인승 전용)	331의2 노면전차 전용차로 (전용)	332 통행우선	333 자전거나란히 통행허용	334 도시부 (도시부)	보조 표지	401 거 리 (100m 앞 부터)	402 거 리 (여기부터 500m)
403 구 역 (시내전역)	404 일 자 (일요일·공휴일제외)	405 시 간 (08:00~20:00)	406 시 간 (1시간 이내 차둘수있음)	407 신호등화상태 (적신호시)	407의2 우회전 신호등 (우회전 신호등)	407의3 신호등 방향 (버스 전용) (서울역 방향)	407의4 신호등 보조장치 (보행신호연장시스템) (보행자 작동신호기)	408 전방우선도로 (앞에 우선도로)	409 안전속도 (안전속도 30)	410 기상상태 (안개지역)	411 노면상태	412 교통규제 (차로엄수)	413 통행규제 (건너가지 마시오)	414 차량한정 (승용차에 한함)	415 통행주의 (속도를 줄이시오)	415의2 충돌주의 (충 돌 주 의)	416 표지설명 (터널길이 258m)	417 구간시작 (구간시작 200m)	418 구간 내 (구 간 내 400m)
419 구 간 끝 (구 간 끝 600m)	420 우방향	421 좌방향	422 전 방 (전방 50M)	423 중 량 (3.5t)	424 노 폭 (3.5m)	425 거 리 (100m)	427 해 제 (해 제)	428 견인지역 (견인지역)	표지판 종류			주의 (100~210)		규제 (100~210)		지시 (100이상)		보조 (100이상)	

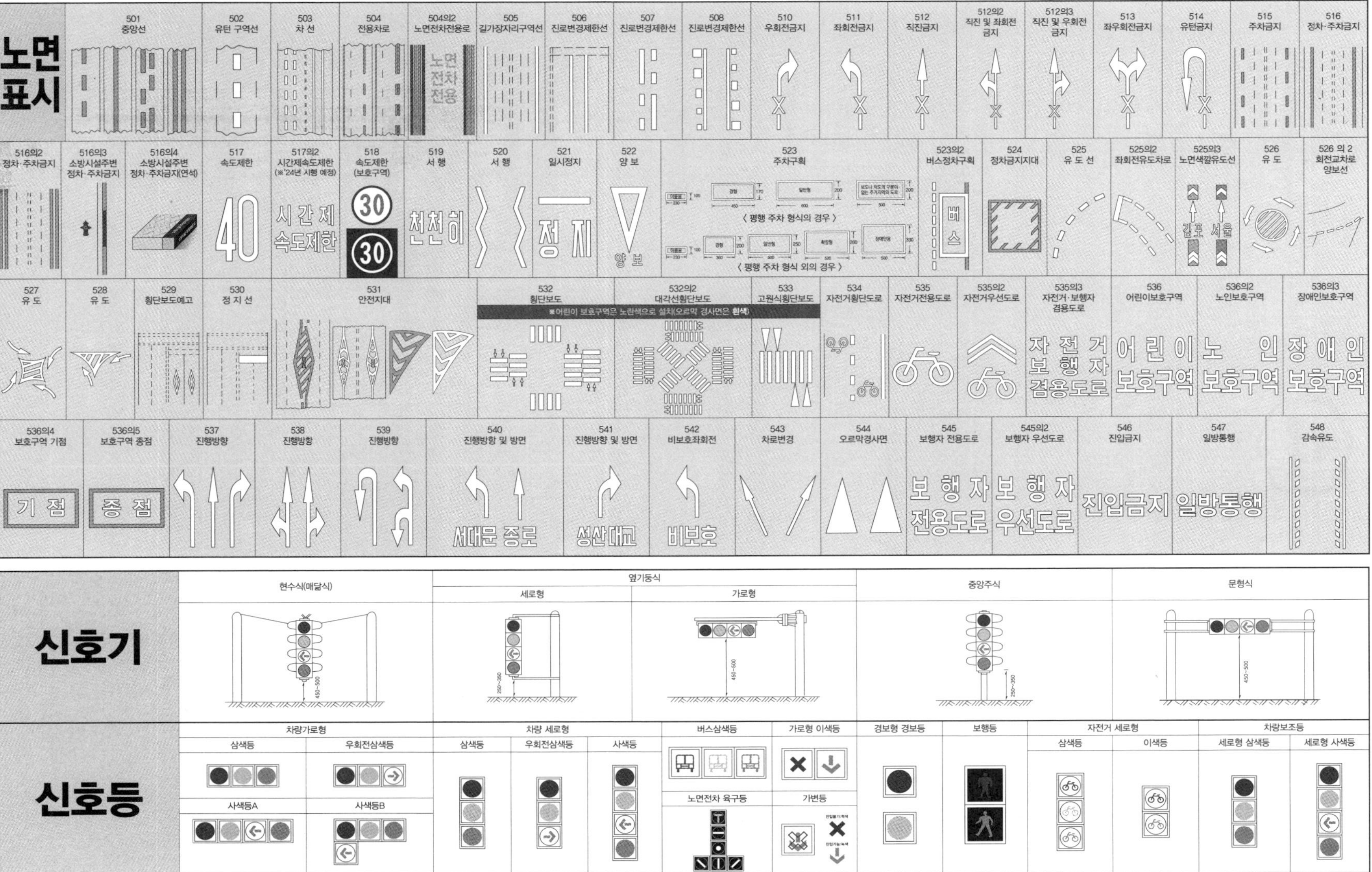
노면표시
501 중앙선
502 유턴 구역선
503 차 선
504 전용차로
504의2 노면전차전용로
노면 전차 전용
505 길가장자리구역선
506 진로변경제한선
507 진로변경제한선
508 진로변경제한선
510 우회전금지
511 좌회전금지
512 직진금지
512의2 직진 및 좌회전 금지
512의3 직진 및 우회전 금지
513 좌우회전금지
514 유턴금지
515 주차금지
516 정차·주차금지
516의2 정차·주차금지
516의3 소방시설주변 정차·주차금지
516의4 소방시설주변 정차·주차금지(연석)
517 속도제한
40
517의2 시간제속도제한 (※'24년 시행 예정)
시간제 속도제한
518 속도제한 (보호구역)
30
30
519 서 행
천천히
520 서 행
521 일시정지
정지
522 양 보
양보
523 주차구획
〈 평행 주차 형식의 경우 〉
〈 평행 주차 형식 외의 경우 〉
523의2 버스정차구획
버스
524 정차금지지대
525 유 도 선
525의2 좌회전유도차로
525의3 노면색깔유도선
김포 서울
526 유 도
526 의 2 회전교차로 양보선
527 유 도
528 유 도
529 횡단보도예고
530 정 지 선
531 안전지대
532 횡단보도
532의2 대각선횡단보도
※어린이 보호구역은 노란색으로 설치(오르막 경사면은 흰색)
533 고원식횡단보도
534 자전거횡단도로
535 자전거전용도로
535의2 자전거우선도로
535의3 자전거·보행자 겸용도로
자전거 보행자 겸용도로
536 어린이보호구역
어린이 보호구역
536의2 노인보호구역
노인 보호구역
536의3 장애인보호구역
장애인 보호구역
536의4 보호구역 기점
기 점
536의5 보호구역 종점
종 점
537 진행방향
538 진행방향
539 진행방향
540 진행방향 및 방면
서대문 종로
541 진행방향 및 방면
성산대교
542 비보호좌회전
비보호
543 차로변경
544 오르막경사면
545 보행자 전용도로
보행자 전용도로
545의2 보행자 우선도로
보행자 우선도로
546 진입금지
진입금지
547 일방통행
일방통행
548 감속유도
신호기
현수식(매달식)
옆기둥식
세로형
가로형
중앙주식
문형식
450~500
250~350
신호등
차량가로형
삼색등
우회전삼색등
사색등A
사색등B
차량 세로형
삼색등
우회전삼색등
사색등
버스삼색등
가로형 이색등
노면전차 육구등
가변등
경보형 경보등
보행등
자전거 세로형
삼색등
이색등
차량보조등
세로형 삼색등
세로형 사색등

제빵기능사 필기 빈출 문제 ① 정답 및 해설

정답

문제 본문 88p

1	④	2	④	3	②	4	①	5	④	6	③	7	①	8	③	9	①	10	②
11	①	12	②	13	③	14	③	15	③	16	①	17	③	18	④	19	③	20	②
21	④	22	③	23	②	24	④	25	②	26	③	27	①	28	③	29	②	30	①
31	③	32	④	33	④	34	③	35	③	36	③	37	①	38	③	39	②	40	④
41	②	42	④	43	①	44	③	45	②	46	③	47	③	48	②	49	①	50	③
51	②	52	②	53	①	54	③	55	④	56	②	57	②	58	①	59	①	60	②

해설

1 이형유의 특징
- 발연점이 높은 기름 사용
- 반죽 무게의 0.1~0.2% 정도 사용
- 틀이나 팬을 실리콘으로 코팅하면 이형유의 사용을 줄일 수 있음
- 팬 오일이 과다하면 빵 밑껍질이 두껍고 색이 진해짐

2 스트레이트법에서 설탕 5% 이상일 때
삼투압이 작용하여 이스트의 작용을 지연시킴

3 유지를 첨가하는 단계
유지는 밀가루의 수화를 방해하므로 반죽이 수화되어 덩어리를 형성하는 클린업 단계에 첨가

4 적량보다 많은 분유를 사용했을 때 ★★
- 껍질색은 캐러멜화에 의하여 검어짐
- 모서리가 예리하고 터지거나 슈레드가 적음
- 세포벽이 두꺼우므로 황갈색을 나타냄
  → 분유에는 단백질이 다량 함유되어 있어 밀가루의 구조력을 보완해주기 때문에 빵의 옆면이나 바닥이 움푹 들어가는 현상이 발생하지 않음

5 중간발효의 목적
- 분할과 둥글리기 공정에서 글루텐 구조 재정비
- 가스 발생으로 반죽의 유연성 회복
- 반죽의 신장성을 증가시켜 성형과정에서 밀어펴기를 쉽게 해주며 반죽의 찢어짐 방지
- 반죽 표면에 얇은 막을 형성하여 성형 시, 끈적거리지 않도록 함

6 비상스트레이트법 반죽의 적온
비상스트레이트법은 발효를 촉진시키기 위해 반죽 온도를 표준 스트레이트법보다 높은 30~31℃ 정도로 함

7 믹서

수직형 믹서	주로 소규모 제과점에서 사용 케이크나 빵 반죽에 이용
수평형 믹서	많은 양의 빵 반죽을 만들 때 사용
스파이럴 믹서	나선형 훅이 내장되어 있는 믹서 프랑스빵, 독일빵과 같은 빵 반죽에 사용

8 제품별 굽기 손실률
- 식빵류 : 11~12%
- 풀먼식빵 : 7~9%
- 단과자빵 : 10~11%
- 하스브레드(바게트) : 20~25%
  → 굽기손실 : 굽기의 공정을 거친 후 빵의 무게가 줄어드는 현상

9 정형기

중간발효를 마친 반죽을 밀기, 말기, 봉하기의 작동 공정을 거쳐 원하는 모양을 만드는 기계

10 둥글리기의 목적

- 반죽의 기공을 고르게 함
- 반죽 표면에 얇은 막을 형성하여 끈적거림 제거
- 글루텐 구조와 방향 정돈
- 반죽의 성형하기에 적당한 상태로 만듦
- 가스 포집을 돕고, 가스를 보유할 수 있는 구조 만듦

11 생산관리

경영기구에 있어 사람(man), 재료(material), 자금(money)의 3대 요소를 적절하게 사용하여 좋은 물건을 저렴한 비용으로 필요한 물량을 필요한 시기에 만들어 내기 위한 관리 또는 경영을 위한 수단과 방법

12 변경할 이스트량 계산 공식

- 변경할 이스트량

$$= \frac{\text{기존 이스트량} \times \text{최적 발효시간}}{\text{변경하고자 하는 발효시간}}$$

$$\rightarrow 2.2\% = \frac{2\% \times 120\text{분}}{x\text{분}}$$

$$\rightarrow x\text{분} = \frac{2.4}{0.022} \fallingdotseq 109.09$$

13 얼음 사용량 계산 공식

- 얼음 사용량

$$= \frac{\text{물 사용량} \times (\text{수돗물 온도} - \text{계산된 물 온도})}{80 + \text{수돗물 온도}}$$

$$\rightarrow \frac{1000 \times (20-(-7))}{80+20} = 270\text{g}$$

14 발효 손실

구분	크다	작다
반죽 온도	높을수록	낮을수록
발효시간	길수록	짧을수록
배합률	저배합	고배합
발효실의 온도	높을수록	낮을수록
발효실의 습도	낮을수록	높을수록

15 2차 발효의 적온

2차 발효에서 사용되는 온도는 33~54℃, 일반적으로 사용하는 적합온도는 35~40℃

16 오븐 온도가 낮을 때 ★★

- 빵의 부피가 크고 기공이 거침
- 껍질이 부스러지기 쉬움
- 굽기 손실 많음
- 2차 발효가 지나친 것과 비슷한 현상이 나타남

17 냉동반죽법의 장점

- 계획생산 가능
- 발효시간이 줄어 제조시간 단축
- 반죽의 냉동보관으로 저장 기간 연장
- 노동력, 설비, 작업공간이 절약되어 인당 생산량 증가

18 발효에 영향을 주는 요소

- 이스트의 양과 질
- 반죽 온도
- 반죽의 산도
- 삼투압
- 당의 사용량
- 소금의 양 등

19 팬 오일의 조건

- 무색, 무미, 무취
- 발연점이 높음
- 산패에 대한 안정성 높음(항산화성)

20 생산가치율 계산 공식 ★★

- 생산가치율(%)

$$= \frac{\text{생산가치}}{\text{생산금액}} \times 100$$

$$\rightarrow \frac{500{,}000}{2{,}000{,}000} \times 100 = 25\%$$

21 과발효
- 부피 : 커짐
- 향 : 강함
- 맛 : 신맛
- 껍질 : 두꺼움
- 팬흐름 : 커짐

22 캐러멜화 시작 온도
굽기 중 표피 부분이 150~160℃를 넘어서면 당과 아미노산이 멜라노이드를 만드는 마이야르 반응과 당의 캐러멜화 반응이 일어남

23 최고 부피를 얻는 유지의 양
4% 정도(다른 재료의 양이 모두 동일하다고 보았을 때)

24 호화 온도와 이스트 사멸 온도
빵 속 온도가 54℃가 넘으면 전분의 호화가 시작되고 이스트는 60~63℃ 정도에서 사멸함

25 노화가 빨리 발생하는 온도
냉장 온도(0~10℃)

26 기본 계산

1,000 : 180분 = 1,500 : x분

$\rightarrow x = \dfrac{180 \times 1{,}500}{1{,}000} = 270$분

1명이 빵 1,000개를 만들 때 3시간(180분)이 걸리면 1,500개를 만들 때는 270분이 걸림 따라서 30분 안에 빵을 1,500개 만들려면

270/30 = 9명

27 포장지의 구비 조건
- 위생적
- 제품의 파손 방지(보호성)
- 작업 용이
- 가격 저렴

28 비상반죽법
1차 발효시간을 단축하여 전체 공정 시간을 줄이는 방법

29 냉동반죽법
−40℃에서 급속 냉동, 5~10℃의 냉장고에서 15~16시간 완만 해동

30 포장 전 빵의 온도가 너무 낮을 때
빵의 껍질이 건조해져서 노화가 빨리 진행되어 빵이 딱딱해짐

31 마가린
반죽의 탄성을 약화시켜 껍질이 잘 부서지게 만듦

32 글리아딘
- 밀가루 단백질 중 약 36% 차지
- 물에 녹지 않고 70% 알코올에 녹음
- 반죽의 신장성과 점성을 높힘

33 이스트에 들어있는 효소
말타아제, 인버타아제, 찌마아제, 프로테아제, 리파아제

34 칼슘염
물 조절제, 물의 경도 조절
→ 이스트 푸드 : 칼슘염, 인산염, 암모늄염, 전분으로 구성

35 밀가루 반죽의 제빵적성 시험기계

구분	내용
익스텐소그래프	반죽의 신장성과 신장에 대한 저항성을 측정
아밀로그래프	밀가루의 호화 온도, 호화 정도, 점도의 변화를 파악
패리노그래프	글루텐 질을 측정

36 손상전분 ★★
- 수분을 잘 흡수하여 흡수율을 높임
- 전분의 겔(gel) 형성에 도움
- 발효성 탄수화물을 생성하여 발효를 빠르게 도움
- 굽기 과정 중 적정 수준의 덱스트린 형성

37 이스트
- 단세포 생물로 출아법에 의해 증식
- 수분 함량 : 생이스트 70~75%, 건조이스트 7.5~9%
- 28~32℃에서 발효력 최대

38 아밀로그래프 수치
일반적으로 양질의 빵 속을 만들기 위한 아밀로그래프 수치의 범위는 400~600B.U가 적당

39 반죽을 강화시키는 재료
소금, 산화제, 탈지분유

40 알칼리성의 물
이스트나 효소의 적정 pH가 4~5로 내려가는 것을 방해하기 때문에 유산을 첨가하여 pH를 낮춰줌

41 유당
이당류로 장내세균의 발육을 촉진시켜 장에 좋은 영향을 미침

42 글리코겐
- 동물의 체내에 저장되는 다당류 중 하나
- 에너지원으로 사용
- 간과 근육에서 합성

43 지용성 비타민
지방이나 유기용매에 녹는 비타민, 비타민 A, D, E, K 등

44 담즙 ★★
간에서 콜레스테롤의 최종 대사산물로 만들어져 지방의 소화를 돕는 역할

45 물의 기능
- 영양소와 노폐물 운반
- 체온 조절
- 침, 땀, 소화액 등의 분비액 주성분

46 칼슘의 흡수를 방해하는 물질 ★★
시금치의 수산(옥살산), 콩류의 피트산

47 비타민 B_3(나이아신) 결핍증
피부병, 식욕부진, 설사, 우울증 등의 증세를 나타내는 펠라그라증

48 빈혈 예방 영양소
- 철분, 비타민 B_{12} : 혈액을 생성하는 중요한 역할, 부족 시 빈혈
- 코발트(Co) : 비타민 B_{12}의 구성 성분

49 생산관리 ★★
설비 가동률, 직원들의 출근율, 원재료율 등을 매일 점검하여 손실을 방지해야 함

50 탄수화물 기능
- 에너지 공급
- 단백질 절약 작용
- 분해되면 포도당 생성
  → 단백질, 무기질 : 뼈의 구성 성분

51 병원소
- 병원체가 생존, 증식을 계속하여 인간에게 전파될 수 있는 상태로 저장되는 곳
- 사람, 동물, 토양 등

52 HACCP
- 준비단계 5절차, 적용단계 7원칙으로 나뉨
- HACCP 팀 구성은 준비단계 5절차에 속함

53 유화제
물과 기름처럼 서로 혼합이 잘 되지 않는 두 종류의 액체를 혼합하고 분산시켜주는 첨가물

54 고시폴
목화씨의 독성물질
→ 면실유 : 목화씨를 압착하여 만든 기름

55 우리나라 3대 식중독 원인 세균 ★★
살모넬라균, 포도상구균, 장염 비브리오균

56 위생동물 구제 원칙
- 발생원 및 서식처 제거
- 발생 초기에 실시하는 것이 효과적
- 생태습성을 정확히 파악하여 생태습성에 따라 구제
- 동시에 광범위하게 실시

57 보존료
미생물에 의한 부패나 변질을 방지하고 화학적인 변화를 억제하며 보존성을 높이고 영양가 및 신선도를 유지하는 목적으로 첨가하는 것

58 바이러스에 의한 질병
급성회백수염(소아마비, 폴리오), 유행성 간염, 전염성 설사증, 홍역 등

59 자외선 살균법

살균력이 높은 2,500~2,800 Å 의 자외선을 사용하여 미생물을 제거하는 방법으로 집단급식시설이나 식품 공장의 실내 공기 소독, 조리대의 소독 등 작업공간의 살균에 적합

60 식품의 변질요인

수분, 온도, 산소, pH 등

제빵기능사 필기 빈출 문제 ② 정답 및 해설

정답

문제 본문 98p

1	②	2	②	3	①	4	①	5	②	6	①	7	②	8	③	9	④	10	②
11	②	12	④	13	①	14	③	15	③	16	③	17	②	18	①	19	③	20	③
21	④	22	②	23	①	24	③	25	①	26	③	27	①	28	④	29	②	30	①
31	④	32	③	33	②	34	①	35	①	36	④	37	③	38	②	39	④	40	①
41	④	42	④	43	④	44	④	45	①	46	①	47	④	48	④	49	④	50	②
51	②	52	④	53	③	54	①	55	②	56	④	57	④	58	④	59	③	60	②

해설

1 밀어펴기
중간발효가 끝난 생지를 밀대를 이용해 가스를 고르게 분산시키는 작업

2 후염법 ★★
소금을 제외한 모든 재료를 넣고 반죽하다가 소금을 클린업 단계 이후에 넣어 믹싱 시간을 단축하는 방법

3 총 원가
제조 원가+판매비+일반 관리비

4 냉동생지법
반죽의 온도는 20℃

5 노화의 최적 온도 ★★
0~10℃(냉장 온도)
→ 노화 정지 : −18℃, 21~35℃

6 2차 발효가 지나친 경우
- 부피가 너무 큼
- 껍질색이 여림
- 기공이 거침
- 신 냄새가 남

7 제품별 굽기 손실률
- 일반식빵류 : 11~13%
- 하스 브레드(바게트) : 20~25%
- 풀먼식빵 : 7~9%
- 단과자빵 : 10~11%

8 제품평가의 기준
- 외관평가 : 터짐성, 균형, 부피, 굽기의 균일화, 껍질색
- 내관평가 : 조직, 기공, 속결 색깔
- 식감평가 : 냄새, 맛

9 제품별 믹싱 완료단계
- 픽업 단계 : 데니시 페이스트리
- 클린업 단계 : 스펀지 도우법의 스펀지 반죽
- 발전 단계 : 하스브레드
- 최종 단계 : 식빵, 단과자빵류
- 렛 다운 단계 : 햄버거빵

10 스트레이트법의 이상적인 반죽 온도
27℃

11 기본 계산

- 완제품 전체 무게
  → 600×10 = 6,000g
- 손실 전 반죽 무게
  → 6,000g÷(1−0.2) = 7,500g
- 밀가루 무게

$$= \frac{\text{밀가루 비율(\%)×총 반죽 무게(g)}}{\text{총 배합률(\%)}}$$

$$\rightarrow \frac{100\%\times7,500}{150\%} = 5,000g = 5kg$$

12 제빵 기계

- 믹서 : 반죽을 만들 때 사용하는 기계
- 오버헤드 프루퍼 : 정형하기 전 중간발효를 위한 기계
- 정형기 : 밀어펴기, 말기 등 정형을 위한 기계
- 라운더 : 분할된 반죽을 자동으로 둥글리기 하는 기계

13 데니시 페이스트리 반죽의 적온

18~22℃

14 사용할 물 온도 계산 공식

- 사용할 물의 온도
  = (희망 온도×3)−(밀가루 온도+실내온도+마찰계수)
  → (27×3)−(20+20+30) = 81−70 = 11

15 냉동반죽법

1차 발효 또는 성형 후 −40℃로 급속 냉동시켜 −20℃ 전후로 보관한 후 해동시켜 제조하는 방법

16 마이야르 반응 속도

- 단당류가 이당류보다 빠름
- 감미도가 높은 당이 반응속도가 빠름
- 과당 〉 포도당 〉 설탕

17 얼음 사용량 계산 공식

얼음 사용량을 구하기 전 마찰계수와 사용할 물 온도를 구해야 함

- 마찰계수
  = (결과 반죽 온도×3)−(실내온도+밀가루 온도+수돗물 온도)
  → (30×3)−(26+22+17) = 25
- 사용할 물 온도
  = (희망 반죽 온도×3)−(실내온도+밀가루 온도+마찰계수)
  → (27×3)−(26+22+25)=8
- 얼음 사용량

$$= \frac{\text{물 사용량×(수돗물 온도−사용할 물 온도)}}{\text{80+수돗물 온도}}$$

$$\rightarrow \frac{1,000\times(17-8)}{80+17} = 92.8g \fallingdotseq 93g$$

18 건포도 식빵

건포도에 당이 많이 함유되어 있어 껍질색이 빨리 진해지므로 윗불을 아랫불보다 약간 약하게 함

19 노무비(인건비) 절감 방법 ★★

생산성 향상
→ 설비 휴무 : 생산성을 떨어뜨림

20 산형 식빵의 비용적

3.2~3.5cm³/g
→ 풀먼 식빵 : 3.4~4.0cm³/g

21 노화

- 빵 속은 건조하고 거칠게 되어 탄력성을 잃고 신선한 향미를 잃는 것
- 원인1 : 빵 속 수분의 표피 이동 및 전체적인 수분 증발
- 원인2 : 수분과 관계없이 빵의 α−전분이 퇴화하여 β−전분이 되는 것

22 경도

물에 녹아있는 칼슘염과 마그네슘염을 이것에 상응하는 탄산칼륨의 양으로 환산해 ppm으로 나타낸 것

경수	180ppm 이상
연수	60ppm 이하
아연수	61~120ppm
아경수	120~180ppm

23 빵에서 탈지분유의 역할★★
- 조직 개선
- 완충제 역할
- 껍질색 개선
- 수분 흡수율 증가
- 영양 강화

24 플로어 타임을 길게 주어야 할 경우
반죽 온도가 낮을 때(발효 속도가 떨어지기 때문)

25 숙성한 밀가루★★
- pH가 낮아서 발효 촉진
- 환원성 물질이 산화되어 글루텐 파괴 감소
- 황색의 색소는 산화되어 무색이 되므로 흰색을 띰
- 글루텐의 질 개선 및 흡수성 향상

26 빵을 구웠을 때 갈변
표피 부분이 150~160℃를 넘어서면 당과 아미노산이 멜라노이드를 만드는 마이야르 반응과 당의 캐러멜화 반응이 일어나 껍질색이 진하게 남

27 건조이스트의 활성
생이스트는 고형질이 30%, 건조이스트는 고형질이 90%이므로 이론적인 사용량은 1/3 정도이지만 건조, 유통, 수화 과정 중 죽은 세포가 생기므로 실제로는 생이스트의 40~50%를 사용하므로 건조이스트가 생이스트에 비하여 약 2배 정도의 활성을 함

28 이스트가 분해하는 당류★★
포도당, 과당, 맥아당, 설탕
→ 유당 분해효소가 없어 유당을 발효시키지 못함

29 이스트 푸드의 성분
이스트는 질소, 인산, 칼륨의 3대 영양소를 필요로 하는데 암모늄염은 이 중 부족한 질소를 공급하는 것으로 염화암모늄, 황산암모늄, 안산암모늄 등이 있음

30 건조 글루텐 계산 공식

- 젖은 글루텐(%)
$$= \frac{\text{젖은 글루텐 중량}}{\text{밀가루 중량}} \times 100$$
$$\rightarrow \frac{15}{50} \times 100 = 30\%$$
- 건조 글루텐(%)
= 젖은 글루텐(%)÷3
→ 30÷3 = 10%

31 호밀★★
펜토산의 함량이 높아 글루텐의 형성을 방해하므로 빵의 구조 형성을 어렵게 하기에 밀가루와 섞어 쓰며 사워종이나 발효종을 사용하면 글루텐 형성 방해를 완화

32 아밀로오스
- 일반 곡물 전분 속에 약 17~28% 존재
- 비교적 적은 분자량을 가짐
- 요오드 용액에 청색 반응을 일으킴
- 아밀로펙틴에 비하여 호화 및 노화(퇴화)가 빠르게 일어남

33 달걀의 역할
영양가치 증가, 유화제, 조직구성 및 강화, 팽창제, 색상과 풍미의 증진 등

34 단백질 분해효소★★
브로멜린, 파파인, 피신
→ 리파아제 : 지방 분해효소

35 전분의 물리적 성질★★
전분은 종류에 따라 개체의 모양, 크기 등이 모두 다르며 팽윤, 호화, 노화 및 반죽의 점도 등 물리적 성질이 모두 다름

36 β–아밀라아제★★

- α–1,4 결합을 가수분해하고 α–1,6 결합은 분해하지 못해 외부 아밀라아제라고도 함
- 전분이나 덱스트린을 분해하여 맥아당을 만드는 당화효소
- 아밀로오스의 말단에서 시작하여 포도당 2분자씩을 끊어가면서 분해
- 전분의 구조가 아밀로펙틴인 경우 약 52%까지만 가수분해

37 밀가루에 가장 많이 함유된 물질

밀가루에는 탄수화물이 70% 정도를 차지하며 그 중 대부분은 전분으로 구성되어 있음

38 소맥분에 수분이 많을 때★★

소맥분 속의 수분 함량은 10～14% 정도이며, 수분 함량이 14% 이상 되면 곰팡이가 피기 쉽고 해충 등이 번식하기 쉬우며 고형분의 함량도 적어짐

39 설탕의 기능

수분 보유력이 높아 제품에 수분을 많이 남기는 보습제의 역할, 보습제 기능은 제품의 노화를 지연시켜 저장 수명을 증가시킴

40 유지의 기능

안정화, 가소성, 유화성

→ 감미제 : 식품에 단맛을 주는 당류의 기능

41 탄수화물의 기능

- 에너지 공급원
- 지방 대사에 관여
- 정상적인 활동을 위한 혈당 유지

→ 단백질의 기능 : 나이아신(B_3) 합성

42 제품의 가치

사용가치, 귀중가치, 코스트가치, 교환가치

43 필수아미노산

이소루신, 루신, 리신(라이신), 발린, 메티오닌, 트레오닌, 페닐알라닌, 트립토판

44 지방의 기능

- 지용성 비타민의 흡수를 도움
- 외부의 충격으로부터 장기 보호
- 높은 열량 제공

→ 섬유소의 기능 : 변의 크기를 증대시켜 장관 내 체류시간을 단축

45 불완전 단백질 식품

- 필수아미노산이 충분하지 않아 성장 지연이나 체중감소 등을 가져오는 단백질 식품
- 옥수수 단백질 제인(zein)은 필수아미노산인 라이신과 트립토판이 충분치 않음

46 단백질

약 20여종의 아미노산들이 펩티드결합으로 연결되어 있는 고분자 유기화합물

47 리파아제

췌장에서 분비되는 췌액에 들어있는 지방분해효소

48 대장 내의 작용★★

- 소장에서 흡수되지 않은 무기질과 수분의 흡수
- 소화되지 못한 물질의 부패가 이루어져 몸밖으로 배출

49 단백질의 특징적 구성 성분

탄수화물과 지방은 탄소, 수소, 산소로 이루어져 있으나 단백질은 이 세 가지 원소 이외에 질소와 황, 인 등으로 이루어져 있음

50 무기질

식품을 태웠을 때 남는 회분

51 유지의 산패 정도를 나타내는 값

카르보닐가, 산가, 과산화물가, 아세틸가

52 교차오염

굽는 조리과정을 통해서는 교차오염이 발생하지 않음

53 브루셀라병★★

파상열이라고도 하며 인체에 감염 시 고열이 2～3주 동안 주기적으로 나타나는 감염병

54 요충★★

- 대장에 기생하는 기생충
- 경구 감염
- 항문 주위에 산란하여 항문 주위에 소양증이 생김
- 집단 감염이 잘 일어남

55 발효 vs 부패

구분	내용
발효	• 주로 탄수화물이 미생물에 의해 분해되어 유용한 물질로 변화, 생성되는 현상 • 식품의 향과 맛을 좋게 함 • 단백질의 발효에 의한 식품 : 치즈, 젓갈, 장류 등
부패	• 단백질이 미생물에 의해 분해되어 인체에 유해한 물질로 변화되는 것

56 부패를 판정하는 방법

- 관능 검사, 생균수 검사, 화학적 검사 등
- 관능 검사 : 시각, 촉각, 미각, 후각 등

57 둘신(dulcin)★★

무색 결정의 인공 감미료로 설탕보다 250배의 단맛을 내지만, 몸 안에서 분해되면서 혈액독을 일으키므로 1968년부터 사용을 금지함

58 세균의 3가지 형태 분류★★

세균은 생긴 형태에 따라 구균류(둥근모양), 간균류(막대모양), 나선균류(나사모양)로 나눔

59 식품 내의 수분을 감소시키는 방법

건조, 농축, 탈수

→ 염장 : 식품에 소금을 첨가하여 삼투압을 높이는 방법

60 치사율이 높은 세균성 식중독

보툴리누스 A, B형에 의한 식중독은 치사율이 70% 정도나 됨

제빵기능사 필기 빈출 문제 ③ 정답 및 해설

정답

문제 본문 108p

1	②	2	①	3	③	4	①	5	④	6	②	7	③	8	②	9	①	10	③
11	①	12	①	13	③	14	②	15	①	16	③	17	④	18	②	19	④	20	①
21	③	22	②	23	④	24	④	25	③	26	③	27	①	28	④	29	④	30	②
31	①	32	①	33	②	34	②	35	③	36	①	37	③	38	④	39	③	40	③
41	③	42	④	43	③	44	②	45	②	46	②	47	②	48	③	49	②	50	①
51	③	52	③	53	①	54	④	55	④	56	②	57	③	58	②	59	①	60	①

해설

1　1차 발효 중 펀치를 하는 이유★★
- 반죽 온도를 균일하게 함
- 이스트의 활동에 활력을 줌
- 산소를 공급하여 산화와 숙성을 시키기 위함

2　소금의 과다와 부족
- 과다 : 삼투압 작용에 의해 부피가 작아짐
- 부족 : 부피가 커짐

3　밀가루 무게 계산 공식

- 완제품 전체 무게
  → 500g×500개 = 250,000g = 250kg
- 손실 전 반죽 무게
  → 250÷(1−0.02)÷(1−0.1) ≒ 283.4
- 밀가루 무게
  $= \frac{\text{밀가루 비율(\%)×총 반죽 무게(g)}}{\text{총 배합율(\%)}}$
  → $\frac{100×283.4}{190}$ ≒ 149.2
- 밀가루 포대
  → 149.2÷20 ≒ 8포대

4　건포도 전처리의 목적
- 건포도가 수분을 빼앗아 빵 속이 건조하지 않도록 함
- 건포도의 맛과 향을 살림
- 건포도가 빵과 잘 결합하도록 함
- 건포도의 씹는 촉감 개선

5　냉각
- 빵 속의 온도를 35~40℃, 수분 함량은 38%로 낮추는 것
- 목적 : 곰팡이나 세균의 피해를 막음, 빵의 절단 및 포장 용이

6　제빵용 밀가루의 손상전분 함량

4.5~8%

7　불란서빵을 굽기 전 스팀을 주입하는 이유★★
- 껍질을 얇고 바삭하게 함
- 껍질에 윤기가 나게 함

→ 스팀을 과다하게 주입할 경우 : 껍질이 질겨짐

8　제빵 기계

도우 컨디셔너	냉동, 냉장, 해동, 발효 등을 프로그래밍에 의해 자동적으로 조절하는 기계
스파이럴 믹서	불란서빵 등 하드계 빵 반죽에 적합
로터리 래크 오븐	철판을 래크 선반의 각 층에 넣은 채로 오븐에 넣어 회전시키면서 구움

9 식빵의 옅은 껍질색의 원인 ★★
- 연수 사용
- 1차 발효 과다
- 낮은 오븐 온도
- 덧가루 사용 과다
- 짧은 굽기 시간

10 비용적
- 반죽 1g당 차지하는 부피
- 일반 식빵 : 3.36cm³/g

11 이형유의 조건
- 산패에 강한 것
- 발연점이 210℃ 이상의 높은 것
- 무색, 무취, 무미를 띠는 것
  → 기름이 과다하면 밑껍질이 두껍고 색이 어두움

12 1인당 생산가치
생산가치÷인원수

13 냉동반죽 시 증가시키는 것
반죽을 냉동할 때 이스트가 많이 죽기 때문에 이스트의 양을 2배 정도 늘려 사용

14 최종제품의 부피가 정상보다 큰 원인 ★★
- 이스트 사용 과다
- 소금 사용량 부족
- 2차 발효 과다
- 낮은 오븐 온도
- 느슨한 정형
- 분할량 과다

15 식빵 밑바닥이 움푹 들어가는 결점에 대한 원인 ★★
- 2차 발효실 습도가 높고 지나친 경우
- 초기 굽기 단계의 지나치게 높은 오븐 온도
- 철판의 과도한 기름칠과 구멍이 없는 팬 사용
- 믹싱 조절의 오류

16 배합율의 기준
베이커스 퍼센트는 기준이 밀가루이고 백분율(True)은 기준이 전체 반죽량

17 브레이크(터짐)와 슈레드(찢어짐) 부족현상의 이유 ★★
- 발효가 부족했거나 과다했을 때
- 너무 높은 오븐 온도
- 2차 발효실의 온도가 낮거나 습도가 낮을 때
- 오븐의 증기가 부족했을 때

18 빵을 포장할 때
- 빵의 중심 온도 : 35~40℃
- 수분 함량 : 38%

19 글루텐 형성 단백질
글리아딘, 메소닌, 알부민, 글로불린
→ 수용성 단백질 : 알부민, 글로불린

20 분할기에 의한 식빵 분할시간
20분

21 모노글리세리드
빵의 수분을 보유하여 노화를 방지하는 유화제의 일종

22 냉동제법
1차 발효는 주로 생략하기에 믹싱 다음 공정은 분할 공정임

23 빵류제품의 생산 시 고려해야 할 원가요소 ★★
직접비 : 재료비, 노무비, 경비
→ 학술비 : 연구개발비로 원가요소와는 거리가 멂

24 ppm(part per million) ★★
g당 중량 백만분율

25 생이스트의 저장
0~5%의 냉장 온도에서 활동이 정지되기 때문에 냉장보관

26 제빵에 가장 적합한 물
아경수(121~180ppm)

27 요오드 정색 반응 ★★
- 아밀로펙틴 : 적자색
- 아밀로오스 : 청색

28 익스텐소그래프
반죽의 신장성과 신장에 대한 저항성을 측정하는 기기

29 마가린
- 버터의 대용품
- 식물성 유지 또는 동·식물성의 혼합 유지로도 만듦
- 지방 80%, 우유 16.5%, 소금 0~3%, 유화제 0.5% 등으로 조성
  → 버터 : 순수 유지방으로만 만듦

30 우유가공품
치즈, 연유, 생크림
→ 마요네즈 : 달걀노른자에 소금과 식초, 식용유 등을 넣어 휘핑하여 만든 것

31 탈지분유의 성분
유당이 50% 정도로 가장 많이 함유

32 난황계수
- 신선한 달걀 : 0.36~0.44 정도
- 신선도가 떨어질수록 난황계수의 수치가 낮아짐

33 우유의 유당 함량
평균 4.8% 정도

34 압착효모의 구성 ★★
고형분 30~35%, 수분 65~75%

35 빵류제품 제조에 연수를 사용 시 조치 사항 ★★
- 가스보유력이 떨어지므로 발효시간을 짧게 함
- 반죽이 질어지므로 가수량을 2% 정도 감소시킴
- 이스트 푸드와 소금의 양을 늘려 경도 조절

36 소금(일반 식염)의 구성
99% 나트륨(Na), 염소(Cl)

37 검류 ★★
- 탄수화물인 다당류로 이루어져 있음
- 유화제, 안정제, 점착제 등으로 사용
- 낮은 온도에서도 높은 점성을 나타냄
- 냉수에 용해되는 친수성 물질

38 패리노그래프
반죽하는 동안 믹서 내에서 일어나는 물리적 성질을 파동 곡선 기록기로 기록하여 밀가루의 흡수율, 글루텐의 질, 믹싱 시간, 반죽의 점탄성을 측정하는 기계

39 카제인
산, 레닌, 폴리페놀 물질, 염류에 의해 응고됨

40 이스트 푸드
- 이스트의 영양원이 되는 것
- 구성 : 암모늄염(황산암모늄, 인산암모늄, 염화암모늄 등)

41 콜레스테롤 ★★
- 담즙의 성분
- 비타민 D_3의 전구체가 됨
- 지방 중 유도지방에 속함
- 다량 섭취 시 동맥경화의 원인 물질이 됨

42 조절영양소
- 인체에서 생리작용을 조절하는 영양소
- 무기질, 비타민

43 유당불내증의 증세 ★★
설사, 복부경련, 구토, 메스꺼움 등

44 지질
에너지 대사에 의하여 9kcal의 에너지를 내며 이산화탄소와 물로 분해됨

45 비타민 결핍증
- 비타민 A : 야맹증
- 비타민 B_1 : 각기병, 식욕부진, 피로, 부종 등
- 비타민 B_2 : 구내염
- 비타민 C : 괴혈병
- 비타민 D : 구루병

46 체내에서 사용된 단백질

요소와 요산으로 분해되어 소변을 통해 배출

47 열량 계산 공식

- 단백질과 탄수화물은 1g당 4kcal, 지방은 1g당 9kcal의 열량을 냄
  → (5g+3.5g)×4kcal+(3.7g×9kcal) = 34+33.3 = 67.3kcal

48 알코올의 흡수

위 20%, 소장 80% 정도

49 수분의 필요량을 증가시키는 요인

- 수분은 구토, 설사, 발열, 출혈, 화상, 수술 등에 의한 수분의 과잉배출 시
- 알코올 또는 카페인의 섭취로 인한 탈수 시

50 올리고당★★

- 3~10개의 단당류로 이루어진 탄수화물
- 과당류라고도 함
- 장내 비피더스균의 증식인자로 알려짐
- 소화가 어려워 에너지원으로는 사용되지 않음

51 모기를 매개체로 감염되는 질병★★

말라리아, 일본뇌염, 사상충증, 황열 등
→ 페스트 : 벼룩에 의한 질병

52 흑변물질★★

황화수소는 함황단백질의 부패에 의해서 생성되는 물질로 식품을 흑변시키는 원인

53 캄필로박터 제주니★★

미호기성 세균으로 3~6%의 산소에서만 생장하며 발육 온도는 약 30~46℃인 세균성 식중독균

54 유해 착색료

아우라민, 로다민 B

55 식품첨가물의 구비 조건

- 인체에 무해하고 체내에 축적되지 않을 것
- 미량으로 효과가 클 것
- 독성이 없거나 극히 적을 것
- 이화학적 변화에 안정할 것
- 식품에 나쁜 변화를 주지 않을 것
- 사용법이 간단하고 값이 저렴할 것

56 반수치사량(LD_{50})

- 일정한 조건하에서 실험동물의 50%를 사망시키는 물질의 양
- 독성을 나타내는 지표로 사용되는 것
- LD값과 독성은 반비례

57 클로스트리디움 보툴리늄 식중독

보툴리누스균 식중독을 가리키며 신경독소인 뉴로톡신을 생성하고 균과 포자는 내열성이 강함

58 산패

- 지방이 산화 등에 의해 악취, 변색이 일어나는 현상
- 미생물 없이 발생되는 식품의 변화

59 법정감염병

- 1급 : 페스트, 야토병
- 2급 : 결핵
- 3급 : 말라리아

60 개량제의 종류★★

- 표백제 : 밀가루를 하얗게 만드는 첨가물
- 산화제 : 밀가루를 숙성시키는 첨가물

제빵기능사 필기 빈출 문제 ④ 정답 및 해설

정답

문제 본문 118p

1	①	2	③	3	①	4	①	5	②	6	②	7	①	8	①	9	④	10	②
11	②	12	①	13	④	14	④	15	①	16	②	17	④	18	②	19	②	20	③
21	④	22	②	23	②	24	③	25	②	26	①	27	④	28	②	29	①	30	③
31	①	32	④	33	①	34	①	35	④	36	②	37	③	38	③	39	②	40	②
41	③	42	③	43	②	44	①	45	④	46	③	47	②	48	①	49	③	50	②
51	①	52	②	53	④	54	④	55	②	56	①	57	①	58	③	59	④	60	③

해설

1 냉동반죽법의 재료 준비

- −40℃에서 급속 냉동 후 −25~−18℃에 저장
- 노화방지제를 소량 사용
- 반죽은 조금 되게 함
- 크로와상 등의 제품에 이용

2 표준 식빵의 스트레이트법 배합표

밀가루 100%, 소금 2%, 설탕 2%, 유지 4%, 생이스트 2~3%

3 각 반죽법의 단점 ★★

냉동반죽법	이스트가 죽어 가스 발생력 떨어짐, 반죽이 끈적거리고 퍼지기 쉬움
호프종법	종자를 만들기가 번거로움, 일정한 품질의 종을 얻기 힘듦, 제조 시간이 오래 걸림
연속식 제빵법	일시적 기계 구입 비용의 부담이 큼, 산화제를 첨가하기 때문에 발효향 감소
액체 발효법	환원제와 연화제 필요, 산화제 사용량 늚

4 노동분배율 계산 공식

- 노동분배율

$$= \frac{\text{인건비}}{\text{생산가치(부가가치)}} \times 100$$

$$\rightarrow \frac{15,000,000}{30,000,000} \times 100 = 50\%$$

5 연속식 제빵법 ★★

액체발효기에서 액종을 짧게 발효시키므로 발효 손실이 감소하고 발효향도 감소

6 2차 발효의 상대습도를 가장 낮게 하는 제품

데니시 페이스트리는 껍질이 바삭바삭해야 하므로 상대습도를 낮게 설정함

7 빵의 부피가 너무 작은 경우 ★★

1차 발효시간을 증가시켜야 하며 분할 무게를 늘림

→ 팬에 기름칠에 과하면 부피가 작아짐

8 반죽 단계

픽업 단계	밀가루와 원재료에 물을 첨가하여 균일하게 혼합되는 단계
클린업 단계	글루텐이 형성되기 시작하는 단계
발전 단계	반죽의 탄력성이 최대로 증가하며 반죽이 강하고 단단해지는 단계
최종 단계	글루텐이 결합되는 마지막 단계로 탄력성과 신장성이 가장 좋은 단계
렛 다운 단계	반죽이 탄력성을 잃으며 신장성이 커져 고무줄처럼 늘어지며 점성이 많아지는 단계

9 과발효(지친 반죽)된 반죽으로 만든 제품의 결함 ★★

- 조직과 기공이 거침
- 식감이 건조하고 발효향이 강함
- 내부에 구멍이나 터널 현상이 나타남
- 모서리가 둥글고 옆면이 움푹 들어감

10 반죽의 흡수율 계산 공식

- 반죽 온도가 5℃ 상승하면 흡수율은 3%씩 떨어짐
- 30℃일 때 흡수율
  → 61%-3% = 58%

11 성형(make-up)

- 분할부터 팬닝까지의 단계
- 분할 → 둥글리기 → 중간발효 → 정형 → 팬닝

12 개당 노무비 계산 공식

- 개당 노무비
  = (노무비×시간×인원)/제품수
  → (1,000×10×3)/650≒46.15원

13 냉동반죽법의 동결방식

냉동반죽법에서는 급속 동결을 해야 해동 시 반죽 속에 수분이 많이 남지 않음

14 노화 지연 ★★

- 수분 함량이 38% 이상이 되면 노화 지연
- 단백질의 양과 질이 많고 높을수록 노화 지연
- 펜토산의 함량이 많을수록 노화 지연
- 전분 중 아밀로오스보다 아밀로펙틴이 많을수록 노화 지연

15 반죽의 되기가 가장 된 것

피자도우는 일반적으로 물을 밀가루 중량의 50% 정도를 사용하여 가장 된 반죽으로 만듦

16 팬닝

- 반죽의 이음매가 틀의 바닥으로 놓이게 함
- 틀이나 철판의 온도는 32℃가 적합
- 반죽은 적정 분할량을 넣음
- 비용적의 단위 : cm^3/g

17 빵의 노화를 지연시키는 방법

저장 온도를 -18℃ 이하 또는 21~35℃로 유지
→ 빵이 가장 빨리 노화되는 온도 : 냉장 온도(0~10℃)

18 액체 발효법의 장점

- 균일한 제품생산 가능
- 발효 손실에 따른 생산 손실 감소
- 공간과 설비 감소
- 한 번에 많은 양의 발효 가능

19 스펀지 반죽법의 물 온도 계산 공식

- 스펀지 반죽법의 물 온도
  = (희망 반죽 온도×4)-(실내온도+밀가루 온도+마찰계수+스펀지 반죽 온도)
  → (26×4)-(26+21+20+28) = 104-95 = 9℃

20 빵 반죽의 발효

이스트가 반죽 속의 당을 분해하여 알코올과 이산화탄소(탄산가스)를 만들어 내는 알코올 발효

21 데크 오븐

- 일반오븐이라고도 하며 주로 소규모 베이커리에서 가장 많이 사용하는 오븐
- 반죽을 넣는 입구와 출구가 같아 넣고 꺼내기 편리
- 굽는 과정을 육안으로 확인할 수 있음
- 오븐 내부에 온도 차이가 있음

22 상대적 감미도
과당(175) 〉 전화당(130) 〉 설탕(100) 〉 포도당(75) 〉 맥아당(32) = 갈락토오스(32) 〉 유당(10)

23 오레가노
꽃박하라고도 하며 박하 향기와 비슷한 향을 내는 향신료로 피자 소스에 필수적으로 사용

24 글루텐
밀가루 반죽 단백질의 주성분으로, 밀가루 단백질인 글루테닌과 글리아딘에 물을 넣고 반죽하면 점탄성을 가진 글루텐이 형성됨

25 흰자에 포함된 물질★★

콘알부민	철과의 결합능력이 강해 미생물이 이용하지 못하는 항 세균 물질(약 13%)
오브알부민	필수아미노산 함유(약 54%)
오보뮤코이드	효소인 트립신의 활동 저해제(약 11%)
아비딘	비타민 비오틴(biotin)과 먼저 결합하여 비오틴의 흡수 방해(약 0.05%)

26 유당
우유 성분 중 제품의 껍질색 개선에 영향을 주는 것

27 가스 발생력에 영향을 주는 요소★★
이스트의 양이 많아지면 가스 발생력은 증가하기 때문에 비례관계이고 발효시간은 짧아지므로 반비례 관계

28 최대 부피를 얻을 수 있는 쇼트닝 사용량★★
쇼트닝을 3~4% 첨가하였을 때 가스 보유력이 좋아 빵 제품의 최대 부피를 얻을 수 있음

29 불포화지방산
이중결합이 있는 지방산으로 단일불포화지방산(올레산), 다가불포화지방산(리놀레산, 리놀렌산), 고도불포화지방산(EPA, DHA)으로 나뉨

30 제빵에 가장 적합한 물
약산성(pH 5.2~5.6)의 아경수(120~180ppm)

31 밀가루 측정 기계

아밀로그래프	효소(α-amylase)의 활성도를 측정하여 밀가루의 호화 온도, 호화 정도, 점도의 변화 파악 가능
믹서트론	믹서 모터에 전력계를 연결하여 반죽의 상태를 전력으로 환산하여 곡선으로 표시
익스텐소그래프	반죽의 신장성과 신장에 대한 저항성 측정
믹소그래프	반죽의 형성과 글루텐 발달 정도를 기록하여 밀가루 단백질의 함량과 흡수와의 관계, 믹싱 시간, 내구성 파악

32 알코올★★
자일리톨, 솔비톨, 갈락티톨 등
→ 글리세롤 : 유지를 가수분해하여 얻어지는 지방산으로 무색, 무취이고 단맛이 나며 끈기가 있는 윤활제

33 섬유소
포도당으로 이루어진 구형성 탄수화물

34 지방
3분자의 지방산과 1분자의 글리세롤(글리세린)이 에스테르결합으로 이루어져 있음

35 아미노산
단백질을 구성하는 기본 단위로 수소, 탄소, 산소, 질소, 인, 황으로 구성되어 있음

36 효소

프로테아제	단백질을 분해시켜 펩티드와 아미노산 생성
리파아제	지방을 지방산과 글리세린으로 분해
인버타아제	자당을 포도당과 과당으로 분해
말타아제	맥아당을 2분자의 포도당으로 분해

37 찌마아제
이스트에 존재하며 포도당과 과당을 분해하여 알코올과 이산화탄소를 발생시킴

38 **이스트 푸드**
반죽 개량제로 반죽의 pH 조절제, 이스트 조절제, 물 조절제, 반죽 조절제 등으로 사용됨

39 **단순단백질**
알부민, 글로불린, 글루텔린, 프롤라민, 알부미노이드, 히스톤 등

40 **포화지방산**
동물성 지방인 버터, 우유, 유제품 등에 많이 함유되어 있음

41 **유당**
탄수화물 중 동물성 급원, 우유 및 유즙류에 많이 함유

42 **단백질 함유량 계산 공식**

- 식품의 질소함유량을 알면 그 식품의 단백질 함유량을 알 수 있음
- 단백질의 양
  = 질소의 양×질소계수(100/16)
  → 4g×6.25 = 25g

43 **비타민 K**
혈액 응고에 관여

44 **총 원가**
제조 원가+판매비+일반 관리비

45 **비타민 D**
햇빛(자외선)에 의해 체내에 합성

46 **유당불내증 치료법**
유당을 섭취하지 않거나 유당분해효소가 함유된 요구르트 같은 식품을 섭취하는 것

47 **믹서의 부대 기구**
훅, 휘퍼, 비터
→ 스크래퍼 : 반죽을 분할하거나 한곳으로 모으거나 떼어낼 때 사용

48 **단백질 효율(PER)**
단백질 1g 섭취에 대한 체중의 증가량을 나타낸 것으로 단백질의 질을 측정

49 **지방의 기능**
- 에너지의 급원식품
- 체온유지에 관여
- 음식에 맛과 향미를 줌

→ 단백질의 기능 : 항체를 생성하고 효소를 만드는 것

50 **프로비타민 D** ★★
에르고스테론은 비타민 D_2의 전구물질로 햇빛에 노출시키면 자외선의 작용으로 비타민 D_2가 됨

51 **식품의약품안전처장** ★★
식품첨가물의 규격과 사용기준을 정함

52 **알레르기성 식중독** ★★
어육에 다량 함유된 히스티딘에 모르니균이 침투하여 생성된 히스타민이 원인 물질이며 항히스타민제 투여로 예방할 수 있음

53 **아플라톡신**
곰팡이독으로 쌀, 보리, 옥수수 등에서 간장독을 생성하여 간암을 일으킴

54 **보툴리누스균**
열에 강한 포자를 형성하는 포자형성균이며 산소를 기피하는 편성혐기성으로 통조림, 병조림, 소시지 등의 진공포장식품에서 식중독을 일으킴

55 **식품의 변질에 영향을 미치는 요인**
영양소, 수분, 온도, 산소, 최적의 pH 등

56 **곰팡이 특성** ★★
- 진핵세포를 가진 다세포 미생물
- 분류상 진균류에 속함
- 주로 무성포자에 의해 번식
- 엽록소가 없어 광합성을 하지 못함

57 **생석회** ★★
산화칼슘으로 물에 넣으면 발열하면서 수산화칼슘으로 변하며 분변소독에 가장 적합한 소독약

58 인수공통감염병

- 인간과 척추동물이 같은 병원체에 의해 발생되는 감염병
- 결핵, 탄저병, 브루셀라증, 야토병, 돈단독, Q열, 리스테리아증 등

59 감염형 식중독

- 살모넬라 식중독
- 병원성 대장균 식중독
- 장염 비브리오 식중독

→ 독소형 식중독 : 포도상구균 식중독

60 채소를 통해 감염되는 기생충

회충, 요충, 구충, 편충, 동양모양선충 등

제빵기능사 필기 빈출 문제 ⑤ 정답 및 해설

정답

문제 본문 129p

1	④	2	②	3	②	4	①	5	②	6	③	7	④	8	③	9	②	10	④
11	②	12	②	13	②	14	②	15	①	16	①	17	①	18	③	19	③	20	④
21	③	22	③	23	④	24	②	25	①	26	③	27	①	28	②	29	①	30	①
31	③	32	①	33	④	34	①	35	②	36	③	37	③	38	②	39	①	40	②
41	③	42	②	43	①	44	②	45	③	46	③	47	③	48	②	49	①	50	①
51	②	52	④	53	④	54	①	55	①	56	③	57	①	58	③	59	①	60	①

해설

1 성형
중간발효가 끝난 생지를 밀대로 밀어 가스를 고르게 뺀 후 만들고자 하는 제품의 형태로 만드는 단계로 밀기, 말기, 봉하기의 3단계 공정으로 이루어진다.

2 단과자빵의 일반적인 이스트 사용량★★
3~7%

3 2차 발효시간이 부족한 경우
- 부피가 작아짐
- 껍질색이 진한 적갈색이 됨
- 옆면이 터짐

4 설탕의 기능
- 반죽시간 지연(설탕은 반죽의 구조를 약화시키므로 반죽 시간이 길어짐)
- 이스트의 영양 공급
- 껍질색 개선
- 수분 보유제

5 빵과 수분 함량
- 빵을 구워낸 직후 수분 함량 : 45%
- 포장 직전의 수분 함량 : 38%
  → 포장 온도 : 35~40℃

6 베이커스(Baker's) 퍼센트
밀가루의 양을 100%로 보고 그 외의 재료가 차지하는 비율을 %로 나타낸 것

7 흡수율과 믹싱시간에 영향을 주는 요인
밀가루 종류, 설탕 사용량, 분유 사용량

8 노타임법
L-시스테인, 프로테아제 등을 사용하여 밀단백질의 S-S결합을 절단하여 반죽 발전을 단축시켜 믹싱시간을 줄이고 산화제를 이용하여 발효시간을 단축하는 제빵법

9 식빵의 옆면이 찌그러지는 원인★★
- 지친 반죽이 된 경우
- 지나친 2차 발효
- 고르지 못한 오븐열
- 팬 용적에 비해 많은 반죽양

10 완제품의 껍질색이 연한 원인★★
- 1차 발효시간의 과다
- 낮은 오븐 온도
- 굽기 시간 부족
- 덧가루 사용 과다
- 연수 사용
- 설탕 사용량 부족

11 가소성

- 외력에 의하여 형태가 변한 고체가 다시 원래대로 돌아가지 않는 성질
- 데니시 페이스트리에 사용하는 유지는 접기 및 밀어펴기에 알맞은 가소성을 가지고 있어야 함

12 생산의 원가를 계산하는 목적

- 이익을 창출하기 위해서
- 가격을 결정하기 위해서
- 원가관리를 위해서

13 반죽의 손상을 줄이는 방법 ★★

- 스트레이트법보다 스펀지법 반죽이 내성이 강함
- 반죽의 결과 온도는 비교적 낮은 것이 좋음
- 밀가루의 단백질 함량이 높고 양질의 것을 사용
- 흡수량이 최적이거나 약간 된 반죽이 좋음

14 반죽 온도에 영향을 주는 변수 ★★

실내온도, 밀가루와 물의 온도, 마찰열 등

15 반죽의 성질 ★★

흐름성	반죽이 팬 또는 용기의 모양이 되도록 흘러 모서리까지 차게 하는 성질
가소성	반죽이 성형과정에서 형성되는 모양을 유지시키려는 성질
탄성(탄력성)	성형 단계에서 본래의 모습으로 되돌아가려는 성질
점탄성	점성과 탄력성을 동시에 가지고 있는 성질

16 정형기 사용 시 유의 사항

- 덧가루를 너무 많이 사용하지 않음
- 롤러 간격이 너무 넓으면 가스빼기가 불충분함
- 롤러 간격이 너무 좁으면 거친 빵이 됨
- 정형기 압착판의 압력이 강하면 반죽의 모양이 아령 모양이 됨

17 빵 제품의 노화

조직이 딱딱해지고 전분이 퇴화되어 맛과 향이 떨어지고 소화율도 저하됨

18 액종의 발효 완료점

pH 4.2~5.0으로 산도를 측정하여 확인

19 냉동반죽에서의 이스트 사용량 계산 공식

- 냉동반죽은 보통 반죽보다 이스트의 양을 2배 사용함
  → 2.5%×2 = 5%

20 분할기에 의한 기계적 분할

반죽의 부피를 기준으로 분할하기 때문에 시간이 지체되면 발효가 진행되어 처음 분할한 것보다 나중에 분할한 것의 무게가 더 가볍게 됨

21 이형유

- 발연점이 높은 것을 사용해야 함
- 고온이나 산패에 안정해야 함
- 사용량은 반죽 무게의 0.1~0.2%
- 사용량이 많으면 튀김현상이 나타남

22 밀기울 혼입율의 확정 기준 : 회분 함량 ★★

밀기울은 밀에서 가루를 빼고 남은 찌꺼기를 말하며 보통 껍질을 말하는데 밀기울에는 회분의 함량이 많으므로 밀기울의 혼입률은 회분의 함량으로 측정

23 이스트 푸드에서 칼슘염

물 조절제로 연수를 제빵 적성에 알맞은 경수로 고정시켜 주는 역할

24 강력분

박력분보다 글루텐의 함량이 많기 때문에 점탄성 및 수분 흡착력이 강함

25 글루텐의 주성분

단백질

26 전분의 노화

호화된 전분을 실온에 방치하면 전분이 노화되어 맛과 향, 질감 등이 떨어짐

27 빵류 · 과자류제품에서 분유의 역할 ★★

- 글루텐을 강화시킴
- 탈지분유의 유당은 껍질색을 개선
- 칼슘과 라이신 등의 영양을 강화시킴
- 맛과 향, 색을 좋게 함

28 트리글리세리드

- 유지는 지방산 3분자와 글리세린이 결합한 트리글리세리드
- 유지의 가소성은 트리글리세리드의 종류와 양에 의해 결정됨

29 신선한 우유의 pH

신선한 우유의 pH는 6.6 정도의 중성이며 pH가 내려가면 우유 단백질 중 카제인이 칼슘과 화합물의 형태로 응고됨

30 연수

연수로 반죽을 배합하면 발효시간이 단축되고 연하고 끈적거리는 반죽이 됨

31 소금의 역할

- 감미의 조절과 향미 제공
- 껍질색 조절
- 발효의 지연과 유해균 번식 억제
- 글루텐 강화
- 빵의 내상을 누렇게 함

32 식물성 안정제★★

한천, 로커스트빈검, 펙틴

→ 젤라틴 : 동물의 껍질, 연골에서 추출한 콜라겐으로 만듦

33 패리노그래프

흡수율 측정, 믹싱시간 측정, 믹싱 내구성 측정

→ 아밀로그래프 : 반죽의 호화 특성을 측정하는 기기

34 빵류 · 과자류 제품에서 유지의 기능

쇼트닝성	연화 기능	밀가루의 글루텐 형성 방해, 빵에는 부드러움을 주고, 과자류에는 바삭거리는 식감을 줌
	윤활 기능	믹싱 중 얇은 막 형성, 전분과 단백질이 단단해지는 것을 방지, 구워진 제품이 점착되는 것 방지
	팽창 기능	믹싱 중 공기 포집, 굽기 과정을 통해 팽창하면서 적정한 부피와 조직을 만듦
	유화 기능	유지가 수분을 흡수하여 보유하는 능력, 유지와 액체재료를 분리되지 않고 잘 섞이도록 함
크림성		믹싱 중 공기를 포집하여 크림이 되는 것, 반죽이 부드러움, 부피 커짐, 크림성이 중요한 제품은 파운드 케이크와 레이어 케이크 등
안정성		지방의 산화와 산패를 억제하는 성질, 유지가 많이 들어가는 건과자와 튀김 제품 등
가소성		상온에서 고체형태를 유지하는 성질, 빵 반죽의 신장성을 좋게 함, 질 밀어펴지게 해줌, 가소성을 이용한 제품은 파이류, 페이스트리류 등

35 튀김기름을 반복해서 사용할 경우

중합도, 산가, 과산화물가, 점도 등이 증가

36 함황아미노산★★

달걀흰자에는 황을 함유하고 있는 함황아미노산이 들어있어 은제품에 담았을 때 검은색으로 변함

37 활성 건조이스트 최적 온도

40~45℃의 물에 수화시켜 사용

38 찜을 이용한 제품에 사용되는 팽창제

속효성(빠른 효과)의 특성을 가져야 함

39 빵류제품에 분유를 사용하여야 하는 경우★★

리신(라이신)과 칼슘이 부족할 때

40 빵 반죽의 흡수★★

- 반죽 온도가 높아지면 흡수율이 감소
- 연수는 경수보다 흡수율이 감소하며 반죽이 질어짐
- 설탕 사용량이 많아지면 흡수율이 감소
- 손상전분이 적량 이상이면 흡수율이 증가

41 단백질의 상호 보조★★

부족한 제한아미노산을 서로 보완할 수 있는 2가지 이상의 식품을 함께 섭취하여 영양을 보완하는 것을 말하며 쌀과 콩, 빵과 우유, 시리얼과 우유 등이 있음

42 식물계에는 존재하지 않는 당

유당은 포유류의 젖에 존재하는 동물성 당류

43 수용성 비타민
- 결핍증이 빠르게 나타남
- 소변을 통하여 방출됨
- 필요 이상으로 많이 섭취하면 배설됨
- 열과 알칼리에 의해 쉽게 파괴됨

44 요오드(I)
갑상선 호르몬의 주요 성분으로 해조류에 많이 함유되어 있음

45 개당 노무비 계산 공식

- 개당 노무비
= (시간당 노무비×시간×인원)/제품수
→ (4,000×8시간×5인)/(500개+550개)
≒ 152.4 = 152원

46 열량 계산 공식

- 지방은 1g당 9kcal의 에너지를 냄
→ 6g×9kcal = 54kcal

47 비타민의 결핍증
비타민 B_1 : 각기병
비타민 C : 괴혈병
비타민 B_2 : 구순구각염, 설염
비타민 A : 야맹증
나이아신 : 펠라그라

48 인체의 수분 소요량에 영향을 주는 요인★★
기온, 아밀롭신, 염분의 섭취량
→ 아밀롭신 : 췌장에서 분비되는 아밀라아제
→ 신장 : 대사산물과 노폐물을 걸러 소변으로 만들어 배출하는 장기로서 인체의 수분 소요량에 영향을 주지 않음

49 소장★★
- 위와 대장 사이에 있는 6~7m의 소화관
- 영양분을 소화, 흡수하는 중요한 장기 중 하나
- 아밀라아제와 말타아제 등의 탄수화물 분해효소와 리파아제 같은 지방 분해효소, 아미노펩티다아제 같은 단백질 분해효소 등을 분비하여 소화를 도움

50 철분(Fe)
헤모글로빈을 구성하는 체내 기능 물질로서 성장기 어린이나 빈혈환자, 임산부 등 생리적 요구가 높을 때 흡수율이 높아지는 영양소

51 간흡충
제1중간숙주 : 왜우렁이
제2중간숙주 : 담수어

52 숙주 감수성★★
병에 걸리기 쉽다는 뜻으로 건강유지와 저항력의 향상에 노력해야 함

53 오염된 우유를 먹었을 때 발생하는 인수공통감염병★★
파상열, 결핵, Q열
→ 야토병 : 병에 걸린 토끼고기, 모피에 의해 경구 또는 경피 감염됨

54 장티푸스
급성 전신성 열성질환으로 두통, 40℃ 전후의 고열, 오한 등의 증상을 가짐

55 지방의 산패를 촉진하는 인자
온도, 수분, 금속이온, 산소, 빛 등

56 식품과 부패에 관여하는 주요 미생물★★
- 어패류, 육류 : 세균
- 곡류 : 곰팡이
- 통조림 : 포자형성세균

57 식품보존료의 조건
- 각종 미생물의 증식을 억제할 것
- 독성이 없거나 매우 적어 인체에 해가 없을 것
- 무미, 무취하고 자극성이 없을 것
- 공기, 광선, 열에 안정할 것
- 사용이 간편하고 저렴할 것
- 미량으로 효과가 크고 장기간 효력을 나타낼 것

58 산미료★★
주석산, 사과산, 구연산
→ 아미노산류 : 식품에 손상된 영양분의 보충이나 함유되지 않은 영양분을 첨가하는 데 사용되는 영양강화제

59 식품접객업

휴게음식점, 일반음식점, 단란주점, 유흥주점, 위탁급식점, 제과점

→ 식품소분업 : 영업의 종류에서 식품 소분·판매업으로 분류됨

60 인수공통감염병

결핵, 탄저병, 브루셀라증, 야토병, 돈단독, Q열, 리스테리아증 등

제빵기능사 필기 빈출 문제 ❻ 정답 및 해설

정답

문제 본문 139p

1	②	2	④	3	①	4	②	5	④	6	③	7	①	8	②	9	①	10	④
11	④	12	③	13	②	14	②	15	②	16	③	17	②	18	①	19	②	20	④
21	②	22	①	23	④	24	③	25	④	26	④	27	④	28	①	29	④	30	④
31	③	32	③	33	①	34	④	35	②	36	②	37	④	38	③	39	④	40	②
41	④	42	①	43	②	44	①	45	③	46	②	47	①	48	②	49	①	50	④
51	④	52	①	53	④	54	②	55	①	56	②	57	④	58	③	59	②	60	③

해설

1 성형한 이음매의 위치

반죽을 팬에 넣을 때 이음매를 아래로 놓아야 빵 반죽이 부풀면서 이음매가 벌어지지 않음

2 노타임법

냉동빵 반죽은 비상스트레이트법이나 노타임법을 사용하지만 환원제로 시스테인을 사용하는 반죽 방법은 노타임법임

3 빵 굽기의 반응

- 오븐열에 의해서 이산화탄소의 방출과 수분 증발이 일어남
- 빵의 풍미 및 색깔을 좋게 함
- 제빵 제조 공정의 최종 단계로 빵의 형태를 만듦
- 전분의 호화로 식품의 가치 향상

4 불란서빵의 믹싱 완료 단계

불란서빵은 하스 브레드에 속하며 반죽은 탄력성이 가장 강한 발전 단계에서 믹싱을 완료함

5 불란서빵에서 스팀을 사용하는 이유★★

- 거칠고 불규칙하게 터지는 것을 방지
- 겉껍질에 광택을 냄
- 얇고 바삭거리는 껍질이 형성되도록 함
  → 반죽의 흐름성 : 믹싱 정도, 반죽의 수분 함량, 발효실이 온도와 습도의 영향을 받음

6 스펀지법과 비교한 스트레이트법의 장점

스펀지법은 반죽을 2번하고 스트레이트법은 반죽을 1번하므로 스펀지법에 비해 노동력과 시설이 감소됨

7 반죽 온도 조절 시 계산 공식

① 마찰계수 = (결과 반죽 온도×3)−(실내온도+수돗물 온도+밀가루 온도)
② 계산된 물 온도 = (희망 반죽 온도×3)−(실내온도+밀가루 온도+마찰계수)
③ 사용할 물량×(수돗물 온도−계산된 물 온도)
④ 얼음 사용량 = $\frac{\text{사용할 물량×(수돗물 온도−계산된 물 온도)}}{\text{(80+수돗물 온도)}}$

8 하스 브레드의 종류

불란서빵, 비엔나빵, 아이리시빵, 이탈리아빵, 독일빵 등

9 굽기 손실에 영향을 주는 요인

- 굽는 시간
- 굽는 온도
- 배합률
- 제품의 크기와 모양

10 중간발효의 개요 및 목적

- 분할과 둥글리기 공정에서 손상된 글루텐 구조 재정돈
- 가스 발생으로 반죽의 유연성 회복
- 반죽의 신장성을 증가시켜 성형과정에서 밀어 펴기를 쉽게 해주고 찢어짐을 방지
- 벤치 타임(bench time) 또는 오버 헤드 프루프(over head proof)라고도 함

11 빵 반죽(믹싱) 시 반죽 온도가 높아지는 주 이유

믹싱기로 반죽하는 동안 반죽이 믹서볼 안쪽을 때리면서 마찰열이 발생하기 때문

12 오븐 라이즈

반죽의 내부 온도가 아직 60℃에 이르지 않은 상태에서 이스트가 사멸 전까지 활동하여 가스를 생성시켜 반죽의 부피가 조금씩 커지는 것

13 반죽 무게에 대한 충전용 유지의 사용 범위 ★★

미국식 페이스트리의 유지 범위는 생지 무게에 20~40%이고 덴마크식은 40~50%임

14 스펀지 도우법에서 도우 반죽(본 반죽)의 적당한 온도

27℃

15 설탕을 과다 사용할 때 나타나는 현상

삼투압이 높아져 이스트의 활성을 억제하므로 발효가 느려지고 팬의 흐름성이 많아짐

16 필요한 밀가루의 양 계산 공식

- 분할 총 반죽 무게
  → 90(g)×520개 = 46,800g
- 밀가루의 무게(g)

$$\rightarrow \frac{\text{밀가루 비율(\%)} \times \text{총 반죽 무게(g)}}{\text{총 배합률(\%)}}$$

$$= \frac{100\% \times 46{,}800\text{g}}{180\%} = 26{,}000\text{g} = 26\text{kg}$$

17 발효의 목적

반죽의 팽창작용, 반죽의 숙성작용, 풍미의 향상

18 부속물 넣는 단계 ★★

건포도, 옥수수, 야채는 최종 단계 전에 넣으면 글루텐 형성을 방해하기 때문에 최종 단계 이후에 넣는 것이 좋음

19 2차 발효실의 습도를 가장 높게 설정해야 하는 것

햄버거빵, 잉글리시 머핀, 일반 식빵 등은 반죽의 흐름성을 요구하기 때문에 습도를 높게 설정함

20 빵의 굽기

고율배합은 저온에서 긴 시간(오버 베이킹)으로 굽고, 저율배합은 높은 온도에서 짧은 시간(언더 베이킹) 구움

21 탄소의 수가 다섯 개인 단당류 ★★

오탄당이라 하며 리보오스, 아라비노즈, 크실로오스 등

22 콜레스테롤 ★★

- 콜레스테롤 및 지방의 소화흡수율은 95%
- 유도지질
- 고리형 구조를 이루고 있음
- 간과 장벽, 부신 등 체내에서도 합성

23 전분을 분해하는 효소 ★★

α-아밀라아제, β-아밀라아제, 디아스타아제 등

24 포도당 당량

- 전분의 가수분해정도를 나타내는 지표
- 물엿의 포도당 당량(DE) 기준 : 20.0 이상

25 반죽 개량제 ★★

- 빵의 품질과 기계성을 증가시킬 목적으로 첨가
- 산화제, 환원제, 반죽강화제, 노화지연제, 효소 등
- 산화제 : 반죽의 구조를 강화시켜 제품의 부피를 증가시킴
- 환원제 : 반죽의 구조를 연화시켜 반죽 시간을 단축시킴

26 파이롤러
반죽을 접기 및 밀어펴기할 때 사용하는 기계로 스위트롤, 데니시 페이스트리, 퍼프 페이스트리, 파이류, 크로와상, 도넛류 등에 사용

27 직접 원가
직접 재료비, 직접 노무비, 직접 경비
→ 판매비 : 간접비에 속하기 때문에 직접판매비라 부르지 않으며 판매에 필요한 경비

28 일반적인 버터의 수분 함량
18% 이하

29 필수지방산 결핍
피부염, 성장지연, 생식장애, 시각기능장애 등

30 맥아당
전분은 맥아에 함유되어 있는 효소에 의해 맥아당으로 가수분해됨

31 탈지분유의 단백질 함량 계산 공식

- 탈지분유의 단백질 함량
  = 탈지분유 중량×단백질 비율
  → 20g × 35% = 7g
- 탈지분유의 단백질 함량 비율
  $$= \frac{\text{탈지분유의 단백질 함량}}{\text{탈지분유액}} \times 100$$
  $$\rightarrow \frac{7}{20+80} \times 100 = 7\%$$

32 제빵용 이스트에 의해 발효하는 당★★
과당, 포도당, 맥아당
→ 유당 : 이스트에는 유당을 분해하는 효소가 없음

33 일시적 경수★★
- 탄산수소칼슘과 탄산수소마그네슘에 의하여 일시적으로 경수가 되는 물
- 가열하면 불용성 탄산염으로 침전하여 부드러운 물이 된다.

34 이스트 푸드의 충전제 : 전분★★
이스트 푸드에 전분 또는 밀가루를 충전제로 사용하게 되면 계량을 용이하게 하고 분산제 역할을 하며, 흡습에 대한 완충제 역할을 함

35 소금의 역할
- 감미의 조절
- 향미의 제공
- 껍질색 형성
- 유해균 억제를 통한 방부효과
- 발효의 지연
- 글루텐 강화

36 트랜스 지방의 섭취 1% 이하로 권고
트랜스 지방을 과다 섭취하게 되면 심장병이나 혈관질환의 주요 원인이 되기 때문에 세계보건기구에서는 하루 1% 이하의 섭취를 권고하고 있음

37 여유율★★
작업 중 불규칙적으로 발생하는 일, 즉 토의(討議), 불량품 혼입으로 인한 작업 지연 등의 시간의 노동 시간에 대한 비율로 기계를 사용하게 되면 여유율을 낮게 할 수 있음

38 식빵 제조용 밀가루
식빵을 제조할 때 쓰이는 밀가루는 강력분으로 초자질의 경질춘맥으로 만듦

39 프로테아제
단백질을 가수분해하는 효소

40 유당의 가수분해
포도당+갈락토오스

41 포화지방산
탄소 수가 많을수록 융점과 비점이 높아져 상온에서 딱딱한 유지가 됨

42 글루코오스
포도당이라고도 하며 포유동물의 혈액 속에 존재하여 혈당을 조절함

43 chitin(키틴) ★★

게나 새우와 같은 갑각류의 외피 등에 존재하는 단백질과 복합체를 이룬 복합다당류로 N-아세틸글루코사민이 글루코사이드 결합을 하고 있음

44 알라닌 ★★

탄수화물로 합성될 수 있는 아미노산에는 알라닌이 있으며 이는 필수아미노산이 아님

45 필수아미노산

밀가루에는 필수아미노산인 리신이 부족하기 때문에 리신을 첨가하여 영양을 강화시킬 수 있음

46 비타민 B_1

탄수화물 대사에서 조효소로 작용하기 때문에 쌀을 주식으로 하는 우리나라 사람에게 중요하며 결핍증은 각기병임

47 노동분배율

생산 가치에서 인건비의 비율

48 과당

과당은 과일과 꿀에 많이 들어있으며 전화당은 설탕을 가수분해하여 생긴 포도당과 과당의 혼합물임

49 무기질

열량을 공급하지 않음

50 비타민 P

수용성 비타민으로 모세혈관의 삼투성을 조절하여 혈관 강화작용을 하는 유효성분

51 결핵 ★★

사람, 소, 조류, 파충류에 감염되며 오염된 우유나 유제품을 통해 사람에게 감염됨

52 식품접객업

휴게음식점영업, 일반음식점영업, 단란주점영업, 유흥주점영업, 위탁급식영업, 제과점영업 등

53 위해요소중점관리기준(HACCP)

모든 잠재적 위해요소를 분석하여 사후적이 아닌 사전적으로 위해요소를 제거하고 개선할 수 있는 방법을 찾는 것

54 팽창제

- 빵류 또는 과자류를 부풀게 하여 조직을 연하게 하고 기호성을 높이기 위해 사용
- 탄산수소나트륨, 암모늄명반, 염화암모늄, 탄산암모늄, 효모 등

55 포도상구균 식중독

장독소인 엔테로톡신을 생산

56 대장균

그람음성간균으로 포자를 형성하지 않으며 호기성 또는 통성 혐기성이며 유당을 분해하여 산과 가스를 생산하기도 함

57 식중독에 미치는 영향이 가장 큰 것 : 세균의 생육 온도 ★★

식중독에 관여하는 대부분의 세균은 중온균(25~37℃)으로 여름철 가장 많이 발생

58 제3급 감염병

그 발생을 계속 감시할 필요가 있어 발생 또는 유행 시 24시간 이내에 신고하여야 하는 감염병

59 돈단독 ★★

돼지 등 가축의 장기나 고기를 다룰 때 피부의 창상으로 균이 침입하거나 경구 감염되는 인수공통감염병

60 합성감미료

식품에 단맛을 주기 위해 사용되는 화학적 합성품으로 칼로리가 거의 없으며 일반적으로 설탕보다 감미도가 높으며 종류로는 사카린나트륨과 아스파탐 등이 있음

제빵기능사 필기 빈출 문제 7 정답 및 해설

정답

문제 본문 150p

1	①	2	③	3	①	4	④	5	①	6	④	7	③	8	④	9	④	10	①
11	③	12	②	13	①	14	②	15	③	16	③	17	④	18	③	19	①	20	②
21	④	22	①	23	①	24	②	25	③	26	③	27	③	28	①	29	①	30	②
31	①	32	④	33	③	34	④	35	②	36	③	37	④	38	③	39	③	40	①
41	②	42	④	43	①	44	④	45	②	46	④	47	③	48	③	49	④	50	④
51	①	52	④	53	①	54	④	55	②	56	③	57	③	58	①	59	②	60	①

해설

1 분할량이 가장 적은 제품★★

밀가루는 호밀이나 옥수수보다 단백질의 양이 많아 글루텐을 잘 형성하기 때문에 가장 적은 분할량으로 더 큰 체적을 얻을 수 있으며 건포도 식빵은 건포도 때문에 반죽의 분할 무게가 많이 나가고 발효가 잘 안되므로 분할 양을 늘려야 함

2 밀가루 무게 계산 공식

- 총 분할 반죽 무게
  → 500g×4개 = 2,000g
  → 2,000÷(1−0.03) ≒ 2,061.85
- 밀가루 무게(g)

$$= \frac{\text{밀가루 비율(\%)}\times\text{총 반죽무게(g)}}{\text{총 배합률(\%)}}$$

$$\rightarrow \frac{100\times2{,}062}{195.8} \fallingdotseq \text{약 } 1{,}053\text{g}$$

3 데크 오븐

일반 오븐이라고도 하며, 주로 소규모 제과점에서 가장 많이 사용하는 오븐으로 반죽을 넣는 입구와 출구가 같아 넣고 꺼내기가 편리하며 굽는 과정을 육안으로 확인할 수 있으나 입구쪽과 뒤쪽의 온도차가 있는 결점이 있음

4 이형제

빵을 제조하는 과정에서 반죽을 분할하거나 구울 때 팬 등에 달라붙지 않게 할 목적으로 사용하는 것으로서 종류에는 유동파라핀 오일이 있음

5 불란서빵을 2차 발효할 때★★

발효실의 온도는 30~33℃, 상대습도는 75%, 시간은 50~70분

6 렛다운 단계까지 믹싱하는 제품

잉글리시 머핀, 햄버거빵 등(퍼짐성이 좋아야 하므로)

7 2차 발효점

굽기 시 오븐 팽창을 고려하여 완제품 용적의 70~80%가 가장 적절함

8 냉동 페이스트리를 구운 후 옆면이 주저앉는 원인★★

해동 온도가 높은 경우

9 오븐 스프링

가스압과 수증기압의 증가, 알코올과 탄산가스의 증발로 인하여 일어나며 단백질이 변성되기 시작하면 빵이 팽창을 멈추기 시작함

10 오븐에서 구운 빵을 냉각할 때 발생하는 냉각 손실(수분 손실)
평균 2%

11 마스터 스펀지법★★
하나의 스펀지 반죽으로 2~4개의 도 반죽을 제조하여 노동력과 시간을 줄여줄 수 있음

12 스펀지법으로 만든 제품의 장점★★
- 내상막이 얇고 가스 보유력이 커 부피가 큼
- 제품의 속결, 조직, 촉감이 부드럽고 맛과 향이 좋음
- 발효 내구성이 강하고 노화가 지연되어 저장성이 좋음

13 액체 발효법의 완충제
분유, 탄산칼슘, 염화암모늄

14 소금
글루텐을 단단하게 하여 흡수량을 감소시키기 때문에 클린업 단계에 넣으면 믹싱 시간을 단축시킬 수 있음

15 흡수율 계산 공식

- 분유 1% 증가 시 흡수율은 0.75~1% 증가하므로 분유를 3% 첨가하면 흡수율도 약 3% 정도 늘어남
  → 59%+3% = 62%

16 일반적인 1차 발효실의 조건
온도 27℃, 상대습도 75~85%

17 성형 시 둥글리기의 목적
- 표피 형성
- 가스포집 도움
- 끈적거림 제거
  → 껍질색 : 캐러멜화나 마이야르 반응에 의해서 진하게 되는 것으로 둥글리기와는 상관없음

18 빵의 노화
- 수분 함량이 낮고 당류가 적을수록 빨라짐
- 보기 중 당류의 함량이 가장 낮은 제품은 식빵으로 노화가 가장 빠름

19 후염법★★
- 소금을 클린업 단계에 넣는 것
- 반죽 시간 단축

20 냉동제법으로 배합표를 작성하는 방법
물의 양이 과다하면 이스트가 파괴되므로 물의 양을 줄여야 함

21 소금함량이 정상보다 적을 경우
- 부피가 큼
- 냄새와 맛이 좋지 않음
- 모서리가 예리함
  → 반죽에 소금함량이 많을 경우 : 빵 껍질에 흰 반점이 생김

22 펙틴
당과 산이 존재할 때 젤을 형성하기 때문에 젤화제, 증점제, 안정제, 유화제 등으로 사용

23 패리노그래프
반죽하는 동안 믹서 내에서 일어나는 물리적 성질을 파동 곡선 기록기로 기록하여 밀가루의 흡수율, 글루텐의 질, 믹싱 시간, 반죽의 점탄성을 측정하는 기계

24 분유 단백질★★
분유에 포함된 단백질은 반죽의 믹싱 내구성을 높여주므로 분유양이 많아지면 믹싱 시간이 길어짐

25 이스트
팽창기능, 향 형성, 반죽 숙성의 기능

26 달걀
- 노른자에 가장 많은 성분은 지방으로 약 70%를 차지
- 흰자는 88%의 수분과 11.2%의 단백질로 이루어져 있음
- 달걀의 구성 비율은 30%의 노른자, 60%의 흰자, 10%의 껍질
- 껍질은 대부분 탄산칼슘으로 이루어져 있음

27 탈지분유★★
발효하는 동안 생기는 유기산과 유단백질이 작용하여 반죽의 pH를 조절하는 완충 역할을 함

28 중량이 가장 높은 것 ★★

우유의 비중은 물을 기준으로 1.03 정도로 다른 재료에 비해 크기 때문에 우유가 동일 부피에서 중량이 가장 높음

29 유지의 산패를 촉진시키는 요인

산소, 고온, 자외선, 금속류, 수분, 지방분해효소 등

30 감미도

과당(175) 〉 전화당(130) 〉 설탕(100) 〉 포도당(75) 〉 맥아당(32) = 갈락토오스(32) 〉 유당(10)

31 글루타치온 ★★

효모에 함유된 성분으로 오래된 효모에 많이 함유되어 있으며 환원제 작용을 하여 빵의 맛과 품질을 약화시킴

32 암모늄염 ★★

물이 있으면 단독으로 작용하여 이산화탄소와 암모니아 가스를 발생시키며 밀가루 단백질을 부드럽게 하는 효과를 가지고 있는 화학팽창제로 쿠키 등의 제품이 잘 퍼지도록 사용

33 소금의 사용량

- 밀가루 대비 2% 정도 사용
- 글루텐이 적은 밀가루를 사용할 때는 약간 증가하여 사용
- 보통 여름철에는 소금의 사용량을 늘리고, 겨울철에는 줄여서 사용
- 연수 사용 시 사용량을 증가

34 오븐의 생산 능력

오븐 내 매입할 수 있는 철판 수

35 효소

말타아제	맥아당을 2분자의 포도당으로 분해
리파아제	지방을 지방산과 글리세린으로 분해
프로테아제	단백질을 지방산과 글리세린으로 분해
찌마아제	단당류를 알코올과 이산화탄소로 분해

36 시유 ★★

우유를 가열 살균하여 소비자가 위생상 안전하게 마실 수 있도록 작은 단위용량으로 포장한 것을 말하며 일반적인 시유의 함량은 수분 88%, 고형질 12%임

37 데포지터 ★★

과자 반죽을 자동으로 모양 짜기하여 쿠키를 만들 때 사용하는 자동 성형 기계

38 밀가루

약 75~80%의 아밀로펙틴과 나머지의 아밀로오스로 이루어져 있음

39 원가의 절감방법 ★★

- 구매 관리를 엄격히 함
- 제조 공정 설계를 최적으로 함
- 불량률을 최소화함
  → 창고의 재고가 많으면 보관비와 물류비가 증가되어 원가를 높임

40 반죽 측정 그래프

패리노그래프	반죽하는 동안 믹서 내에서 일어나는 물리적 성질을 파동 곡선 기록기로 기록하여 밀가루의 흡수율, 글루텐의 질, 믹싱 시간, 반죽의 점탄성을 측정하는 기계
익소텐소그래프	밀가루 반죽을 끊어질 때까지 늘려 반죽의 신장성에 대한 저항을 측정하는 기계
아밀로그래프	밀가루를 호화시키면서 온도 변화에 따른 밀가루 전분의 점도에 미치는 α-아밀라제의 효과를 측정하는 기계
믹소그래프	반죽하는 동안 글루텐의 발달 정도를 측정하는 기계
레오그래프	반죽이 기계적 발달을 할 때 일어나는 변화를 측정하는 기계

41 한국인의 권장 영양섭취기준

총 열량 중 탄수화물 55~70%, 단백질 7~20%, 지질 15~20%

42 프로테아제

단백질의 펩티드 결합을 가수분해하는 효소

43 제품 성형을 위한 온도와 습도

작업실의 온도는 25~28℃, 습도는 70~75%가 가장 적절

44 프티알린
타액 속에 들어있는 아밀라아제로 입 안의 전분을 덱스트린과 엿당 등으로 분해

45 심혈관계 질환의 위험인자 ★★
지방을 과잉 섭취하게 되면 고지혈증, 비만, 동맥경화, 심장병, 당뇨병 등이 발생할 수 있음
→ 골다공증과 빈혈 : 칼슘과 철분의 부족으로 발생

46 단백질
체조직과 혈액 단백질, 효소, 호르몬, 항체 등을 구성

47 효소
- 대부분 단백질로 구성
- pH 4.5~8 범위 내에서 반응하며 효소의 종류에 따라 최적 pH는 달라질 수 있음
- 30~40℃에서 가장 활성이 큼
- 효소농도와 기질농도가 효소작용에 영향을 줌

48 물의 양이 적량보다 적을 경우
- 수율이 낮음
- 향이 강함
- 노화가 빠름
- 부피가 작음
  → 빵류 제품에서 물의 양이 적으면 가스 보유력이 떨어져 빵의 부피가 작아짐

49 생산관리의 기능 ★★
품질보증기능, 적시·적량기능, 원가조절기능, 납기관리기능

50 완전 단백질
우유의 카제인, 달걀흰자의 알부민, 콩의 글리시닌
→ 제인 : 불완전 단백질

51 제1급 감염병
생물테러감염병 또는 치명률이 높거나 집단 발생의 우려가 커서 발생 또는 유행 즉시 신고하여야 하고, 음압격리와 같은 높은 수준의 격리가 필요한 감염병
→ 홍역 : 제2급 감염병

52 탄저병 ★★
탄저균은 내열성포자를 형성하기 때문에 병든 가축의 사체를 처리할 때는 반드시 소각해야 함

53 세균성 식중독의 특징
- 전염성이 거의 없음
- 면역성이 나타나지 않음
- 많은 양의 균으로 발병
- 잠복기가 짧음

54 감자의 독성분이 가장 많이 들어 있는 부분 ★★
감자의 싹튼 부분과 녹색 부위에는 솔라닌이 많이 들어있으며 썩은 감자에서는 셉신 발생

55 화학적 식중독을 일으키는 중금속
납, 수은, 카드뮴, 주석 , 비소 등

56 마이코톡신 ★★
진균류라고도 하며 곰팡이가 생산하는 2차 대사산물로 곡류, 견과류 등 탄수화물이 풍부한 식품에서 많이 발생하며 특히 여름철에 많이 발생

57 역성비누
- 양이온 계면활성제
- 무색, 무취, 무미하고 자극성이 없어 손, 피부 소독 및 식기·용기·기구 소독에 널리 사용
- 살균력이 강함

58 미나마타병
수은에 중독된 어패류를 먹거나 농약, 보존료 등으로 처리한 음식을 섭취했을 때 일어나며 갈증, 구토, 복통, 설사, 전신경련 등을 일으킴

59 노로바이러스 식중독 ★★
24~48시간의 잠복기를 가지며 설사, 복통, 구토 등의 급성 위장염을 일으키고, 식품이나 음료수에 쉽게 오염되고, 적은 수로도 사람에게 식중독을 나타내지만 대부분 1~2일이면 자연 치유됨

60 이형제
유동파라핀이 있으며 반죽의 0.1% 이하로 사용함

제빵기능사 필기 빈출 문제 8 정답 및 해설

정답

문제 본문 161p

1	④	2	②	3	②	4	④	5	④	6	④	7	②	8	③	9	①	10	②
11	①	12	②	13	②	14	③	15	②	16	①	17	①	18	②	19	②	20	③
21	②	22	③	23	③	24	②	25	①	26	④	27	①	28	①	29	③	30	②
31	③	32	②	33	③	34	②	35	③	36	③	37	③	38	②	39	④	40	②
41	④	42	③	43	①	44	③	45	②	46	③	47	②	48	②	49	④	50	④
51	②	52	③	53	③	54	④	55	②	56	④	57	④	58	③	59	④	60	①

해설

1 손상된 전분과 흡수율의 변화
밀가루의 성분 중 손상 전분이 1% 증가하면 흡수율은 2% 증가함

2 가스 보유력이 좋은 반죽의 pH
pH 5.0 정도의 반죽에서 글루텐이 가장 질겨 가스 보유력이 좋음

3 발효 손실 요인★★
반죽 온도, 발효시간, 발효 온도와 습도, 설탕과 소금의 사용량

4 둥글리기 시 반죽의 끈적거림을 제거하는 방법★★
- 최적의 발효상태 유지
- 적당량의 덧가루 사용
- 반죽에 유화제 사용
- 유동파라핀 용액을 반죽 무게의 0.1~0.2% 정도 작업대 또는 라운더에 바름

5 빵의 노화 현상에 따른 변화
- 수분 손실
- 전분의 경화
- 향의 손실
  → 곰팡이 발생 : 빵의 부패

6 데니시 페이스트리★★
- 껍질이 바삭한 식감을 가져야 하므로 다른 제품에 비해 습도를 비교적 낮게 하며 2차 발효시간도 다른 제품에 비해 짧게 함
- 소량의 덧가루를 사용
- 발효실 온도는 유지의 융점보다 낮게 함
- 고배합 제품은 저온에서 구우면 유지가 흘러나옴

7 발효시간을 연장시켜야 하는 경우★★
보통 1차 발효실의 온도는 27℃, 상대습도는 75~85%가 가장 좋은 조건이며 발효실의 온도가 24℃인 경우 이스트의 활성이 늦어지므로 발효시간을 연장시켜야 함

8 스트레이법의 1차 발효 완료점 판단법
- 반죽의 부피가 3~3.5배 부품
- 반죽을 눌렀을 때 누른 부분이 살짝 오므라듦
- 반죽을 들어올리면 실모양의 직물구조 보임

9 식빵 제조에 사용하는 배합표
베이커스 %(Baker's %)를 사용하므로 밀가루의 양을 100%로 보고 각 재료가 차지하는 양을 %로 표시

10 스트레이트법에서 반죽 시간에 영향을 주는 요인

- 밀가루 종류
- 물의 양
- 쇼트닝 양
  → 이스트의 양 : 발효시간에 영향을 줌

11 사워(sour)★★

밀가루와 물을 혼합하여 대기 중의 효모균이나 유산균을 이용하여 장시간 배양하는 발효종을 말함

12 불란서빵

밀가루, 소금, 이스트, 물만으로 배합하여 만든 하스브레드

13 식빵 반죽의 점착성이 커지는 이유★★

- 반죽의 과발효
- 믹싱의 과다
- 믹싱의 부족
  → 반죽 흡수량의 부족 : 이스트의 양은 발효 시간에 영향을 줌

14 소금

글루텐을 단단하게 하여 흡수율을 감소시키기 때문에 소금을 클린업 단계 직후에 넣으면 믹싱 시간을 단축시킬 수 있음

15 발효에 영향을 주는 요인

- 이스트의 양과 질
- 반죽 온도
- 반죽의 pH
- 삼투압, 탄수화물, 효소

16 식빵 굽기 시 빵의 내부

100℃를 넘지 않음

17 빵 반죽의 흡수율에 영향을 미치는 요소★★

- 아경수가 가장 흡수율이 좋음
- 반죽 온도가 5℃ 증가하면 흡수율은 3% 감소
- 유화제의 사용량이 많으면 수분 흡수율 증가
- 설탕 5% 증가 시 흡수율은 1% 감소

18 포장

빵류제품이 뜨거울 때 포장하면 수분 함량이 높아 썰 때 찌그러지기 쉽고 포장지에 수분이 과다하게 되어 곰팡이가 발생하기 쉬움

19 중간발효

최적 온도는 27~29℃, 습도는 75% 전후

20 브레이크 현상★★

스펀지에서 처음 반죽의 4~5배 정도로 부풀었다가 수축하기 시작하는 현상

21 아밀로펙틴★★

- 요오드 테스트를 하면 자줏빛 붉은색을 띰
- 노화되는 속도가 느림
- 곁사슬 구조
- 대부분의 천연전분은 아밀로펙틴 구성비가 높음

→ 일반적으로 아밀로오스 함량이 높을수록 노화되기 쉽고, 아밀로펙틴 함량이 많을수록 노화되기 어려움

22 흡수율 변화 계산 공식

> 단백질 1% 증가에 대하여 흡수율 1.5% 증가하므로 단백질이 2% 증가하면 흡수율은 3% 증가

23 제빵에 사용하는 밀가루

강력분이며 단백질의 함량은 11~13%

24 단위기호

- 1g = 1,000mg
- 1mg = 0.001g

25 말타아제

맥아당을 분해하는 효소로 이스트에 많이 들어 있음

26 달걀

- 노른자의 수분 함량은 약 50% 정도
- 전란(흰자와 노른자)의 수분 함량은 75% 정도
- 노른자에는 유화기능을 갖는 레시틴 함유
- 달걀은 0~5℃에서 냉장 보관하여야 품질을 보장할 수 있음

27 콩기름 ★★

필수지방산인 리놀레산과 리놀렌산이 많이 함유되어 있어 노인의 건강유지에 도움을 줌

28 밀가루의 등급 ★★

밀가루에 포함된 회분의 함량으로 정함

29 호화 ★★

전분에 물을 넣고 가열하면 전분 입자가 물을 흡수하여 크게 팽윤되고 전분 입자의 미셀구조가 파괴되어 반투명의 콜로이드 상태로 되는 현상

30 비누화 ★★

유지에 알칼리를 넣어 가열하면 글리세롤과 지방산염이 형성되는 반응

31 단위기호 변환 계산 공식

- ppm이란 g당 중량의 백만분율
  → 30 : 1,000,000 = x : 100
  → $x = \frac{30\times100}{1,000,000} = 0.003\%$

32 α-아밀라아제

전분을 가용성의 덱스트린으로 가수분해하는 효소

33 아미노산 ★★

아미노산의 등전점은 pH 4~6인 값으로 아미노산의 종류에 따라 다름
→ 등전점 : 물에 녹아 양이온과 음이온의 양전하를 가지며 용매의 pH에 따라 이동하는 것

34 단순단백질

알부민, 글로불린, 글루텔린, 프롤라민, 알부미노이드, 히스톤 등
→ 글리코프로테인 : 당단백질로 복합단백질에 속함

35 프로테아제

- 단백질과 펩티드결합을 가수분해하는 효소
- 펩신, 트립신, 펩티다아제 등

36 젖은 글루텐의 수분 함량

중량의 2/3 정도, 약 67%

37 빵류제품에서 설탕의 역할

- 단맛 부여
- 수분 보유력에 의한 노화 방지
- 껍질색 형성
- 이스트의 먹이 역할

→ 유해균의 발효 억제 : 소금의 역할

38 분유와 물의 사용량 계산 공식

- 우유는 10%의 고형분과 90%의 수분으로 이루어져 있음
- 분유
  → 2,000g×10% = 200g
- 물
  → 2,000g×90% = 1,800g

39 인산칼슘 ★★

pH를 효모의 발육에 가장 알맞은 4~6의 미산성 상태로 조절하는 역할을 함

40 물의 경도

무기질이 얼마나 물에 녹아있는지의 정도를 탄산칼슘의 양으로 환산하여 ppm 단위로 표시한 것

41 리놀레산

- 필수지방산으로 두뇌성장과 시각기능을 증진
- 들기름에 많이 함유됨

42 뼈를 구성하는 무기질 중 가장 중요한 것

칼슘(Ca)과 인(P)의 섭취량의 비율을 칼슘인비라고 하며 이 두 무기질은 인체의 골격을 구성하고 유지하며 서로 대사가 밀접하게 관계하고 있어 섭취의 비율이 매우 중요

43 비타민 결핍증

- 비타민 B_{12} : 악성빈혈, 간 질환
- 비타민 B_1 : 부종
- 비타민 D : 구루병
- 나이아신 : 펠라그라
- 리보플라빈 : 구내염

44 저온유통체계★★
변질되기 쉬운 식품을 생산지에서 소비자에게 전달하기까지 저온으로 보존하는 유통체계

45 열량 계산 공식

- 66kg의 성인의 1일 단백질 섭취량
  → 66kg×1.13g = 74.58g
- 단백질은 1g당 4kcal의 열량
  → 74.58g×4kcal = 298.3kcal

46 이성화당★★
포도당액을 효소나 알칼리 처리로 포도당의 일부를 과당으로 이성화한 당액

47 비타민 K
혈액의 응고에 관여하여 지혈작용을 하는 지용성 비타민으로 장내세균이 작용하여 인체 내에서 합성

48 세균성 경구 감염병
장티푸스, 콜레라, 세균성 이질, 파라티푸스
→ 폴리오 : 바이러스

49 산패
지방질 식품이 산화되어 변질되는 것

50 필수지방산
리놀레산, 리놀렌산, 아라키돈산

51 고온성 세균의 최적 온도
50~60℃

52 식품시설에서 교차오염을 예방하는 방법★★

- 위생적인 곳과 비위생적인 곳이 교차되지 않도록 함
- 작업 흐름을 일정한 방향으로 배치
- 위생품목과 비위생품목의 별도 보관

53 식품의 부패를 판정하는 방법
관능 검사, 생균수 검사, 화학적 검사, 물리적 검사 등

54 질병 발생의 3대 요소
감염원(병원채, 병원소), 감염경로(환경), 감수성 숙주

55 콜레라
전파가능성을 고려하여 발생 또는 유행 시 24시간 내 신고해야하는 제2급 법정감염병

56 세균성 식중독의 특징(경구 감염병과 비교)
다량의 균과 독소가 있어야 발병

57 살모넬라 식중독의 증상
복통, 설사 등의 급성 위장증세와 발열 등

58 합성 보존료
안식향산, 소르빈산, 데히드로초산
→ 부틸하이드록시아니졸(BHA) : 유지의 산패로 인한 품질저하를 방지하는 식품첨가물(산화방지제)

59 석탄산
소독제의 살균력 지표로 사용되며 평균 3%의 수용액으로 사용함

60 바이러스로 인한 감염병
천연두, 인플루엔자, 광견병, 일본뇌염, 폴리오, 간염 등

제빵기능사 필기 빈출 문제 9 정답 및 해설

정답

문제 본문 171p

1	①	2	①	3	③	4	②	5	①	6	①	7	④	8	③	9	④	10	③
11	②	12	②	13	④	14	④	15	②	16	④	17	①	18	②	19	④	20	③
21	④	22	①	23	②	24	④	25	②	26	②	27	①	28	③	29	③	30	②
31	②	32	②	33	①	34	④	35	④	36	③	37	④	38	③	39	②	40	③
41	④	42	①	43	④	44	①	45	①	46	②	47	③	48	②	49	③	50	④
51	①	52	④	53	①	54	②	55	④	56	②	57	④	58	④	59	③	60	②

해설

1 스트레이트법의 생이스트 양

보통 2~3%

2 2차 발효 과다 시★★

- 색상이 여리고 내상이 좋지 않음
- 신 냄새가 나고 오븐에서 주저앉음
- 노화가 빠름

3 배합표의 종류

베이커스 퍼센트	밀가루의 양을 100%로 보고 그 외 재료들이 차지하는 비율을 %로 나타낸 것
트루 퍼센트	전 재료의 양을 100%로 보고 각 재료가 차지하는 양을 %로 표시하는 방법

4 밀가루 무게 계산 공식

- 완제품의 무게
  → 500g×2개 = 1,000g
- 발효 손실을 감안한 반죽량
  → $\frac{1,000}{(1-0.01)} = 1,010$
- 굽기 손실을 감안한 반죽량
  → $\frac{1,010}{(1-0.12)} = 1,148$
- 밀가루의 무게(g)
  $= \frac{\text{밀가루 비율×총 반죽 무게}}{\text{총 배합률}}$
  → $\frac{100\%×1,148}{180\%} = 637.8g ≒ 638g$

5 스펀지 반죽법 중 스펀지 반죽의 재료

밀가루, 물, 이스트, 이스트푸드, 개량제
→ 설탕 : 본반죽에 사용

6 냉동반죽법

주로 노타임법을 사용하여 0~20분 정도의 짧은 1차 발효를 함

7 건포도 식빵

당의 함량이 높아 팬닝 시 기름칠을 더 많이 해야 함

8 노화를 지연시키는 방법

- 방습 포장재 사용
- 다량의 설탕 첨가
- 유화제 사용
  → 냉장 온도에서는 노화가 촉진되므로 -18℃ 이하 또는 21~35℃에 보관하는 것이 적합

9 굽기 과정 중 일어나는 현상

- 오븐 팽창과 전분 호화 발생
- 단백질 변성과 효소의 불활성화
- 빵 세포 구조 형성과 향의 발달
- 표피 부분이 150~160℃를 넘어서면 당과 아미노산이 멜라노이드를 만드는 마이야르 반응과 당의 캐러멜화 반응이 일어나 껍질색이 진하게 남

10 마이야르 반응

환원당과 단백질인 아미노화합물이 열에 의해 축합되어 멜라노이드 색소를 생성

11 이스트가 오븐 내에서 사멸하는 온도

60~63℃

12 분할량 계산 공식

- 반죽의 적정 분할량

$$= \frac{\text{틀의 용적}}{\text{비용적}}$$

$$\rightarrow \frac{2{,}300}{3.8} = 605.26\text{g}$$

13 이형유로 사용되는 기름

발연점이 높아야 함

14 반죽의 흡수율에 영향을 미치는 요인

물의 경도, 반죽의 온도, 소금의 첨가 시기

15 둥글리기의 목적

분할 시 자른 면의 점착성을 감소시키고 표피를 형성하여 끈적거림을 제거하고 탄력을 유지시킴

16 굽기 중에 일어나는 변화★★

- 이스트의 사멸 : 60℃
- 전분의 호화 : 54℃
- 탄산가스의 방출 : 49℃
- 단백질의 변성 : 74℃

17 냉동반죽법에 적합한 반죽 온도

18~24℃(이스트의 활동을 억제하는 낮은 온도로 반죽)

18 일반스트레이트법을 비상스트레이트법으로 변경하는 조치 사항

- 1차 발효시간을 줄임
- 이스트의 사용량을 2배 증가시킴
- 반죽 희망 온도를 30~31℃로 높임
- 물의 양을 1% 증가
- 믹싱 시간을 20~25% 늘림
- 설탕량을 1% 줄임

19 성형의 범위

분할, 둥글리기, 중간발효, 정형, 팬닝

20 튀김기름의 조건

- 발연점이 높은 것
- 산가가 낮은 것
- 산패에 대한 안정성이 좋을 것
- 여름철에는 높은 융점, 겨울철에는 낮은 융점의 기름 사용

21 유지의 크림성

유지가 믹싱을 통해 공기를 끌어들여 크림이 되는 것으로 부피를 좋게 함

22 펙틴

다당류 중 복합다당류에 속함

23 감미도의 순서

과당(175) 〉 전화당(130) 〉 설탕(100) 〉 포도당(75) 〉 맥아당(32) = 갈락토오스(32) 〉 유당(10)

24 지방산의 이중 결합 유무에 따른 분류

탄소와 탄소 사이의 결합이 단일 결합인 경우 포화지방산이라 하고 이중결합이 있는 경우 불포화지방산이라 함

25 단백질

약 20여종의 아미노산이 펩타이드결합으로 이루어진 유기화합물

26 α-아밀라아제★★

- 전분을 가용성의 덱스트린으로 분해하여 액화효소라 함
- 내부 결합을 가수분해할 수 있어 내부 아밀라아제라고도 함
- 베타 아밀라아제에 비해 열 안정성이 큼

27 빵의 부피 : 소맥분의 단백질 함량★★
밀가루 반죽 단백질의 주성분인 글루텐은 빵의 발효과정에서 탄산가스의 보호막 역할을 하기 때문에 빵의 부피에 가장 큰 영향을 줌

28 글루테닌
글루텐 형성의 주요 성분에는 글루테닌과 글리아딘이 있으며 탄력성을 부여하는 단백질은 글루테닌임

29 전화당
설탕을 포도당과 과당으로 가수분해하여 만든 당으로 설탕에 비하여 감미도가 높고 수분 보유력이 높아 제품의 보존기간을 지속시킬 수 있음

30 우유가 미치는 영향
- 영양 강화
- 보수력이 강해 노화 지연
- 겉껍질 색깔을 강하게 함
- 이스트에 의해 생성된 향을 착향시킴

31 생이스트
- 압착 효모라고도 함
- 구성 : 수분 65~75%, 고형분 30~35%
- 적정 보관 온도 : －1~5℃
- 자기소화를 일으키기 쉬움
- 곰팡이 등의 배지 역할

32 베이킹파우더
탄산수소나트륨($NaHCO_3$), 산작용제, 부형제로 구성

33 이스트 푸드 : 아조디카본아마이드(ADA)★★
글루텐을 강화시켜 제품의 부피를 증가시키는 산화제

34 식염이 반죽의 물성 및 발효에 미치는 영향
- 흡수율 감소
- 반죽 시간이 길어짐
- 껍질 색상을 더 진하게 함
  → 프로테아제 : 단백질 분해효소로 글루텐을 약화시키며 소금과는 관계 없음

35 유화제★★
- 물과 기름이 잘 혼합되게 함
- 반죽의 기계적 내성을 향상시켜 반죽의 찢어짐을 방지
- 빵이나 케이크의 노화를 지연
- 조직을 부드럽게 하고 부피를 증가시킴

36 향신료 사용 목적
- 식품의 풍미를 향상시켜 식욕을 증진시키는 것
- 육류나 생선의 냄새를 완화
- 강한 향이나 매운맛이 나는 향신료는 적정량을 사용해야 함
- 제품에 식욕을 불러일으키는 색을 부여

37 아밀로그래프
밀가루와 물의 현탁액을 일정한 온도로 균일하게 상승시킬 때 일어나는 점도의 변화를 기록하는 장치로 밀가루의 호화 온도, 호화정도, 점도의 변화를 측정할 수 있음
→ 전분의 다소 측정 : 아밀로그래프의 기능이 아님

38 면실유
목화씨에서 짜낸 반건성유로 발연점이 높아 튀김용 유지로 적합

39 이스트의 효소
말타아제, 인버타아제, 찌마아제, 프로테아제, 리파아제 등

40 수분 함량과 흡수율
밀가루의 수분 함량이 1% 감소할 때마다 흡수율은 1.3~1.6% 증가

41 체내에서 물의 역할
- 물은 영양소와 대사산물을 운반
- 땀이나 소변으로 배설되며 체온 조절을 함
- 영양소 흡수로 세포막에 농도차가 생기면 물이 바로 이동
  → 수분은 대변으로도 배설됨

42 식품의 열량 계산 공식

- 탄수화물과 단백질은 1g당 4kcal의 열량을 내며 지방은 1g당 9kcal의 열량을 냄
- (탄수화물의 양+단백질의 양)×4+(지방의 양×9)

43 필수아미노산

성인에게 필요한 필수아미노산은 리신, 이소루신, 루신, 메티오닌, 페닐알라닌, 트레오닌, 트립토판, 발린이며 유아의 경우 히스티딘과 알기닌을 추가한 10종의 아미노산이 필요

44 유지

탄소, 수소, 산소로 이루어진 유기화합물

45 포도당

신경세포, 적혈구의 에너지원으로 체내 당대사의 중심물질로 호르몬의 작용에 의하여 적절한 혈당을 유지하고 과잉 포도당은 지방으로 전환됨

46 마그네슘

골격과 치아의 구성 성분으로 결핍 시 만성설사와 구토, 근육과 신경이 떨리는 마그네슘 경련을 일으킴

47 필요 단백질 계산 공식

- 단백질에서 얻고자 하는 양
  → 2,700×0.12 = 324kcal
- 단백질은 1g당 4kcal의 열량을 냄
  → 324kcal÷4kcal = 81g

48 무기질

- 인체를 구성하는 유기물이 연소한 후에도 남아있는 회분
- 우리 몸의 경조직 구성 성분
- 효소의 기능을 촉진
- 세포의 삼투압 평형유지 작용
  → 인체를 구성하는 구성영양소로 열량을 내는 열량 급원은 아님

49 비타민 결핍증

비타민 D : 구루병, 골다공증
비타민 A : 안구 건조증, 야맹증
비타민 B_1 : 각기병
비타민 C : 괴혈병

50 빵류제품 제조공정의 4대 중요 관리항목 ★★

시간관리, 온도관리, 공정관리, 습도관리

51 소르빈산

잼, 케찹, 팥앙금류 등에 사용하는 보존료

52 유지의 산패

열에 의한 식용유의 변질은 지방산이 산화되어 변질되는 산패임

53 바이러스에 의한 감염병

천연두, 간염, 인플루엔자, 일본뇌염, 폴리오, 광견병 등

54 감염형 식중독

살모넬라균 식중독, 병원성 대장균 식중독, 장염 비브리오균 식중독
→ 포도상구균 식중독 : 독소형 식중독

55 부패와 pH 변화 ★★

육류의 부패 시 초기에는 호기성균들이 산을 생성하여 pH가 낮아지고 시간이 경과하면 곰팡이와 혐기성 세균 등이 산을 분해하고 단백질을 분해하여 암모니아 등의 염기성 물질을 생성하므로 pH가 상승하여 알칼리성이 됨

56 아스파탐 ★★

- 흰색의 결정성 분말로 냄새는 없고 일반적으로 단맛이 설탕의 200배 정도 되는 아미노산계 식품 감미료
- 주로 청량음료, 아이스크림, 주류 등에 사용

57 식품의 부패 판정 중 화학적 검사 방법 ★★

pH 측정, 휘발성 염기질소량 측정, 트리메틸아민 양 측정 등
→ 탄력성의 측정 : 물리적 검사

58 식품의 처리, 가공, 저장 과정에서 오염

- 농산물의 재배, 축산물의 성장과정 중 1차 오염이 있을 수 있음
- 수확, 채취, 어획, 도살 등의 처리과정에서 2차 오염이 있을 수 있음
- 양질의 원료와 용수로 1차 오염을 방지할 수 있음
- 2차 오염은 살균한 식품이 다시 미생물에 의해 오염되는 것을 말하며 2차 오염을 방지하기 위해서는 종업원의 철저한 위생관리 뿐만 아니라 작업장 전체의 위생관리 필요

59 리케차(rickettsia)

세균과 바이러스의 중간에 속하며 살아있는 세포 속에서만 증식

60 착색료

- 인공색소는 천연색소에 비해 색이 다양하고 선명하여 값이 저렴함
- 타르계 색소는 분말청량음료에 일부 사용할 수 있으며, 카스테라, 레토르트 식품에는 사용할 수 없음

제빵기능사 필기 빈출 문제 ⑩ 정답 및 해설

정답

문제 본문 182p

1	③	2	④	3	②	4	④	5	③	6	②	7	④	8	④	9	①	10	④
11	①	12	②	13	①	14	③	15	③	16	①	17	②	18	①	19	②	20	④
21	③	22	③	23	①	24	②	25	④	26	③	27	③	28	③	29	④	30	②
31	④	32	②	33	④	34	①	35	③	36	④	37	①	38	③	39	①	40	①
41	②	42	④	43	④	44	③	45	③	46	④	47	②	48	②	49	①	50	①
51	②	52	②	53	④	54	④	55	③	56	①	57	③	58	①	59	④	60	④

해설

1 스트레이트법 적정 반죽 온도
26~27℃

2 냉각 손실
- 식히는 동안 수분 증발로 무게 감소
- 여름철보다 겨울철이 냉각 손실이 큼
- 상대습도가 높으면 냉각 손실이 작음
- 평균 2% 정도가 적당

3 2차 발효 시 3가지 주요 요인
온도, 상대습도, 발효시간

4 2차 발효실의 습도가 높을 때의 결점
- 반점이나 줄무늬가 나타남
- 껍질에 수포가 생성되고 질긴 껍질 형성
- 제품의 윗면이 납작해짐

5 일반스트레이트법을 비상스트레이트법으로 전환
- 물 사용량을 1% 증가시킴
- 이스트 사용량을 2배 증가시킴
- 설탕 사용량을 1% 감소시킴
- 반죽 시간을 증가시킴

6 어린 반죽으로 만든 제품의 특징★★
- 숙성되지 않아 부피가 작음
- 껍질색은 어두운 적갈색을 띰
- 내상이 무겁고 어두움
- 향이 약하고 생 밀가루 냄새가 남

7 정형
분할 → 둥글리기 → 중간 발효 → 성형 → 팬닝

8 글루텐 함량이 많은 밀가루를 사용했을 때 ★★
- 부피가 큼
- 겉껍질이 거칠고 두꺼움
- 기공이 불규칙함
- 외형이 비대칭성

9 팬기름의 조건
발연점이 높고 무색, 무취, 무미여야 하며 산패에 강해야 함

10 중간발효
- 온도 30℃ 이내, 상대습도 75% 전후에서 실시
- 반죽의 온도, 크기에 따라 시간이 달라짐
- 반죽의 상처회복과 성형을 용이하게 하기 위함
- 상대습도가 낮으면 덧가루 사용량이 줄어듦

11 냉동반죽법에서 1차 발효시간이 길어질 경우
냉동 저장성이 짧아짐

12 정상작인 스펀지 반죽을 발효시킬 때 반죽 내부의 온도

4~6℃ 정도 상승하는 것이 적당

13 소맥분의 4%에 해당하는 탈지분유 사용

- 탈지분유에 함유되어 있는 유당이 캐러멜화를 일으켜 껍질색을 진하게 함
- 영양 가치를 높임
- 맛이 좋아짐
- 제품 내상이 좋아짐

14 펀치시간 계산 공식★★

- 1차 발효시간 중 2/3 시점에서 해주는 것이 좋음
  → 90분×2/3 = 60분

15 빵의 노화를 억제하는 방법

- −18℃ 이하로 저장
- 유화제 사용
- 물의 사용량을 높여 수분 함량을 높임
- 설탕량 증가

16 반죽 흡수율 계산 공식

- 일반적으로 단백질이 1% 증가하면 반죽의 흡수율은 1.5% 증가

17 가소성

유지가 상온에서 고체 모양을 유지하는 성질로 빵 반죽의 신장성을 좋게 하여 잘 밀어펴지게 해주며 파이, 크로와상, 데니시 페이스트리, 퍼프 페이스트리 등은 유지의 가소성을 이용한 제품

18 수분 함량이 가장 높은 굽기 온도

분할량이 동일한 반죽을 동일한 시간 내에 굽기를 하는 경우 온도가 낮을수록 수분의 증발이 적어 수분 함량이 많음

19 스펀지 반죽에 밀가루 사용량을 증가시킬 경우

- 스펀지 반죽의 발효시간은 길어지고 도 반죽 발효시간은 짧아짐
- 반죽의 신장성이 좋아짐
- 완제품의 부피가 커지고 기공막이 얇아짐
- 조직이 부드러워 품질이 좋아지고 풍미가 강해짐

20 빵의 부피가 커지는 이유★★

- 이스트 사용량이 과다한 경우
- 소금 사용량이 적은 경우
- 발효가 과다한 경우
- 팬 기름칠이 부족한 경우
- 반죽 분할량이 과다한 경우

21 노동분배율 계산 공식

- 노동분배율
  $= \frac{\text{인건비}}{\text{생산가치}} \times 100$
  $\rightarrow \frac{14,000,000}{30,000,000} \times 100 = 46.7\%$

22 식빵의 밑이 움푹 패이는 원인★★

- 2차 발효실의 습도가 높을 때
- 팬의 바닥에 수분이 있을 때
- 오븐의 바닥열이 높을 때
- 팬에 기름칠을 하지 않을 때

23 식빵 제조 시 적당한 CO_2 생산을 하는 데 필요한 설탕 사용량

3~4%

24 이스트 푸드

칼슘염, 인산염, 암모늄염, 전분

25 연수

60ppm 이하

26 원가 구성요소

- 직접 원가 = 직접 재료비+직접 노무비+직접 경비
- 제조 원가 = 직접비+제조 간접비
- 총 원가 = 제조 원가+판매비+일반 관리비

27 생이스트

수분 70% + 고형분 30%

28 달걀

30℃에서 기포성과 포집성이 가장 좋음

29 우유 단백질 응고

우유 단백질인 카제인은 산과 레닌에 의해 응고되고 락토알부민과 락토글로불린은 열에 의해 응고됨

30 유지에 유리지방산이 많을수록

발연점은 낮아짐

31 캐러멜화가 가장 빠른 것 : 포도당★★

포도당은 캐러멜화의 온도가 낮아 가장 빠르게 캐러멜화가 일어남

32 밀알

배아, 배유, 외피

33 불포화도가 가장 큰 건성유

기본적으로 요오드값이 높으면 불포화도가 높으며 요오드값이 130 이상인 건성유에는 들기름, 잣기름, 호두기름 등이 있음

34 맥아★★

- 주로 보리를 발아시켜 만듦
- 아밀라아제가 전분을 맥아당으로 가수분해 함
- 맥아당은 이스트의 먹이로 사용되어 이스트의 활성을 촉진시킴

35 노타임법으로 변경 시 조치 사항

- 물 사용량을 2% 줄임
- 설탕 사용량을 1% 줄임
- 이스트 사용량을 0.5~1% 늘림
- 비타민 C, 브롬산칼슘 등을 산화제로 30~50ppm 사용함
- L-시스테인을 환원제로 10~70ppm 사용함

36 튀김기름의 품질을 저하시키는 것

공기(산소), 수분, 이물질, 온도 등

37 아스파탐★★

흰색의 결정성 분말이며 냄새는 없고, 단맛이 설탕의 200배 정도되는 아미노산계 식품 감미료

38 대용분유★★

유장에 탈지분유, 밀가루, 대두분 등을 혼합하여 탈지분유의 기능과 유사하게 만든 제품

39 경수 사용 시

- 이스트 푸드, 소금, 무기질의 사용량을 감소시킴
- 이스트 사용량, 가수량 증가시킴
- 효소공급을 늘려 발효촉진

40 단당류와 이당류

단당류	포도당, 과당, 갈락토오스
이당류	맥아당, 유당, 설탕

41 소화된 영양소

주로 소장에 흡수

42 탄수화물의 대사

- 포도당으로부터 글리코겐을 합성하여 저장
- 혐기성 상태에서 젖산 생성
- 호기성 상태에서 TCA회로를 거쳐 완전 산화되어 이산화탄소와 물이 됨
- 섭취 부족 시 단백질을 분해하여 에너지로 사용하게 되어 단백질의 낭비가 일어나고 지방의 산화가 불충분하여 대사 이상이 발생

43 엽산(folic acid)★★

헤모글로빈, 적혈구를 비롯한 세포의 생성을 도우며 지질대사에는 관계하지 않음

44 손익분기점 계산 공식

- 손익분기점은 이익과 손실이 같아지는 지점을 말함
- 손익분기점
  → $(70-50)x-5{,}000=0$
  → $x=5{,}000/20=250$개

45 **담즙산** ★★

쓸개즙의 주요 성분으로 물에 잘 녹지 않는 지질을 유화시켜 지방분해효소인 리파아제의 작용을 받을 수 있도록 만들어 줌

46 **갈락토오스** ★★

단당류로 포도당과 결합하여 유당을 구성하며, 뇌신경 등에 존재

47 **지방의 소화**

빵류 또는 과자류 속에 함유되어 있는 지방이 리파아제에 의해 소화되면 글리세롤과 지방산으로 분해

48 **열량 계산 공식**

- 탄수화물
  → 100×75% = 75g
- 단백질
  → 100×10% = 10g
- 지방
  → 100×1% = 1g
- 탄수화물과 단백질은 1g당 4kcal, 지방은 1g당 9kcal를 냄
  → (75+10)×4kcal+(1×9kcal) = 349kcal

49 **무기질**

황	피부, 손톱, 모발 등에 함유, 해독작용, 체구성 성분, 산과 염기의 균형을 조절하는 기능
칼슘	주로 골격과 치아를 구성하고 혈액응고 작용을 도움
나트륨	주로 세포 외액에 들어있고 삼투압 유지에 관여
요오드	갑상선 호르몬의 주성분으로 결핍되면 갑상선종을 일으킴

50 **단순다당류**

단당류로만 구성된 다당류로 전분, 글리코겐, 섬유소, 이눌린 등

→ 펙틴 : 복합다당류

51 **요소 수지**

포름알데히드가 이행될 수 있음

52 **탄저균** ★★

내열성포자를 형성하며 급성감염병을 일으키는 병원체로 생물학전이나 생물테러에 이용될 위험성이 높은 병원체

53 **곰팡이 및 세균을 방지하기 위한 방법** ★★

- 작업자 및 기계, 기구를 청결히 하고 공장내부의 공기를 순환시킴
- 이스트 첨가량을 늘리고 발효 온도를 약간 낮게 유지하면서 충분히 구움
- 초산, 젖산 및 사워 등을 첨가하여 반죽의 pH를 낮게 유지
  → 소르빈산 : 케첩, 팥앙금 등에 사용하는 보존료로 빵 반죽에는 사용하지 않음

54 **위생동물의 특성** ★★

- 식성 범위가 넓음
- 음식물과 농작물에 피해를 줌
- 병원미생물을 식품에 감염시키는 것도 있음
- 일반적으로 발육기간이 짧고, 번식 왕성

55 **유구조충**

갈고리촌충이라고도 하며 돼지에 의해 감염되는 기생충

56 **식중독의 보고** ★★

식중독 환자나 식중독이 의심되는 증세를 보이는 자를 진단, 검안, 발견한 의사나 한의사, 집단급식소의 설치·운영자는 지체 없이 관할 시장·군수·구청장에게 보고해야 함

57 **결핵** ★★

오염된 우유나 유제품 등을 통해 사람에게 감염되는 감염병으로 정기적인 투베르쿨린 반응검사를 실시하여 감염된 소를 조기에 발견하여 치료할 수 있음

58 **장염 비브리오 식중독의 증상**

복통, 수양성 설사 등의 급성위장염 증세와 발열

→ 피부농포는 포도상구균, 신경마비 증상은 보툴리누스균

59 **편성 혐기성균★★**

혐기성균은 생육에 산소를 필요로 하지 않는 균으로 통성 혐기성균의 경우 산소의 유무와 관계없이 생육이 가능하며 편성 혐기성균의 경우 산소를 절대적으로 기피하는 균

60 **식중독 예방법**

- 먹기 전에 가열처리
- 조리한 식품은 빠른 시간 내에 섭취
- 냉장·냉동 보관하여 오염균의 발육과 증식을 방지
- 설사환자나 화농성 질환자의 식품 취급 금지
- 식기, 도마 등은 세척과 소독을 철저히 함

제빵 기능사 필기

빈출 문제 10회

Memo

Memo

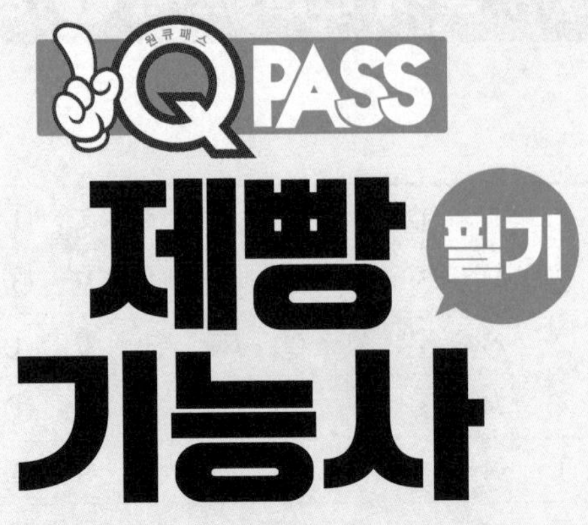

NCS 국가직무능력표준 교육과정 반영

빈출 문제 10회

★★★

따로 보는

정답과 해설

★★★

★ 문제와 정답의 분리로 수험자의 실력을 정확하게 체크할 수 있습니다. ★

★ 틀린 문제는 꼭 표시했다가 해설로 복습하세요. ★

★ 정답과 해설을 가지고 다니며 오답노트로 활용할 수 있습니다. ★

다락원

제빵기능사 필기

NCS 국가직무능력표준 교육과정 반영

빈출 문제 10회

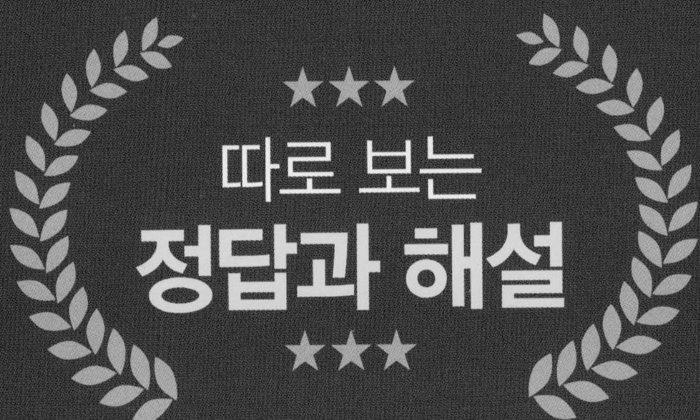

다락원